建筑工程施工技术培训丛书

混凝土工程施工技术

孙培祥　主编

中国铁道出版社

2012年·北京

内容提要

本书主要内容包括：普通混凝土配合比设计，混凝土工程基本施工技术，预应力混凝土施工，常用特殊混凝土施工，泵送混凝土施工，构筑物混凝土施工，大模板、滑升模板、永久性模板混凝土施工等。

本书内容翔实，语言简洁，重点突出，力求做到图文并茂，表述准确，取值有据，具有较强的指导性和可操作性，是建筑工程项目各级工程技术人员、工程建设监理人员、施工操作人员等必备工具书，也可以作为大中专院校相关专业及建筑施工企业职工培训教材。

图书在版编目(CIP)数据

混凝土工程施工技术/孙培祥主编．—北京：中国铁道出版社，2012．11
(建筑工程施工技术培训丛书)
ISBN 978-7-113-15349-6

Ⅰ．①混…　Ⅱ．①孙…　Ⅲ．①混凝土施工—技术培训—教材　Ⅳ．①TU755

中国版本图书馆 CIP 数据核字(2012)第 221094 号

书　　名： 建筑工程施工技术培训丛书
混凝土工程施工技术
作　　者： 孙培祥

策划编辑： 江新锡　曹艳芳
责任编辑： 冯海燕　　**电话：** 010-51873193
封面设计： 郑春鹏
责任校对： 张玉华
责任印制： 郭向伟

出版发行： 中国铁道出版社(100054，北京市西城区右安门西街 8 号)
网　　址： http://www.tdpress.com
印　　刷： 北京市燕鑫印刷有限公司
版　　次： 2012 年 11 月第 1 版　2012 年 11 月第 1 次印刷
开　　本： 787mm×1092mm　1/16　印张：11.5　字数：286 千
书　　号： ISBN 978-7-113-15349-6
定　　价： 29.00 元

前 言

我国经济建设飞速发展，城乡建设规模日益扩大，建筑施工队伍不断增加。建筑工程基层施工人员肩负着重要的施工职责，他们将图纸上的建筑线条和数据，一砖一瓦建成实实在在的建筑空间。基层施工人员的技术水平的高低，直接关系到工程项目施工的质量和效率，关系到建筑物的经济效益和社会效益，关系到使用者的生命和财产安全，关系到企业的信誉、前途和发展。为此我们特组织编写该套《建筑工程施工技术培训丛书》。

本丛书不仅涵盖了先进、成熟、实用的建筑工程施工技术，还包括了现代新材料、新技术、新工艺和环境、职业健康安全、节能环保等方面的知识，力求做到技术内容最新、最实用，文字通俗易懂，语言生动，并辅以大量直观的图表，能满足不同文化层次的技术工人和其他读者的需要。

本丛书在编写上充分考虑了施工人员的知识需求，形象具体地阐述施工的要点及基本方法，以使读者从理论知识和技能知识两方面掌握关键点，满足施工现场所应具备的技术及操作岗位的基本要求，使刚入行的施工人员与上岗“零距离”接口，尽快入门。

《建筑工程施工技术培训丛书》共分6个分册，包括：《钢筋工程施工技术》、《防水工程施工技术》、《混凝土工程施工技术》、《脚手架及模板工程施工技术》、《砌体工程施工技术》、《装饰装修工程施工技术》。

本丛书所涵盖的内容全面，真正做到了内容的广泛性与结构的系统性相结合，让复杂的内容变得条理清晰，主次分明，有助于广大读者更好地理解和应用。

本丛书涉及施工、质量验收、安全生产等一系列生产过程中的技术问题，内容翔实易懂，最大限度地满足了广大施工人员对施工技术方面知识的需求。

参加本丛书的编写人员有王林海、孙培祥、栾海明、孙占红、宋迎迎、张正南、武旭日、张学宏、孙欢欢、王双敏、王文慧、彭美丽、李仲杰、李芳芳、乔芳芳、张凌、蔡丹丹、许兴云、张亚、张婧芳、叶梁梁、李志刚、朱天立、贾玉梅、白二堂等。

由于我们编写水平有限，书中的缺点在所难免，希望同行和读者给予指正。

编 者
2012年10月

目　录

第一章　普通混凝土配合比设计

第一节　普通混凝土配合比设计方法和步骤

一、配合比设计方法

我国现行的《普通混凝土配合比设计规程》（JGJ 55—2011）中采用了绝对体积法和假定质量法两种配合比设计方法。所谓绝对体积法（简称“体积法”）是根据填充理论进行设计的。即将混凝土按体积配制粗骨料，细骨料填充粗骨料空隙并考虑混凝土的工作性能确定砂率，根据强度要求及其他要求确定用胶量和水胶比的混凝土配制方法。质量法则是假定混凝土的质量，考虑混凝土不同要求，采用不同质量比的设计方法。

二、配合比设计步骤

（1）计算混凝土配制强度，并求出相应的水胶比。

（2）选取每立方米混凝土的用水量，并计算出每立方米混凝土的水泥用量。

（3）选取砂率，计算粗骨料和细骨料的用量，并提出供试配用的计算配合比。

（4）混凝土配合比试配。

（5）混凝土配合比调整。

（6）混凝土配合比确定。

（7）根据粗骨料与细骨料的实际含水量，调整计算配合比，确定混凝土施工配合比。

三、配合比设计的要求

（1）混凝土配合比设计应采用工程实际使用的原材料，并应满足国家现行标准的有关要求；配合比设计应以干燥状态骨料为基准，细骨料含水率应小于0.5%，粗骨料含水率应小于0.2%。

（2）混凝土的最大水胶比应符合《混凝土结构设计规范》（GB 50010—2011）的规定。

（3）除配制C15及其以下强度等级的混凝土外，混凝土的最小胶凝材料用量见表1-1。

表1-1　混凝土的最小胶凝材料用量

最大水胶比	最小胶凝材料用量（kg/m³）		
	素混凝土	钢筋混凝土	预应力混凝土
0.60	250	280	300
0.55	280	300	300
0.50	320		
≤0.45	330		

（4）矿物掺合料在混凝土中的掺量应通过试验确定。钢筋混凝土中矿物掺合料最大掺量

宜符合表1-2的规定；预应力钢筋混凝土中矿物掺合料最大掺量宜符合表1-3的规定。对基础大体积混凝土，粉煤灰、粒化高炉矿渣粉和复合掺合料的最大掺量可增加5%。采用掺量大于30%的C类粉煤灰的混凝土应以实际使用的水泥和粉煤灰掺量进行安定性检验。

表1-2 钢筋混凝土中矿物掺合料最大掺量

矿物掺合料种类	水胶比	最大掺量（%）	
		硅酸盐水泥	普通硅酸盐水泥
粉煤灰	≤0.40	≤45	≤35
	>0.40	≤40	≤30
粒化高炉矿渣粉	≤0.40	≤65	≤55
	>0.40	≤55	≤45
钢渣粉	—	≤30	≤20
磷渣粉	—	≤30	≤20
硅灰	—	≤10	≤10
复合掺合料	≤0.40	≤60	≤50
	>0.40	≤50	≤40

注：1. 采用其他通用硅酸盐水泥时，宜将水泥混合料掺量20%以上的混合料计入矿物掺合料。
2. 复合掺合料各组分的掺量不宜超过单掺时的最大掺量。
3. 在混合使用两种或两种以上矿物掺合料时，矿物掺合料总掺量应符合表中复合掺合料的规定。

表1-3 预应力钢筋混凝土中矿物掺合料最大掺量

矿物掺合料种类	水胶比	最大掺量（%）	
		硅酸盐水泥	普通硅酸盐水泥
粉煤灰	≤0.40	35	30
	>0.40	25	20
粒化高炉矿渣粉	≤0.40	55	45
	>0.40	45	35
钢渣粉	—	20	10
磷渣粉	—	20	10
硅灰	—	10	10
复合掺合料	≤0.40	50	40
	>0.40	40	30

注：1. 采用其他通用硅酸盐水泥时，宜将水泥混合料掺量20%以上的混合料计入矿物掺合料。
2. 复合掺合料各组分的掺量不宜超过单掺时的最大掺量。
3. 在混合使用两种或两种以上矿物掺合料时，矿物掺合料总掺量应符合表中复合掺合料的规定。

（5）混凝土拌和物中水溶性氯离子最大含量应符合表1-4的要求。混凝土拌和物中水溶性氯离子含量应按照现行行业标准《水运工程混凝土试验规程》（JTJ 270—1998）中混凝土拌和物中氯离子含量的快速测定方法进行测定。

表 1-4　混凝土拌和物中水溶性氯离子最大含量

环境条件	水溶性氯离子最大含量（%，水泥用量的质量百分数）		
	钢筋混凝土	预应力混凝土	素混凝土
干燥环境	0.30	0.06	1.00
潮湿但不含氯离子的环境	0.20		
潮湿而含有氯离子的环境、盐渍土环境	0.10		
除冰盐等侵蚀性物质的腐蚀环境	0.06		

（6）长期处于潮湿或水位变动的寒冷和严寒环境、以及盐冻环境的混凝土应掺用引气剂。引气剂掺量应根据混凝土含气量要求经试验确定；掺用引气剂的混凝土最小含气量应符合表 1-5 的规定，最大不宜超过 7.0%。

表 1-5　掺用引气剂的混凝土最小含气量

粗骨料最大公称粒径（mm）	混凝土最小含气量（%）	
	潮湿或水位变动的寒冷和严寒环境	盐冻环境
40.0	4.5	5.0
25.0	5.0	5.5
20.0	5.5	6.0

注：含气量为气体占混凝土体积的百分率。

（7）对于有预防混凝土碱骨料反应设计要求的工程，混凝土中最大碱含量不应大于 3.0 kg/m^3，并宜掺用适量粉煤灰等矿物掺合料；对于矿物掺合料碱含量，粉煤灰碱含量可取实测值的 1/6，粒化高炉矿渣粉碱含量可取实测值的 1/2。

第二节　普通混凝土配合比计算

一、混凝土配制强度的确定

1. 混凝土配制强度

（1）当混凝土的设计强度等级小于 C60 时，配制强度应按下式计算。

$$f_{cu,0} \geq f_{cu,k} + 1.645\sigma$$

式中　$f_{cu,0}$——混凝土配制强度（MPa）；

$f_{cu,k}$——混凝土立方体抗压强度标准值，这里取设计混凝土强度等级值（MPa）；

σ——混凝土强度标准差（MPa）。

（2）当设计强度等级大于或等于 C60 时，配制强度应按下式计算。

$$f_{cu,0} \geq 1.15 f_{cu,k}$$

混凝土强度的简介

1. 混凝土强度

混凝土强度包括抗压、抗拉、抗弯和抗剪，其中以抗压强度为最高，所以混凝土主要用来抗压。混凝土的抗压强度是一项最重要的性能指标。按照国家规定，以边长为 150 mm的立方体试块，在标准养护条件下（温度为 20℃左右，相对湿度大于 90%）养护

28 d，测得的抗压强度值，称为立方抗压强度 f_{cu}。混凝土按强度分成若干强度等级，混凝土的强度等级是按立方体抗压强度标准值 $f_{cu,k}$ 划分的。立方体抗压强度标准值是立方抗压强度总体分布中的一个值，强度低于该值的百分率不超过5%，即有95%的保证率。混凝土的强度分为C7.5、C10、C15、C20、C25、C30、C35、C40、C45、C50、C55、C60 12个等级。

2. 提高混凝土强度措施

(1) 采用高强度等级水泥。

(2) 采用干硬性混凝土拌和物。

(3) 采用湿热处理：分为蒸汽养护和蒸压养护。蒸汽养护是在温度低于100℃的常压蒸汽中进行。一般混凝土经16～20 h的蒸汽养护后，强度可达正常养护条件下28 d强度的70%～80%。蒸压养护是在175℃的蒸压釜内进行。在高温高压的条件下，可有效提高混凝土强度。

(4) 改进施工工艺：加强搅拌和振捣，采用混凝土拌和用水磁化、混凝土裹石搅拌等新技术。

(5) 加入外加剂：如加入减水剂和早强剂等，可提高混凝土强度。

2. 混凝土强度标准差

(1) 当具有近1～3个月的同一品种、同一强度等级混凝土的强度资料时，其混凝土强度标准差σ应按下式计算。

$$\sigma=\sqrt{\frac{\sum_{i=1}^{n}f_{cu,i}^{2}-nm_{f_{cu}}^{2}}{n-1}}$$

式中　σ——混凝土强度标准差；

$f_{cu,i}$——第 i 组的试件强度（MPa）；

$m_{f_{cu}}$——n 组试件的强度平均值（MPa）；

n——试件组数，n 值应大于或者等于30。

对于强度等级不大于C30的混凝土：当σ计算值不小于3.0 MPa时，应按上式计算结果取值；当σ计算值小于3.0 MPa时，σ应取3.0 MPa。对于强度等级大于C30且小于C60的混凝土：当σ计算值不小于4.0 MPa时，应按上式计算结果取值；当σ计算值小于4.0 MPa时，σ应取4.0 MPa。

(2) 当没有近期的同一品种、同一强度等级混凝土强度资料时，其强度标准差σ可按表1-6取值。

表1-6　混凝土强度标准差σ值　（单位：MPa）

混凝土强度标准值	≤20	C25～C45	C50～C55
σ	4.0	5.0	6.0

二、混凝土配合比计算

1. 水胶比

(1) 混凝土强度等级不大于C60等级时，混凝土水胶比宜按下式计算。

$$W/B=\frac{\alpha_a \cdot f_b}{f_{cu,0}+\alpha_a \cdot \alpha_b \cdot f_b}$$

式中 W/B——混凝土水胶比；

α_a 和 α_b——回归系数，取值应符合表 1-7 的规定；

f_b——胶凝材料（水泥与矿物掺合料按使用比例混合）28 d 胶砂强度（MPa），试验方法应按现行国家标准《水泥胶砂强度检验方法（ISO 法）》（GB/T 17671—1999）执行；当无实测值时，可按下列第（3）条中的公式确定。

（2）回归系数 α_a 和 α_b 宜按下列规定确定。

1）根据工程所使用的原材料，通过试验建立的水胶比与混凝土强度关系式来确定。

2）当不具备上述试验统计资料时，可按表 1-7 采用。

表 1-7 回归系数 α_a、α_b 选用表

系数 \ 粗骨料品种	碎石	卵石
α_a	0.53	0.49
α_b	0.20	0.13

（3）当胶凝材料 28 d 胶砂抗压强度值（f_b）无实测值时，可按下式计算。

$$f_b=\gamma_f \gamma_s f_{ce}$$

式中 γ_f、γ_s——粉煤灰影响系数和粒化高炉矿渣粉影响系数，可按表 1-8 选用；

f_{ce}——水泥 28 d 胶砂抗压强度（MPa），可实测，也可按下面第（4）条中的公式选用。

表 1-8 粉煤灰影响系数（γ_f）和粒化高炉矿渣粉影响系数（γ_s）

掺量（%） \ 种类	粉煤灰影响系数 γ_f	粒化高炉矿渣粉影响系数 γ_s
0	1.00	1.00
10	0.90～0.95	1.00
20	0.80～0.85	0.95～1.00
30	0.70～0.75	0.90～1.00
40	0.60～0.65	0.80～0.90
50	—	0.70～0.85

注：1. 采用Ⅰ级、Ⅱ级粉煤灰宜取上限值。

2. 采用 S75 级粒化高炉矿渣粉宜取下限值，采用 S95 级粒化高炉矿渣粉宜取上限值，采用 S105 级粒化高炉矿渣粉可取上限值加 0.05。

3. 当超出表中的掺量时，粉煤灰和粒化高炉矿渣粉影响系数应经试验确定。

（4）当水泥 28 d 胶砂抗压强度（f_{ce}）无实测值时，可按下式计算。

$$f_{ce}=\gamma_c f_{ce,g}$$

式中 γ_c——水泥强度等级值的富余系数，可按实际统计资料确定；当缺乏实际统计资料时，也可按表 1-9 选用；

$f_{ce,g}$——水泥强度等级值（MPa）。

表 1-9　水泥强度等级值的富余系数（γ_c）

水泥强度等级值	32.5	42.5	52.5
富余系数	1.12	1.16	1.10

水胶比简介

水胶比是拌制水泥浆、砂浆、混凝土时所用的水和水泥的质量之比。水胶比影响混凝土的流变性能、水泥浆凝聚结构以及其硬化后的密实度，因而在组成材料给定的情况下，水胶比是决定混凝土强度、耐久性和其他一系列物理力学性能的主要参数。

2. 用水量和外加剂用量

(1) 每立方米干硬性或塑性混凝土的用水量（m_{w0}）应符合下列规定。

1) 混凝土水胶比在 0.40～0.80 范围时，可按表 1-10 和表 1-11 选取。

2) 混凝土水胶比小于 0.40 时，可通过试验确定。

表 1-10　干硬性混凝土的用水量　　（单位：kg/m³）

拌和物稠度		卵石最大公称粒径（mm）			碎石最大粒径（mm）		
项目	指标	10.0	20.0	40.0	16.0	20.0	40.0
维勃稠度（s）	16～20	175	160	145	180	170	155
	11～15	180	165	150	185	175	160
	5～10	185	170	155	190	180	165

表 1-11　塑性混凝土的用水量　　（单位：kg/m³）

拌和物稠度		卵石最大粒径（mm）				碎石最大粒径（mm）			
项目	指标	10.0	20.0	31.5	40.0	16.0	20.0	31.5	40.0
坍落度（mm）	10～30	190	170	160	150	200	185	175	165
	35～50	200	180	170	160	210	195	185	175
	55～70	210	190	180	170	220	105	195	185
	75～90	215	195	185	175	230	215	205	195

注：1. 本表用水量系采用中砂时的取值。采用细砂时，每立方米混凝土用水量可增加 5～10 kg；采用粗砂时，可减少 5～10 kg。

2. 掺用矿物掺合料和外加剂时，用水量应相应调整。

(2) 掺外加剂时，每立方米流动性或大流动性混凝土的用水量（m_{w0}）可按下式计算。

$$m_{w0}=m_{w0'}\ (1-\beta)$$

式中　m_{w0}——满足实际坍落度要求的每立方米混凝土用水量（kg/m³）；

$m_{w0'}$——未掺外加剂时推定的满足实际塌落度要求的每立方米混凝土用水量（kg/m³），以表 1-11 中 90 mm 坍落度的用水量为基础，按每增大20 mm坍落度相应增加 5 kg/m³ 用水量来计算，当坍落度增大到 180 mm 以上时，随坍落度相应增加的用水量可减少；

β——外加剂的减水率（%），应经混凝土试验确定。

（3）每立方米混凝土中外加剂用量（m_{a0}）应按下式计算：

$$m_{a0}=m_{b0}\beta_a$$

式中　m_{a0}——每立方米混凝土中外加剂用量（kg/m^3）；

m_{b0}——计算配合比每立方米混凝土中胶凝凝材料用量（kg/m^3）；

β_a——外加剂掺量（%），应经混凝土试验确定。

混凝土用水标准简介

混凝土拌和用水水质要求应符合表1-12的要求，对于设计使用年限为100年的结构混凝土，氯离子含量不得超过500 mg/L，对于使用钢丝或经热处理钢筋的预应力混凝土，氯离子含量不得超过350 mg/L。

表1-12　混凝土拌和用水水质要求

项目	预应力混凝土	钢筋混凝土	素混凝土
pH值	≥5.0	≥4.5	≥4.5
不溶物（mg/L）	≤2 000	≤2 000	≤5 000
可溶物（mg/L）	≤2 000	≤5 000	≤10 000
Cl^-（mg/L）	≤500	≤1 000	≤3 500
SO_4^{2-}（mg/L）	≤600	≤2 000	≤2 700
碱含量（mg/L）	≤1 500	≤1 500	≤1 500

注：碱含量按$Na_2O+0.658K_2O$计算值来表示。采用非碱活性骨料时，可不检验碱含量。

外加剂的简介

外加剂是指在混凝土拌和过程中掺入的，且能使混凝土按要求改性的物质。混凝土外加剂的特点是品种多、掺量小，在改善新拌和硬化混凝土性能中起着重要的作用。外加剂的研究和实践证明，在混凝土中掺入功能各异的外加剂，满足了改善混凝土的工艺性能和力学性能的要求，如改善和易性、调节凝结时间、延缓水化放热、提高早期强度、增加后期强度、提高耐久性、增加混凝土与钢筋的握裹力、防止钢筋锈蚀等的要求。外加剂的应用促进了混凝土施工新技术和新品种混凝土的发展。

3. 胶凝材料、矿物掺合料和水泥用量

（1）每立方米混凝土的胶凝材料用量（m_{b0}）应按下式计算。

$$m_{b0}=\frac{m_{w0}}{W/B}$$

式中　m_{b0}——计算配合比每立方米混凝土中胶凝材料用量（kg/m^3）；

m_{w0}——计算配合比每立方米混凝土的用水量（kg/m^3）；

W/B——混凝土水胶比。

（2）每立方米混凝土的矿物掺合料用量（m_{f0}）应按按下式计算。

$$m_{f0}=m_{b0}\beta_f$$

式中　m_{f0}——计算配合比每立方米混凝土中矿物掺合料用量（kg/m^3）；

β_f——矿物掺合料掺量（%），可结合表1-3和混凝土水胶比计算公式确定。

(3) 每立方米混凝土的水泥用量（m_{c0}）应按下式计算。

$$m_{c0}=m_{b0}-m_{f0}$$

式中　m_{c0}——计算配合比每立方米混凝土中水泥用量（kg/m^3）。

4. 砂率

(1) 砂率（β_s）应根据骨料的技术指指标、混凝土拌和物性能和施工要求，参考既有历史资料确定。

(2) 当缺乏砂率的历史资料时，混凝土砂率的确定应符合下列规定。

1）坍落度小于 10 mm 的混凝土，其砂率应经试验确定。

2）坍落度为 10～60 mm 的混凝土砂率，可根据粗骨料品种、最大公称粒径及水胶比按表 1-13 选取。

3）坍落度大于 60 mm 的混凝土砂率，可经试验确定，也可在表 1-13 的基础上，按坍落度每增大 20 mm、砂率增大 1%的幅度予以调整。

表 1-13　混凝土的砂率　　　　（%）

水胶比（W/B）	卵石最大公称粒径（mm）			碎石最大粒径（mm）		
	10.0	20.0	40.0	16.0	20.0	40.0
0.40	26～32	25～31	24～30	30～35	29～34	27～32
0.50	30～35	29～34	28～33	33～38	32～37	30～35
0.60	33～38	32～37	31～36	36～41	35～40	33～38
0.70	36～41	35～40	34～39	39～44	38～43	36～41

注：1. 本表数值系中砂的选用砂率，对细砂或粗砂，可相应地减少或增大砂率。
2. 采用人工砂配制混凝土时，砂率可适当增大。
3. 只用一个单粒级粗骨料配制混凝土时，砂率应适当增大。

砂率的简介

砂率是指混凝土中砂的用量占砂、石总量的质量分数。当砂率过大时，由于骨料的空隙率与总表面积增大，在水泥浆用量一定的条件下，包覆骨料的水泥浆层减薄，流动性变差；若砂率过小，砂的体积不足以填满石子的空隙，要用部分水泥浆填充，使起润滑作用的水泥浆层减薄，混凝土变得粗涩，和易性变差，出现离析、溃散现象。而在合理砂率下，在水泥浆量一定的情况下，使混凝土拌和物有良好的和易性。或者说，当采用合理砂率时，在混凝土拌和物有良好的和易性条件下，可使水泥用量最少。可见合理砂率，就是保持混凝土拌和物有良好粘聚性和保水性的最小砂率。

混凝土用砂、石的简介

1. 砂

砂按其产源可分天然砂、人工砂。由自然条件作用而形成的，粒径在5 mm以下的岩石颗粒，称为天然砂。天然砂可分为河砂、湖砂、海砂和山砂。人工砂又分机制砂、混合砂。人工砂是未经除土处理的机制砂、混合砂的统称。机制砂是由机械破碎、筛分制成的，粒径小于 4.75 mm 的岩石颗粒，但不包括软质岩、风化岩石的颗粒。混合砂是由机制砂和天然砂混合制成的砂。按砂的粒径可分为粗砂、中砂和细砂，目前以细度模数来划分粗砂、中砂和细砂，习惯上仍用平均粒径来区分，见表 1-14。

表 1-14　砂的分类

粗细程度	细度模数 M_x	平均粒径 (mm)
粗砂	3.7～3.1	0.5 以上
中砂	3.0～2.3	0.35～0.5
细砂	2.2～1.6	0.25～0.35

2. 石

由天然岩石或卵石经破碎、筛分而得的，粒径在 5 mm 以上的岩石颗粒称为粗骨料，即石子。石子有天然卵石和人工碎石两种。卵石（砾石）根据产源可分为河卵石、海卵石及山卵石三种。山卵石杂质含量多，使用时需冲洗；海卵石中常混有不坚固的贝壳；河卵石表面光滑，少棱角，比较洁净，基本具天然级配，且产地分布广，是普通混凝土常用的粗骨料。碎石是由天然岩石或卵石经破碎、筛分而得的粒径大于 5 mm 的岩石颗粒，表面粗糙且带棱角，与水泥粘结比较牢固，也是普通混凝土特别是高强混凝土的首选骨料。

5. 粗、细骨料用量

（1）采用质量法计算粗、细骨料用量和砂率时，应按下列公式计算。

$$m_{f0}+m_{c0}+m_{g0}+m_{s0}+m_{w0}=m_{cp}$$

$$\beta_s=\frac{m_{s0}}{m_{g0}+m_{s0}}\times 100\%$$

式中　m_{g0}——每立方米混凝土的粗骨料用量（kg/m^3）；

m_{s0}——每立方米混凝土的细骨料用量（kg/m^3）；

m_{w0}——每立方米混凝土的用水量（kg/m^3）；

β_s——砂率（%）；

m_{cp}——每立方米混凝土拌和物的假定质量（kg/m^3），可取 2 350～2 450 kg/m^3。

（2）当采用体积法计算混凝土配比时，砂率用上述公式计算，粗、细骨料用量应按下列公式计算。

$$\frac{m_{c0}}{\rho_c}+\frac{m_{f0}}{\rho_f}+\frac{m_{g0}}{\rho_g}+\frac{m_{s0}}{\rho_s}+\frac{m_{w0}}{\rho_w}+0.01\alpha=1$$

式中　ρ_c——水泥密度（kg/m^3），应按《水泥密度测定方法》（GB/T 208—1994）测定，也可取 2 900～3 100 kg/m^3；

ρ_f——矿物掺合料密度（kg/m^3），可按《水泥密度测定方法》（GB/T 208—1994）测定；

ρ_g——粗骨料的表观密度（kg/m^3），应按现行行业标准《普通混凝土用砂、石质量及检验方法标准》（JGJ 52—2006）测定；

ρ_s——细骨料的表观密度（kg/m^3），应按现行行业标准《普通混凝土用砂、石质量及检验方法标准》（JGJ 52—2006）测定；

ρ_w——水的密度（kg/m^3），可取 1 000 kg/m^3；

α——混凝土的含气量百分数，在不使用引气型外加剂时，α 可取 1。

三、混凝土配合比的试配与调整

1. 试配

(1) 混凝土试配应采用强制式搅拌机，搅拌机应符合现行行业标准《混凝土试验用搅拌机》(JG 244—2009) 的规定，搅拌方法宜与施工采用的方法相同。

(2) 试验室成型条件应符合现行国家标准《普通混凝土拌和物性能试验方法标准》(GB/T 50080—2002) 的规定。

(3) 每盘混凝土试配的最小搅拌量应符合表 1-15 的规定，并不应小于搅拌机公称容量的 1/4 且不应大于搅拌机公称容量。

表 1-15　混凝土试配的最小搅拌量

粗骨料最大公称粒径 (mm)	最小搅拌的拌和物量 (L)
≤31.5	20
40.0	25

(4) 在计算配合比的基础上进行试拌。计算水胶比宜保持不变，并应通过调整配合比其他参数使混凝土拌和辑佳能符合设计和施工要求，然后修正计算配合比，提出试持配合比。

(5) 应在试拌配合比的基础上，进行混凝土强度试验，并应符合下列规定。

1) 应至少采用三个不同的配合比。当采用三个不同的配合比时，其中一个应为上述第 (4) 条确定的试拌配合比，另外两个配合比的水胶比宜较试拌配合比分别增加和减少 0.05，用水量应与试拌配合比相同，砂率可分别增加和减少 1%。

2) 进行混凝土强度试验时，应继续保持拌和物性能符合设计和施工要求。

3) 进行混凝土强度试验时，每个配合比至少应制作一组试件，标准养护到 28 d 或设计规定龄期时试压。

2. 配合比的调整

(1) 配合比调整应符合下述规定。

1) 根据上述第 (5) 条混凝土强度试验结果，宜绘制强度和胶水比的线性关系图或用插值法确定略大于配制强度的强度对应的胶水比。

2) 在试拌配合比的基础上，用水量 (m_w) 和外加剂用量 (m_a) 应根据确定的水胶比作调整。

3) 胶凝材料用量 (m_b) 应以用水量乘以确定的胶水比计算得出。

4) 粗骨料和细骨料用量 (m_g 和 m_s) 应在用水量和胶凝材料用量进行调整。

(2) 混凝土拌和物表观密度和配合比校正系数的计算应符合下列规定。

1) 配合比调整后的混凝土拌和物的表观密度应按下式计算。

$$\rho_{c,c}=m_c+m_f+m_g+m_s+m_w$$

2) 混凝土配合比校正系数按下式计算。

$$\delta=\frac{\rho_{c,t}}{\rho_{c,c}}$$

式中　δ——混凝土配合比校正系数；

$\rho_{c,t}$——混凝土拌和物表观密度实测值 (kg/m³)；

$\rho_{c,c}$——混凝土拌和物表观密度计算值 (kg/m³)。

（3）当混凝土拌和物表观密度实测值与计算值之差的绝对值不超过计算值的2%时，按上述第（1）条调整的配合比可维持不变；当二者之差超过2%时，应将配合比中每项材料用量均乘以校正系数δ。

（4）配合比调整后，应测定拌和物水溶性氯离子含量，试验结果应符合表1-4的规定。

（5）对耐久性有设计要求的混凝土应进行相关耐久性试验验证。

（6）生产单位可根据常用材料设计出常用的混凝土配合比备用，并应在使用过程中予以验证或调整。遇有下列情况之一时，应重新进行配合比设计：

1）对混凝土性能有特殊要求时；

2）水泥外加剂或矿物掺合料品种质量有显著变化时。

第三节　特种混凝土的配合比要求

一、抗渗混凝土

1. 原材料

（1）水泥宜采用普通硅酸盐水泥。

（2）粗骨料宜采用连续级配，其最大公称粒径不宜大于40.0 mm，含泥量不得大于1.0%，泥块含量不得大于0.5%。

（3）细骨料宜采用中砂，含泥量不得大于3.0%，泥块含量不得大于1.0%。

（4）抗渗混凝土宜掺用外加剂和矿物掺合料；粉煤灰应采用F类，并不应低于Ⅱ级。

2. 配合比规格

（1）最大水胶比应符合表1-16的规定。

（2）每立方米混凝土中的胶凝材料用量不宜小于320 kg。

（3）砂率宜为35%～45%。

表1-16　抗渗混凝土最大水胶比

设计抗渗等级	最大水胶比	
	C20～C30	C30以上混凝土
P6	0.60	0.55
P8～P12	0.55	0.50
>P12	0.50	0.45

3. 抗渗技术规定

（1）配制抗渗混凝土要求的抗渗水压值应比设计值提高0.2 MPa。

（2）抗渗试验结果应符合下式要求。

$$P_t \geq \frac{P}{10} + 0.2$$

式中　P_t——6个试件中不少于4个未出现渗水时的最大水压值（MPa）；

P——设计要求的抗渗等级值。

4. 含气量规定

掺用引气剂或引气型外加剂的抗渗混凝土，应进行含气量试验，含气量宜控制在

3.0%～5.0%。

二、抗冻混凝土

1. 原材料

(1) 应采用硅酸盐水泥或普通硅酸盐水泥。

(2) 宜选用连续级配的粗骨料，其含泥量不得大于1.0%，泥块含量不得大于0.5%。

(3) 细骨料含泥量不得大于3.0%，泥块含量不得大于1.0%。

(4) 粗、细骨料均应进行坚固性试验，并应符合现行行业标准《普通混凝土用砂、石质量及检验方法标准》(JGJ 52—2006) 的规定。

(5) 抗冻等级不小于F100的抗冻混凝土宜掺用引气剂。

(6) 在钢筋混凝土和预应力混凝土中不得掺用含有氯盐的防冻剂；在预应力混凝土中不得掺用含有亚硝酸盐或碳酸盐的防冻剂。

2. 配合比规定

(1) 最大水胶比和最小胶凝材料用量应符合表1-17的规定。

(2) 复合矿物掺合料掺量宜符合表1-18的规定。

(3) 掺用引气剂的混凝土最小含气量应符合表1-5的规定。

表1-17　最大水胶比和最小胶凝材料用量

设计抗冻等级	最大水胶比		最小胶凝材料用量 (kg/m³)
	无引气剂时	掺引气剂时	
F50	0.55	0.60	300
F100	0.50	0.55	320
不低于F150	—	0.50	350

表1-18　复合矿物掺合料最大掺量

水胶比	最大掺量 (%)	
	采用硅酸盐水泥时	采用普通硅酸盐水泥时
≤0.40	60	50
>0.40	50	40

注：1. 采用其他通用硅酸盐水泥时，可将水泥混合料掺量之20%以上的混合料计入矿物掺合料。

2. 复合矿物掺合料中各矿物掺合料组分的掺量不宜超过表1-2中单掺时的限量。

三、高强混凝土

1. 原材料

(1) 应选用硅酸盐水泥或普通硅酸盐水泥。

(2) 粗骨料宜采用连续级配，其最大公称粒径不宜大于25.0 mm，针片状颗粒含量不宜大于5.0%；含泥量不应大于0.5%，泥块含量不应大于0.2%。

(3) 细骨料的细度模数宜为2.6～3.0，含泥量不应大于2.0%，泥块含量不应大于0.5%。

(4) 宜采用减水率不小于25%的高性能减水剂。

（5）宜复合掺用粒化高炉矿渣粉、粉煤灰和硅灰等矿物掺合料；粉煤灰等级不应低于Ⅱ级；对强度等级不低于C80的高强混凝土宜掺用硅灰。

2. 配合比规定

高强混凝土配合比应经试验确定。在缺乏试验依据的情况下，高强混凝土配合比设计宜符合下列要求。

（1）水胶比、胶凝材料用量和砂率可按表1-19选取，并应经试配确定。

表1-19　高强混凝土水胶比、胶凝材料用量和砂率

强度等级	水胶比	胶凝材料用量（kg/m^3）	砂率（%）
＞C60，＜C80	0.28～0.33	480～560	
≥C80，＜C100	0.26～0.28	520～580	35～42
C100	0.24～0.26	550～600	

（2）外加剂和矿物掺合料的品种、掺量，应通过试配确定；矿物掺合料掺量宜为25%～40%；硅灰掺量不宜大于10%。

（3）水泥用量不宜大于500 kg/m^3。

（4）在试配过程中，应采用三个不同的配合比进行混凝土强度试验，其中一个可为依据表1-18计算后调整拌和物的试拌配合比，另外两个配合比的水胶比，宜较试拌配合比分别增加和减少0.02。

（5）高强混凝土设计配合比确定后，尚应用该配合比进行不少于三盘混凝土的重复试验，每盘混凝土应至少成型一组试件，每组混凝土的抗压强度不应低于配制强度。

（6）高强混凝土抗压强度宜采用标准试件；使用非标准尺寸试件时，尺寸折算系数应经试验确定。

四、泵送混凝土

1. 原材料

（1）泵送混凝土宜选用硅酸盐水泥、普通硅酸盐水泥、矿渣硅酸盐水泥和粉煤灰硅酸盐水泥。

（2）粗骨料宜采用连续级配，其针片状颗粒含量不宜大于10%；粗骨料的最大公称粒径与输送管径之比宜符合表1-20的规定。

表1-20　粗骨料的最大公称粒径与输送管径之比

粗骨料品种	泵送高度（m）	粗骨料最大公称粒径与输送管径之比
	＜50	≤1∶3.0
碎石	50～100	≤1∶4.0
	＞100	≤1∶5.0
	＜50	≤1∶2.5
卵石	50～100	≤1∶3.0
	＞100	≤1∶4.0

（3）细骨料宜采用中砂，其通过公称直径 315 μm 筛孔的颗粒含量不宜少于 15%。

（4）泵送混凝土应掺用泵送剂或减水剂，并宜掺用矿物掺合料。

2. 配合比规定

（1）泵送混凝土的胶凝材料用量不宜小于 300 kg/m^3。

（2）泵送混凝土的砂率宜为 35%～45%。

（3）泵送混凝土试配时应考虑坍落度经时损失。

五、大体积混凝土

1. 原材料

（1）水泥宜采用中、低热硅酸盐水泥或低热矿渣硅酸盐水泥，水泥的 3 d 和 7 d 水化热应符合现行国家标准《中热硅酸盐水泥低热硅酸盐水泥低热矿渣硅酸盐水泥》（GB 200—2003）规定。当采用硅酸盐水泥或普通硅酸盐水泥时，应掺加矿物掺合料，胶凝材料的 3 d 和 7 d 水化热分别不宜大于 240 kJ/kg 和 270 kJ/kg。水化热试验方法应按现行国家标准《水泥水化热测定方法》（GB/T 12959—2008）执行。

（2）粗骨料宜为连续级配，最大公称粒径不宜小于 31.5 mm，含泥量不应大于 1.0%。

（3）细骨料宜采用中砂，含泥量不应大于 3.0%。

（4）宜掺用矿物掺合料和缓凝型减水剂。

（5）当设计采用混凝土 60 d 或 90 d 龄期强度时，宜采用标准尺寸试件进行抗压强度试验。

2. 配合比规定

（1）水胶比不宜大于 0.55，用水量不宜大于 175 kg/m^3。

（2）在保证混凝土性能要求的前提下，宜提高每立方米混凝土中的粗骨料用量；砂率宜为 38%～42%。

（3）在保证混凝土性能要求的前提下，应减少胶凝材料中的水泥用量，提高矿物掺合料掺量，混凝土中矿物掺合料掺量应符合表 1-2 和表 1-3 的规定。

（4）在配合比试配和调整时，控制混凝土绝热温升不宜大于 50℃。

（5）配合比应满足施工对混凝土凝结时间的要求。

第二章　混凝土工程基本施工技术

第一节　混凝土的搅拌

一、搅拌要求

搅拌混凝土前，加水空转数分钟，将积水倒净，使拌筒充分润湿。搅拌第一罐时，考虑到筒壁上的砂浆损失，石子用量应按配合比规定减半。

搅拌好的混凝土要做到基本卸尽。在全部混凝土卸出之前不得再投入拌和料，更不得采取边出料边进料的方法。严格控制水胶比和坍落度，未经试验人员同意不得随意加减用水量。

二、材料配合比

严格掌握混凝土材料配合比。在搅拌机旁挂牌公布，便于检查。

各种衡器应定时校验，并经常保持准确。骨料含水率应经常测定。雨天施工时，应增加测定次数。

三、搅拌时间的确定与控制

1. 搅拌时间的确定

从原料全部投入搅拌机筒时起，至混凝土拌和料开始卸出时止，所经历的时间称作搅拌时间。通过充分搅拌，应使混凝土的各种组成材料混合均匀，颜色一致；高强度等级混凝土、干硬性混凝土更应严格执行。搅拌时间随搅拌机的类型及混凝土拌和料和易性的不同而异。在生产中，应根据混凝土拌和料要求的均匀性、混凝土强度增长的效果及生产效率几种因素，规定合适的搅拌时间。但混凝土搅拌的最短时间，应符合表2-1规定。

表2-1　混凝土搅拌的最短时间　　（单位：s）

混凝土坍落度（mm）	搅拌机机型	搅拌机出料量（L）		
		＜250	250～500	＞500
≤40	强制式	60	90	120
＞40，且＜100	强制式	60	60	90
≥100	强制式	60		

注：1. 现场搅拌时原材料计量允许偏差应满足每盘计量允许偏差要求。

2. 累计计量允许偏差指每一运输车中各盘混凝土的每种材料累计称量的偏差，该项指标仅适用于采用计算机控制计量的搅拌站。

3. 骨料含水率应经常测定，雨、雪天施工应增加测定次数。

2. 混凝土搅拌时间控制

（1）混凝土搅拌的最短时间系指自全部材料装入搅拌筒中起，到开始卸料止的时间。

（2）当掺有外加剂时，搅拌时间应适当延长。在拌和掺有掺和料（如粉煤灰等）的混凝土时，宜先以部分水、水泥及掺和料在机内拌和后，再加入砂、石及剩余水，并适当延长拌和时间。

(3) 全轻混凝土宜采用强制式搅拌机搅拌，砂轻混凝土可采用自落式搅拌机搅拌，但搅拌时间应延长 60～90 s。

强制式搅拌机和自落式搅拌机的简介

1. 强制式搅拌机

强制式搅拌机的鼓筒筒内有若干组叶片，搅拌时叶片绕竖轴或卧轴旋转，将材料强行搅拌，直至搅拌均匀。这种搅拌机的搅拌作用强烈，适宜于搅拌干硬性混凝土和轻骨料混凝土，也可搅拌流动性混凝土，具有搅拌质量好、搅拌速度快、生产效率高、操作简便及安全等优点。但机件磨损严重，一般需用高强合金钢或其他耐磨材料做内衬，多用于集中搅拌站。

2. 自落式搅拌机

自落式搅拌机的搅拌鼓筒是垂直放置的。随着鼓筒的转动，混凝土拌和料在鼓筒内做自由落体式翻转搅拌，从而达到搅拌的目的。自落式搅拌机多用以搅拌塑性混凝土和低流动性混凝土。筒体和叶片磨损较小，易于清理，但动力消耗大，效率低。

鉴于此类搅拌机对混凝土骨料有较大的磨损，从而影响混凝土质量，现已逐步被强制式搅拌机所取代。

(4) 采用强制式搅拌机搅拌轻骨料混凝土的加料顺序是：当轻骨料在搅拌前预湿时，先加粗、细骨料和水泥搅拌 30 s，再加水继续搅拌；当轻骨料在搅拌前未预湿时，先加 1/2 的总用水量和粗、细骨料搅拌 60 s，再加水泥和剩余用水量继续搅拌。

(5) 当采用其他形式的搅拌设备时，搅拌的最短时间应按设备说明书的规定或经试验确定。

(6) 混凝土的搅拌时间，每一工作班至少抽查两次。

(7) 混凝土搅拌完毕后应在搅拌地点和浇筑地点分别取样检测坍落度，每一工作班不应少于两次，评定时应以浇筑地点的测值为准。

四、原材料质量的计量

(1) 在混凝土每一工作班正式称量前，应先检查原材料质量，必须使用合格材料；各种衡器应定期校核，每次使用前进行零点校核，保持计量准确。

(2) 施工中应测定骨料的含水率，当雨天施工含水率有显著变化时，应增加测定系数，依据测试结果及时调整配合比中的用水量和骨料用量。

(3) 混凝土原材料每盘称量的偏差不得超过表 2-2 中的允许偏差的规定。

表 2-2　混凝土原材料每盘称量的允许偏差　　(%)

原材料品种	水泥	细骨料	粗骨料	水	矿物掺合料	外加剂
每盘计量允许偏差	±2	±3	±3	±1	±2	±1
累计计量允许偏差	±1	±2	±2	±1	±1	±1

为了保证称量准确，水泥、砂、石子、掺和料等干料的配合比，应采用质量法计量，严

禁采用容积法。水的计量是在搅拌机上配置的水箱或定量水表上按体积计量；外加剂中的粉剂可按比例稀释为溶液，按用水量加入，也可将粉剂按比例与水泥拌匀，按水泥计量。施工现场要经常测定施工用的砂、石料的含水率，将实验室中的混凝土配合比换算成施工配合比，然后进行配料。

五、搅拌要点

(1) 搅拌装料顺序为石子→水泥→砂。每盘装料数量不得超过搅拌筒标准容量的10%。

(2) 在每次用搅拌机拌和第一罐混凝土前，应先开动搅拌机空车运转，运转正常后，再加料搅拌。拌第一罐混凝土时，宜按配合比多加入10%的水泥、水、细骨料的用量；或减少10%的粗骨料用量，使多余的砂浆布满鼓筒内壁及搅拌叶片，防止第一罐混凝土拌和物中的砂浆偏少。

(3) 在每次用搅拌机开拌之始，应注意监视与检测开拌初始的前二、三罐混凝土拌和物的和易性。如不符合要求时，应立即分析情况并处理，直至拌和物的和易性符合要求，方可持续生产。

(4) 当开始按新的配合比进行拌制或原材料有变化时，亦应注意开拌鉴定与检测工作。

(5) 使用外加剂时，应注意检查核对外加剂品名、生产厂名、牌号等。使用时一般宜先将外加剂制成外加剂溶液，并预加入拌用水中，当采用粉状外加剂时，也可采用定量小包装外加剂另加载体的掺用方式。当用外加剂溶液时，应经常检查外加剂溶液的浓度，并应经常搅拌外加剂溶液，使溶液浓度均匀一致，防止沉淀。溶液中的水量，应包括在拌和用水量内。

外加剂检验与控制的简介

1. 检验要点

(1) 选用的外加剂应由供货单位提供产品说明书，出厂检验报告及合格证，掺外加剂混凝土性能检验报告。

(2) 外加剂运到工地（或混凝土搅拌站）必须立即取代表性样品进行检验，进货与工程试配时一致方可使用。若发现不一致时，应停止使用。

(3) 外加剂应按不同供货单位、不同品种、不同牌号分别存放，标识应清楚。

(4) 外加剂配料控制系统标识应清楚，计量应准确，计量误差为±2%。

(5) 粉状外加剂应防止受潮结块，如有结块，经性能检验合格后，应粉碎至全部通过0.63 mm筛后方可使用。液体外加剂应放置阴凉干燥处，防止日晒、受冻、污染、进水或蒸发，如有沉淀等现象，经性能检验合格后方可使用。

2. 外加剂匀质性指标

混凝土外加剂的质量是由掺入外加剂后混凝土的性能来评定的。外加剂匀质性指标见表2-3。

表2-3 外加剂匀质性指标

项 目	内 容
氯离子含量（%）	不超过生产厂控制值
总碱量	不超过生产厂控制值

续上表

项　目	内　容
含固量	$S>25\%$时，应控制在$0.95S\sim0.15S$； $S\leqslant25\%$时，应控制在$0.90S\sim1.10S$
含水率	$W>5\%$时，应控制在$0.90W\sim1.10W$； $W\leqslant5\%$时，应控制在$0.80W\sim1.20W$
密度（g/cm^3）	$D>1.1$时，应控制在$D\pm0.03$； $D\leqslant1.1$时，应控制在$D\pm0.02$
细度	应在生产厂控制范围内
pH值	应在生产厂控制范围内
硫酸钠含量（%）	不超过生产厂控制值

3. 外加剂取样

生产厂应根据产量和生产设备条件，将产品分批编号，掺量大于1%（含1%）同品种的外加剂每一编号为100 t，掺量小于1%的外加剂每一编号为50 t，不足100 t或50 t的也可按一个批量计，同一编号的产品必须是混合均匀的。每批取样量不少于0.2 t水泥所需用的外加剂量。

每一编号取得的试样应充分混匀，分为两等份：一份按《混凝土外加剂》（GB 8076—2008）规定方法与项目进行试验；另一份要密封保存半年，以备有疑问时交国家指定的检验机构进行复验或仲裁。如生产和使用单位同意，复验和仲裁也可现场取样。

（6）混凝土用量不大，而又缺乏机械设备时，可用人工拌制。拌制一般应用铁板或包有白铁皮的木制拌板上进行操作，如用木制拌板时，宜将表面刨光，镶拼严密，使不漏浆。拌和要先干拌均匀，再按规定用水量随加水随湿拌至颜色一致，达到石子与水泥浆无分离现象为准。当水灰比不变时，人工拌制要比机械搅拌多耗10%～15%的水泥。

六、拌和物性能要求

混凝土拌和物的质量指标包括稠度、含气量、水胶比、水泥含量及均匀性等。各种混凝土拌和物应检验其稠度。检测结果应符合表2-4规定。

表2-4　混凝土稠度的分级及允许偏差

稠度分类	等级	测值范围	允许偏差
坍落度（mm）	S1	10～40	±10
	S2	50～90	±20
	S3	100～150	±30
	S4	160～210	±30
	S5	≥220	±30

续上表

稠度分类	等级	测值范围	允许偏差
维勃稠度（s）	V0	≥31	±3
	V1	30～21	±3
	V2	20～11	±3
	V3	10～6	±2
	V4	5～3	±1

掺引气型外加剂的混凝土拌和物应检验其含气量。一般情况下，根据混凝土所用粗骨料的最大粒径，其含气量的检测指标不宜超过表 2-5 的规定。

表 2-5　混凝土的含气量最大限值

粗骨料最大粒径（mm）	混凝土含气量最大限值（%）
10	7.0
15	6.0
20	5.5
25	5
40	4.5
50	4
80	3.5
150	3

有时根据需要检验混凝土拌和物的水胶比和水泥含量。实测的水胶比和水泥含量应符合配合比设计要求。

混凝土拌和物应满足拌和均匀，颜色一致，不得有离析、泌水现象等要求。其检测结果应符合表 2-6 要求。

表 2-6　混凝土拌和物均匀性指标

检 查 项 目	指　标
混凝土中砂浆密度测值的相对误差	≤0.8%
单位体积混凝土中粗骨料含量测值的相对误差	≤5%

拌和物离析和泌水的简介

1. 离析

拌和物的离析是指拌和因各组成材料分离而造成不均匀和失去连续性的现象。其形式有两种：一种是骨料从拌和物中分离；另一种是稀水泥浆从拌和物中淌出。虽然拌和物的离析是不可避免的，尤其是在粗骨料最大粒径较大的混凝土中，但适当的配合比、掺外加剂可尽量使离析减小。

离析会使混凝土拌和物均匀性变差，硬化后混凝土的整体性、强度和耐久性降低。

2. 泌水

拌和物泌水是指拌和物在浇筑后到开始凝结期间，固体颗粒下沉，水上升，并在混凝土表面析出水的现象。泌水将造成如下后果：

(1) 块体上层水多，水胶比增大，质量必然低于下层拌和物，引起块体质量不均匀，易于形成裂缝，降低了混凝土的使用性能。

(2) 部分泌水携带细颗粒一直上升到混凝土顶面，再沉淀下来的细微物质称为乳皮，使顶面形成疏松层，降低了混凝土之间的粘结力。

(3) 部分泌水停留在石子下面或绕过石子上升，形成连通的孔道，水分蒸发后，这些孔道成为外界水分浸入混凝土内部的捷径，降低了混凝土的抗渗性和耐久性。

(4) 部分泌水停留在水平钢筋下表面，形成薄弱的间隙层，降低了钢筋与混凝土的粘结力。

(5) 由于泌水和其他一些原因，使混凝土在终凝以前产生少量的“沉陷”。

由此可见，泌水作用对于混凝土的质量有很不利的影响，必须尽可能减小混凝土的泌水。通常采用掺加适量混合材、外加剂，尽可能降低混凝土水胶比等有效措施来提高混凝土的保水性，从而减少泌水现象。

七、特殊季节混凝土拌制

(1) 冬期施工时，投入混凝土搅拌机中各种原材料的温度往往不同，要通过搅拌，使混凝土内温度均匀一致。因此，搅拌时间应比表 2-1 中的规定时间延长 50%。

(2) 投入混凝土搅拌机中的骨料不得带有冰屑、雪团及冻块。否则，会影响混凝土中用水量的准确性和破坏水泥、石与骨料之间的粘结。当水需加热时，还会消耗大量热能，降低混凝土的温度。

混凝土搅拌机特点和适用范围的简介

各类搅拌机的特点及适用范围，见表 2-7；不同容量搅拌机的适用范围，见表 2-8。

表 2-7　各类搅拌机的特点及适用范围

类　型	特点及适用范围
周期性搅拌机	周期性地进行装料、搅拌、出料，结构简单可靠，容易控制配合比及拌和质量，使用广泛
连续式搅拌机	连续进行装料、搅拌、出料，生产率高。主要用于混凝土使用量很大的工程
自落式搅拌机	由搅拌筒内壁固定叶片将物料带到一定高度，然后自由落下，周而复始，使其获得均匀搅拌。最适宜拌制塑性和半塑性混凝土
强制式搅拌机	筒内物料由旋转轴上的叶片或刮板的强制作用而获得充分的拌和。拌和时间短、生产率高。适宜于拌制干硬性混凝土
固定式搅拌机	通过机架底脚螺栓与基础固定。多装在搅拌楼或搅拌站上使用
移动式搅拌机	装有行走机构，可随时拖运转移。应用于中小型临时工程
倾翻式搅拌机	靠拌筒倾倒出料

续上表

类　型	特点及适用范围
非倾翻式搅拌机	靠拌筒反转出料
梨式搅拌机	拌筒可绕纵轴旋转搅拌，又可绕横轴回转装料、卸料。一般用于试验室小型搅拌机
锥式搅拌机	多用于大中型搅拌机
鼓筒式搅拌机	多用于中小型搅拌机
槽式搅拌机	多为强制式。有单槽单搅拌轴和双槽双搅拌轴等，国内较少采用
盘式搅拌机	是一种周期性垂直强制式搅拌机，国内较少采用

注：自落鼓筒式搅拌机，是我国最早生产和使用的搅拌机，由于性能指标比较落后，已于1987年被列为淘汰产品，但目前仍有部分工程在使用。

表2-8　不同容量搅拌机的适用范围

进料容量（L）	出料容量（L）	适用范围
100	60	试验室制作混凝土试块
240	150	修缮工程或小型工地拌制混凝土及砂浆
320	200	
400	250	一般工地，小型移动式搅拌站和小型混凝土制品厂的主机
560	350	
800	500	
1 200	750	大型工地，拆装式搅拌站和大型混凝土制品厂搅拌楼主机
1 600	1 000	
2 400	1 500	大型堤坝和水工工程的搅拌楼主机
4 800	3 000	

（3）当需加热原材料以提高混凝土的温度时，应优先采用将水加热的方法。因为水的加热简便，且水的热容量大，其比热容约为砂、石的4.5倍，故将水加热是最经济、最有效的方法。只有当加热水达不到所需的温度要求时，才可依次对砂、石进行加热。水泥不得直接加热，使用前宜事先运入暖棚内存放。

比热容的简介

温度变化1 K时，混凝土单位质量所吸收或放出的热量称为该混凝土的比热容[J/(kg·K)]。混凝土的比热容取决于周围介质的温度、水胶比和骨料品种及用量等，一般波动在840～1 170 [J/(kg·K)] 范围内。几种不同品种骨料混凝土的比热容见表2-9。

表 2-9　不同骨料混凝土的比热容

粗骨料品种	介质温度（℃）	比热容 [J/(kg·K)]	粗骨料品种	介质温度（℃）	比热容 [J/(kg·K)]
花岗岩	10 38 65	0.871 0.963 1.051	砂岩	10 38 65	0.909 0.971 1.034
石灰岩	10 38 65	0.925 0.992 1.055	玄武岩	10 38 65	0.917 0.967 1.076

(4) 水可在锅中或锅炉中加热，或直接通入蒸汽加热。骨料可用热炕、铁板、通汽蛇形管或直接通入蒸汽等方法加热。水及骨料的加热温度应根据混凝土搅拌后的最终温度要求，通过热工计算确定，其加热最高温度不得超过表 2-10 的规定。

表 2-10　拌和水及骨料加热最高温度

项　　目	拌和水（℃）	骨料（℃）
强度等级＜52.5 级的普通硅酸盐水泥、矿渣硅酸盐水泥	80	60
强度等级≥52.5 级的硅酸盐水泥、普通硅酸盐水泥	60	40

(5) 当骨料不加热时，水可加热到 100℃。但搅拌时，为防止水泥“假凝”，水泥不得与 80℃以上的水直接接触。因此，投料时，应先投入骨料和已加热的水，稍加搅拌后，再投入水泥。

(6) 采用蒸汽加热时，蒸汽与冷的混凝土材料接触后放出热量，本身凝结为水。混凝土要求升高的温度越高，凝结水也越多。该部分水应该作为混凝土搅拌用水量的一部分来考虑。

(7) 雨期施工期间要勤测粗、细骨料的含水量，随时调整用水量和粗、细骨料的用量。夏期施工时砂石材料尽可能加以遮盖，至少在使用前不受烈日暴晒，必要时可采用冷水淋洒，使其蒸发散热。冬期施工要防止砂、石材料表面冻结，并应清除冰块。

八、泵送混凝土的拌制

泵送混凝土宜采用混凝土搅拌站供应的预拌混凝土，也可在现场设置搅拌站，供应泵送混凝土；但不得采用手工搅拌的混凝土进行泵送。

搅拌站分类的简介

现场搅拌楼（站）必须考虑工程任务大小、施工现场条件、机具设备等情况，因地制宜设置。一般宜采用流动性组合方式，使所有机械设备采取装配连接结构，基本能做到拆装、搬运方便，有利于建筑工地转移。搅拌站的设计尽量做到自动上料、自动称量、自动出料和集中操纵控制，有相应的环境保护措施，使搅拌站后台上料作业走向机械化、自动化生产。因其体积大，生产能力高，只能作为固定式的搅拌设置，适用于产量大的商品混凝土供应。搅拌楼（站）按工艺布置形式可分为单阶式和双阶式两类。

1. 单阶式

砂、石、水泥等材料一次就提升到搅拌楼（站）最高层的贮料斗，然后配料称量直至搅拌成混凝土，均借物料自重下落而形成垂直生产工艺体系。此类形式具有生产率高，动力消耗少，机械化和自动化程度高，布置紧凑和占地面积小等特点，但其设备较复杂，基建投资大，故单阶式布置适用于大型永久性搅拌楼（站）。

2. 双阶式

砂、石、水泥等材料分两次提升，第一次将材料提升至贮料斗，经配料称量后，第二次再将材料提升并卸入搅拌机。它具有设备简单、投资少、建成快等优点；但其机械化和自动化程度较低，动力消耗大，故该布置形式适用于中小型搅拌楼（站）。

此外，搅拌楼（站）按装置方式可分为固定式和移动式两类。前者适用于永久性的搅拌楼（站）；后者则适用于施工现场。

泵送混凝土的交货检验，应在交货地点，按国家现行《预拌混凝土》(GB/T 14902—2003）的有关规定，进行交货检验；现场拌制的泵送混凝土供料检验，宜按国家现行标准《预拌混凝土》(GB/T 14902—2003）的有关规定执行。

在寒冷地区冬期拌制泵送混凝土时，除应满足《混凝土泵送施工技术规程》(JGJ/T 10—2011）的规定外，尚应制订冬期施工措施。

九、混凝土搅拌质量要求

在搅拌工序中，拌制的混凝土拌和物的均匀性应按要求进行检查。在检查混凝土均匀性时，应在搅拌机卸料过程中，从卸料流出的1/4～3/4之间部位采取试样。检测结果应符合下列规定：

(1）混凝土中砂浆密度，两次测值的相对误差不应大于0.8％。

(2）单位体积混凝土中粗骨料含量，两次测值的相对误差不应大于5％。

混凝土搅拌的最短时间应符合表2-1的规定，混凝土的搅拌时间，每一工作班至少应抽查两次。

混凝土搅拌完毕后，应按下列要求检测混凝土拌和物的各项性能。

1）混凝土拌和物的稠度，应在搅拌地点和浇筑地点分别取样检测。每工作班不应少于1次。评定时应以浇筑地点的为准。

在检测坍落度时，还应观察混凝土拌和物的粘聚性和保水性，全面评定拌和物的和易性。

2）根据需要，如果应检查混凝土拌和物的其他质量指标时，检测结果也应符合各自的要求，如含气量、水胶比和水泥含量等。

第二节　混凝土的运输

一、输送时间

混凝土应以最少的转载次数和最短的时间，从搅拌地点运至浇筑地点。混凝土从运输到输送入模的延续时间应符合表 2-11 的要求。

表 2-11 运输到输送入模的延续时间 （单位：min）

条件	气温	
	≤25℃	＞25℃
不掺外加剂	90	60
掺外加剂	150	120

二、输送要求

运输过程中，应保持混凝土的均匀性，避免产生分层离析现象，混凝土运至浇筑地点，应符合浇筑时所规定的坍落度（表 2-12）；运输工作应保证混凝土的浇筑工作连续进行；运送混凝土的容器应严密，其内壁应平整光洁，不吸水，不漏浆，粘附的混凝土残渣应经常清除。

表 2-12 混凝土浇筑时的坍落度

结构种类	坍落度（mm）
基础或地面等的垫层、无配筋的厚大结构（挡土墙、基础或厚大的块体等）或配筋稀疏的结构	10～30
板、梁和大型及中型截面的柱子等	30～50
配筋密列的结构（薄壁、斗仓、筒仓、细柱等）	50～70
配筋特密的结构	70～90

注：1. 本表系指采用机械振捣的坍落度，采用人工捣实时可适当增大。
2. 需要配制大坍落度混凝土时，应掺用外加剂。
3. 曲面或斜面结构的混凝土，其坍落度值，应根据实际需要另行选定。
4. 轻骨料混凝土的坍落度，宜比表中数值减少 10～20 mm。
5. 自密实混凝土的坍落度另行规定。

三、运输工具的选择

混凝土的运输可分为地面水平运输、垂直运输和楼面水平运输三种方式。

（1）地面水平运输。当采用商品混凝土或运距较远时，最好采用混凝土搅拌输送车。该车在运输过程中搅拌筒可缓慢转动进行拌和，防止了混凝土的离析。当距离过远时，可事先装入干料，在到达浇筑现场前 15～20 min 放入搅拌水，边行走边进行搅拌。

如现场搅拌混凝土，可采用载重 1 t 左右、容量为 400 L 的小型机动翻斗车或手推车运输。运距较远、运量又较大时可采用带式运输机或窄轨翻斗车。

凝土搅拌运输送车的简介

混凝土搅拌输送车是一种用于长距离输送混凝土的高效能机械，它是将运送混凝土的搅拌筒安装在汽车底盘上，而以混凝土搅拌站生产的混凝土拌和物灌装入搅拌筒内，直接运至施工现场，供浇筑作业使用。混凝土搅拌输送车是一种专用运输车，它在运输过程中，装载混凝土的拌筒能缓慢旋转，可有效地防止混凝土离析，因而能保证混凝土的输送质量。在商品混凝土的输送中，搅拌输送车是必备设备之一。

在运输途中，混凝土搅拌筒始终在不停地慢速转动，从而使筒内的混凝土拌和物可连续得到搅动，以保证混凝土通过长途运输后，仍不致产生离析现象。在运输距离很长时，也可将混凝土干料装入筒内，在运输途中加水搅拌，这样能减少由于长途运输而引起的混凝土坍落度损失。

混凝土搅拌输送车运输混凝土时，可根据运输距离、混凝土质量和供应要求等不同情况，采用下列不同的工作方式：

（1）湿料输送。在预拌厂直接将混凝土拌和物装入搅拌筒，在运输途中，搅拌筒不断地慢速转动，运至现场反转卸出混凝土。

（2）半干料输送。对尚未配足水的混凝土，在途中继续加水搅拌输送至现场。

（3）干粉输送。把经过称量的砂、石、水泥及掺和料等干料装入搅拌筒内，在输送将到达施工现场前加水进行搅拌。搅拌完成后再反转卸料。

（4）搅拌混凝土。若配料站无搅拌机时，亦可将输送车做搅拌机用，把经过称量的各种混合料按一定的加料顺序加入搅拌筒，搅拌后再送至施工现场。

搅拌输送车的搅拌筒驱动装置有机械式和液压式两种，目前普遍采用液压式。由于发动机的动力引出形式的不同，又可分为飞轮取力、前端取力、前端卸料以及搅拌装置设专用发动机的单独驱动等形式。

（2）垂直运输。可采用塔式起重机、混凝土泵、快速提升斗和井架。

井架的简介

主要用于高层建筑混凝土灌筑时的垂直运输机械，由井架、台灵拔杆、卷扬机、吊盘、自动倾卸吊斗及钢丝缆风绳等组成，具有一机多用、构造简单、装拆方便等优点。起重高度一般为 25～40 m。

（3）混凝土楼面水平运输。多采用双轮手推车，塔式起重机亦可兼顾楼面水平运输，如用混凝土泵则可采用布料杆布料。

手推车的简介

手推车是施工工地上普遍使用的水平运输工具，手推车具有小巧、轻便等特点，不但适用于一般的地面水平运输，还能在脚手架、施工栈道上使用；也可与塔式起重机、井、架等配合使用，解决垂直运输。

四、输送道路

（1）场内输送道路应尽量平坦，以减少运输时的振荡，避免造成混凝土分层离析。

（2）还应考虑布置环形回路，施工高峰时宜设专人管理指挥，以免车辆互相拥挤阻塞。

（3）临时架设的桥道要牢固，桥板接头必须平顺。

（4）浇筑基础时，可采用单向输送主道和单向输送支道的布置方式。

（5）浇筑柱子时，可采用来回输送主道和盲肠支道的布置方式。

（6）浇筑楼板时，可采用来回输送主道和单向输送支道结合的布置方式。

（7）对于大型混凝土工程，还必须加强现场指挥和调度。

五、输送质量要求

(1) 混凝土运送至浇筑地点，如混凝土拌和物出现离析或分层现象，应对混凝土拌和物进行二次搅拌。

(2) 混凝土运至浇筑地点时，应检测其稠度，所测稠度值应符合设计和施工要求。其允许偏差值应符合有关标准的规定。

(3) 混凝土拌和物运至浇筑地点时的温度，最高不宜超过35℃；最低不宜低于5℃。

第三节　混凝土的浇筑和振捣

一、浇筑施工准备

1. 制订施工方案

根据工程对象、结构特点，结合具体施工条件，制订混凝土浇筑的施工方案。

2. 机具准备及检查

搅拌机、运输车、料斗、串筒、振动器等机具设备按需要准备充足，并考虑发生故障时的修理时间。重要工程，应有备用的搅拌机和振动器。特别是采用泵送混凝土，一定要有备用泵。所用的机具均应在浇筑前进行检查和试运转，同时配有专职技工，随时检修。浇筑前，必须核实一次浇筑完毕或浇筑至某施工缝前的工程材料，以免停工待料。

振动设备的分类、特点及用途的简介

振动设备的分类、特点及用途，见表2-13。

表2-13　振动设备分类、特点及用途

分　类	特点及用途
内部振动器 (插入式振动器)	形式有硬管的、软管的。振动部分有锤式、棒式、片式等。振动频率有高有低。主要适用于大体积混凝土、基础、柱、梁、墙、厚度较大的板，以及预制构件的捣实工作。 当钢筋十分稠密或结构厚度很薄时，其使用就会受到一定的限制
表面振动器 (平板式振动器)	其工作部分是一钢制或木制平板，板上装一个带偏心块的电动振动器。振动力通过平板传递给混凝土，由于其振动作用深度较小，仅使用于表面积大而平整的结构物，如平板、地面、屋面等构件
外部振动器 (附着式振动器)	这种振动器通常是利用螺栓或钳形夹具固定在模板外侧。不与混凝土直接接触，借助模板或其他物体将振动力传递到混凝土。由于振动作用不能深远，仅适用于振捣钢筋较密、厚度较小以及不宜使用插入式振动器的结构构件
振动台	由上部框架和下部支架、支承弹簧、电动机、齿轮同步器、振动子等组成。上部框架是振动台的台面，上面可固定放置模板，通过螺旋弹簧支承在下部的支架上，振动台只能作上下方向的定向振动，适用于混凝土预制构件的振捣

3. 保证水电及原材料的供应

在混凝土浇筑期间，要保证水、电、照明不中断。为了防备临时停水停电，事先应在浇筑地点贮备一定数量的原材料（如砂、石、水泥、水等）和人工拌和捣固用的工具，以防出现意外的施工停歇缝。

4. 掌握天气季节变化情况

加强气象预测预报的联系工作。在混凝土施工阶段应掌握天气的变化情况，特别在雷雨台风季节和寒流突然袭击之际，更应注意，以保证混凝土连续浇筑的顺利进行，确保混凝土质量。

根据工程需要和季节施工特点，应准备好在浇筑过程中所必需的抽水设备和防雨、防暑、防寒等物资。

5. 检查模板、支架、钢筋和预埋件

在浇筑混凝土之前，应检查和控制模板、钢筋、保护层和预埋件等的尺寸、规格、数量和位置，其偏差值应符合现行国家标准《混凝土结构工程施工质量验收规范》（GB 50204—2002）（2011 版）的规定。此外，还应检查模板支撑的稳定性以及模板接缝的密合情况。

模板和隐蔽工程项目应分别进行预检和隐蔽验收。符合要求时，方可进行浇筑。检查时应注意以下几点：

（1）模板的标高、位置与构件的截面尺寸是否与设计符合；构件的预留拱度是否正确。

（2）所安装的支架是否稳定；支柱的支撑和模板的固定是否可靠。

（3）模板的紧密程度。

（4）钢筋与预埋件的规格、数量、安装位置及构件接点连接焊缝，是否与设计符合。

（5）模板内的垃圾、木片、刨花、锯屑、泥土和钢筋上的油污、鳞落的铁皮等杂物，应清除干净。

（6）木模板应浇水加以润湿，但不允许留有积水。湿润后，木模板中尚未胀密的缝隙应贴严，以防漏浆。

（7）金属模板中的缝隙和孔洞也应予以封闭。

（8）检查安全设施、劳动配备是否妥当，能否满足浇筑速度的要求。

（9）在地基或基土上浇筑混凝土，应清除淤泥和杂物，并应有排水和防水措施。

（10）对干燥的非黏性土，应用水湿润；对未风化的岩石，应用水清洗，但其表面不得留有积水。

二、浇筑厚度及间歇时间

1. 浇筑高度

柱、墙模板内的混凝土浇筑不得发生离析，倾落高度应符合表 2-14 的规定。

表 2-14　柱、墙模板内混凝土浇筑倾落高度限值

条　件	浇筑倾落高度限值
粗骨料粒径大于 25 mm	≤3
粗骨料粒径小于等于 25 mm	≤6

2. 浇筑间歇时间

一般情况下混凝土运输、浇筑及间歇的全部时间不得超过表 2-15 的规定，当超过时应留置施工缝。在浇筑与柱和墙连成整体的梁和板时，应在柱和墙浇筑完毕后停歇 1～1.5 h，然后再继续浇筑；梁和板宜同时浇筑混凝土；拱和高度大于 1 m 的梁等结构，可单独浇筑混凝土。在混凝土浇筑过程中，应经常观察模板、支架、钢筋、预埋件和预留孔洞的情况，当发现有变形、移位时，应及时采取措施进行处理。

表 2-15　运输、输送入模及其间歇总得时间限值　　（单位：min）

条件	气　温	
	≤25℃	≤25℃
不掺外加剂	180	150
掺外加剂	240	210

混凝土的变形性质

混凝土在硬化后和使用过程中，易受各种因素影响而产生变形，例如化学收缩、干湿变形、温度变形和荷载作用下的变形等，这些都是使混凝土产生裂缝的重要原因，直接影响混凝土的强度和耐久性。

（1）化学收缩。混凝土在硬化过程中，水泥水化后的体积小于水化前的体积，致使混凝土产生收缩，这种收缩称为化学收缩。

（2）干湿变形。当混凝土在水中硬化时，会引起微小膨胀，当在干燥空气中硬化时，会引起干缩。干缩变形对混凝土危害较大，它可使混凝土表面开裂，造成混凝土的耐久性严重降低。影响干湿变形的因素主要有：用水量（水胶比一定的条件下，用水量越多，干缩越大）、水胶比（水灰比大，干缩大）、水泥品种及细度（火山灰干缩大、粉煤灰干缩小；水泥细，干缩大）、养护条件（采用湿热处理，可减小干缩）。

（3）温度变形。温度升降 1℃，每米胀缩 0.01 mm。温度变形对大体积混凝土极为不利。在混凝土硬化初期，放出较多的水化热，当混凝土较厚时，散热缓慢，致使内外温差较大，因而变形较大。

（4）荷载作用下的变形。混凝土的变形分为弹性变形和塑性变形。混凝土在持续荷载作用下，随时间增长的变形称为徐变。徐变变形初期增长较快，然后逐渐减慢，一般持续 2～3 年才逐渐趋于稳定。徐变可消除钢筋混凝土内的应力集中，使应力较均匀地重新分布，对大体积混凝土能消除一部分由于温度变形所产生的破坏应力。但在预应力混凝土结构中，徐变将使混凝土的预加应力受到损失。一般条件下，水胶比较大时，徐变较大；水胶比一定，用水量较大时，徐变较大；骨料级配好，最大粒径较大，弹性模量较大时，混凝土徐变较小；当混凝土在较早龄期受荷时，产生的徐变较大。

三、混凝土浇筑要点

（1）在浇筑工序中，应控制混凝土的均匀性和密实性。混凝土拌和物运至浇筑地点后，应立即浇筑入模。在浇筑过程中，如发现混凝土拌和物的均匀性和稠度发生较大的变化，应及时处理。

(2) 浇筑混凝土时，应注意防止混凝土的分层离析。混凝土由料斗、漏斗内卸出进行浇筑时，其自由倾落高度一般不宜超过 2 m，在竖向结构中浇筑混凝土的高度不得超过 3 m，否则应采用串筒、斜槽、溜管等下料。

(3) 在浇筑竖向结构混凝土前，应先在底部填以 50～100 mm厚与混凝土内砂浆成分相同的水泥砂浆，浇筑中不得发生离析现象；当浇筑高度超过 3 m 时，应采用串筒、溜管或振动溜管使混凝土下落。

(4) 钢筋混凝土框架结构中，梁、板、柱等构件是沿垂直方向重复出现的，所以一般按结构层次来分层施工。平面上，如果面积较大，还应考虑分段进行，以便混凝土、钢筋、模板等工序能相互配合，流水进行。

钢筋混凝土的简介

所谓钢筋混凝土，是在混凝土中配置一定量的钢筋后所形成的一种合理受力的结构材料。它是人们利用了钢和混凝土两种材料的各自特点，创造出来的一种近代的新型材料。其中混凝土是用水泥、粗骨料（石）、细骨料（砂）、水及外加剂或掺和料拌制并浇筑后凝结硬化的人工石材，它和天然石材一样具有很高的抗压强度，但它的抗拉强度相当低，仅为其抗压强度的 1/10。

混凝土有如下特点：

(1) 混凝土是脆性材料，抗压强度较高而抗拉强度低。

(2) 可以在水中凝结硬化，适于建造水下工程。

(3) 拌和料具有可塑性，可以按工程要求浇筑成不同形状和尺寸的构件。

(4) 与钢筋有牢固的粘结力，在钢筋混凝土构件中能与钢筋很好地协同工作。这是由于钢筋一般是埋设于钢筋混凝土构件的受拉区，构件工作时钢筋受拉、混凝土受压，这就充分利用了钢筋抗拉强度高，混凝土抗压强度高而抗拉强度低的特点。而且钢筋和混凝土有基本相同的温度膨胀系数，当温度变化时两者不会产生较大的相对变形而引起附加应力。另外，混凝土包裹钢筋，可使钢筋免受锈蚀。

(5) 有良好的耐久性，维护费用低。与钢、木结构相比还有较好的耐火性。

(6) 占混凝土 80%以上的砂、石材料可以就地取材，因而成本低。

(7) 混凝土的缺点是自重大，抗裂性能差，施工较复杂等。

(5) 在每一施工层中，应先浇筑柱或墙。在每一施工段中的柱或墙应该连续浇筑到顶，每一排的柱子由外向内对称顺序进行，防止由一端向另一端推进，致使柱子模板逐渐受推倾斜。柱子浇筑完毕后，应停歇 1～2 h，使混凝土获得初步沉实，待有了一定强度以后，再浇筑梁板混凝土。梁和板应同时浇筑混凝土，只有当梁高 1 m 以上时，为了施工方便，才可以单独先行浇筑。

(6) 浇筑混凝土应连续进行。当必须间歇时，其间歇时间宜缩短，并应在前层混凝土凝结之前，将次层混凝土浇筑完毕。

(7) 混凝土在浇筑及静置过程中，应采取措施防止产生裂缝。混凝土因沉降及干缩产生的非结构性的表面裂缝，应在混凝土终凝前予以修整。在浇筑与柱和墙连成整体的梁和板时，应在柱和墙浇筑完毕后停歇 1～1.5 h，使混凝土获得初步沉实后，再继续浇筑，以防止接缝处出现裂缝。

四、混凝土的振捣

（1）每一振点的振捣延续时间，应使混凝土表面呈现浮浆和不再沉落为宜。

（2）当采用插入式振动器时，捣实普通混凝土的移动间距，不宜大于振动器作用半径的1.5倍，如图2-1所示。捣实轻骨料混凝土的移动间距，不宜大于其作用半径；振动器与模板的距离，不应小于其作用半径的0.5倍，并应避免碰撞钢筋、模板、预埋件等；振动器插入下层混凝土内的深度应不小于50 mm。一般每点振捣时间为20～30 s，使用高频振动器时，最短不应少于10 s，应使混凝土表面成水平不再显著下沉，不再出现气泡，表面泛出灰浆为准。振动器插点要均匀排列，可采用“行列式”或“交错式”（图2-2）的次序移动，不应混用，以免造成混乱而发生漏振。

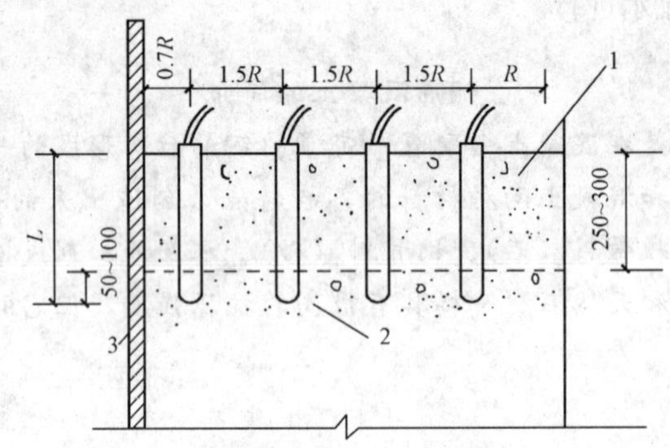

图2-1　插入式振动器的插入深度

1—新浇筑的混凝土；2—下层已振捣但尚未初凝的混凝土；3—模板

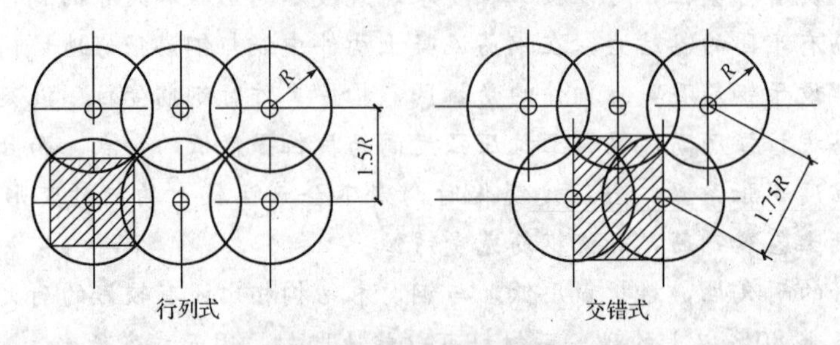

图2-2　振捣点的布置

R—振动棒的有效作用半径

插入式振动器使用的简介

（1）插入式振动器在使用前，应检查各部件是否完好，各连接处是否紧固，电动机绝缘是否良好，电源电压和频率是否符合铭牌规定。检查合格后，方可通电试运行。

（2）振动器的电动机旋转时，若软轴不转，振动棒不起振，系电机旋转方向不对，调换任意两相电源线即可；若软轴转动，振动棒不起振，可摇晃棒头轻磕地面，即可起振。当试运转正常后，方可投入作业。

（3）作业时，要使振动棒自然沉入混凝土，不可用力猛往下推。一般应垂直插入，并插到下层尚未初凝层中50～100 mm，以促使上下层混凝土相互结合。

（4）振捣时，要做到“快插慢拔”。快插是为了防止将表层混凝土先振实，与下层混凝土发生分层、离析现象。慢拔是为了使混凝土能来得及填满振动棒抽出时所形成的空间。

（5）振动棒各插点间距均匀，一般间距不应超过振动棒有效作用半径的1.5倍。

（6）振动棒在混凝土内振密的时间，一般每插点振20～30 s，见到混凝土不再显著下沉，不再出现气泡，表面汪出水泥浆和外观均匀为止。如振密时间过长，有效作用半径虽然能适当增加，但总的生产率反而降低，而且还可能使振动棒附近混凝土产生离析。这对塑性混凝土更显重要。此外，振动棒下部振幅要比上部大，故在振密时，应将振动棒上下抽动5～10 cm，使混凝土均匀振密。

（7）作业中要避免将振动棒触及钢筋、芯管及预埋件等，更不得采取通过振动棒振动钢筋的方法来促使混凝土振密。否则就会因振动而使钢筋位置变动，还会降低钢筋与混凝土之间的粘结力，甚至会发生相互脱离，尤其对预应力钢筋影响更大。

（8）作业时，振动棒插入混凝土的深度不应超过棒长的2/3～3/4。否则振动棒将不易拔出而导致软管损坏；更不得将软管插入混凝土中，以防砂浆浸蚀及渗入软管而损坏机件。

（9）振动器在使用中如温度过高，应立即停机冷却检查，如发现机件故障，要及时进行修理。冬季低温下，振动器作业前，要采取缓慢加温，使棒体内的润滑油解冻后，方能作业。

（3）采用表面振动器时，在每一位置上应连续振动一定时间，正常情况下在25～40 s，但以混凝土面均匀出现浆液为准，移动时应成排依次振动前进，前后位置和排与排间相互搭接应有30～50 mm，防止漏振。振动倾斜混凝土表面时，应由低处逐渐向高处移动，以保证混凝土振实。表面振动器的有效作用深度，在无筋及单筋平板中为200 mm，在双筋平板中约为120 mm。

（4）采用外部振动器时，振动时间和有效作用随结构形状、模板坚固程度、混凝土坍落度及振动器功率大小等各项因素而定。一般每隔1～1.5 m的距离设置一个振动器。当混凝土成一水平面不再出现气泡时，可停止振动。必要时应通过试验确定振动时间，待混凝土入模后方可开动振动器。混凝土浇筑高度要高于振动器安装部位，当钢筋较密和构件断面较深较窄时，亦可采取边浇筑边振动的方法。外部振动器的振动作用深度在250 mm左右，如构件尺寸较厚时，需在构件两侧安设振动器同时进行振捣。

外部振动器使用的简介

（1）外部振动器设计时不考虑轴承承受轴向力，故在使用时，电动机轴承应呈水平状态。

（2）在一个模板上同时用多台附着式振动器时，各振动器的频率必须保持一致，相对面的振动器应错开安放。

（3）振动器作业前要进行检查和试运转。试运转时不应在干硬土或硬质物体上，否则容易使振动器振跳过甚而造成损坏。安装在搅拌楼（站）料仓上的振动器应安置橡胶垫。

（4）振动器安装时，底板安装螺孔的位置应正确，否则底脚螺栓将扭斜而使机壳受损。底脚螺栓必须紧固，各螺栓紧固程度保持一致。

（5）使用时，引出电缆不能拉得过紧，以防断裂。制作时必须随时注意电气设备的安全，电源线中应装设熔断器。

（6）附着式振动器作业时，一般安装在混凝土模板上，每次振动时间不超过1 min。

当混凝土在模板内泛浆流动成水平状即可停振。不得在混凝土初凝状态时再振，也不得使周围的振动影响到已初凝的混凝土，以防影响混凝土的质量。

(7) 平板振动器作业时，振动器的平板要与混凝土保持接触，使振波有效地传到混凝土而使之振实。当表面出浆、不再下沉后，即可缓慢向前移动。移动方向应按电动机旋转方向自动地向前或向后，移动速度以能保证每一处混凝土振密出浆为宜。在振的振动器，不得放在已凝或初凝的混凝土上，以免振伤。

(8) 装置振动器的构件模板要坚固牢靠，构件面积应与振动器额定振动面积相适应。

第四节　施工缝设置

一、施工缝留设

1. 柱

柱的施工缝留在基础的顶面、梁或吊车梁牛腿的下面，或吊车梁的上面、无梁楼板柱帽的下面（图 2-3）；在框架结构中如梁的负筋弯入柱内，则施工缝可留在这些钢筋的下端。

2. 梁板、肋形楼板

(1) 与板连成整体的大截面梁，留在板底面以下 20～30 mm处；当板下有梁托时，留在梁托下部。单向板可留置在平行于板的短边的任何位置（但为方便施工缝的处理，一般留在跨中 1/3 跨度范围内）。

(2) 有主、次梁的肋形楼板，宜顺着次梁方向浇筑，施工缝底留置在次梁跨度中间 1/3 范围内（图 2-4）无负弯矩钢筋与之相交叉的部位。

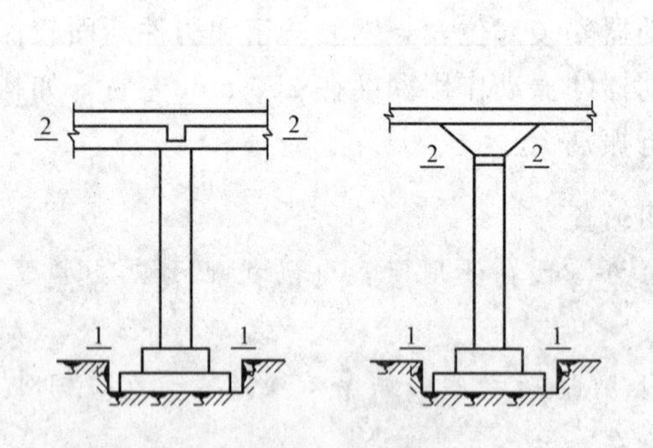

图 2-3　柱的施工缝位置

1—1，2—2—施工缝位置

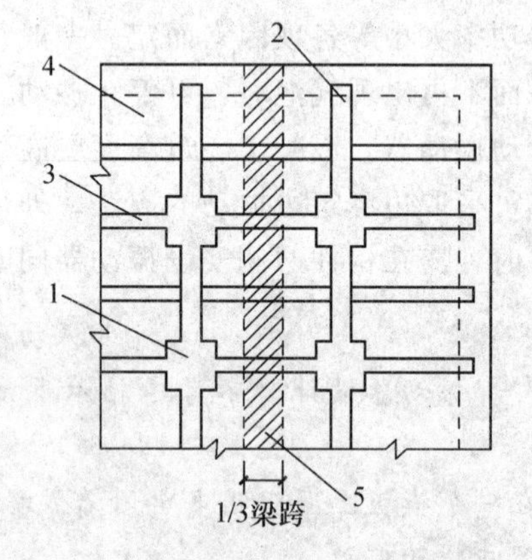

图 2-4　有主、次梁肋形楼板施工缝留置

1—柱；2—主梁；3—次梁；4—楼板；

5—按此方向浇筑混凝土，可留施工缝范围

3. 墙

墙施工缝宜留置在门洞口过梁跨中 1/3 范围内，也可留在纵横墙的交接处。

4. 楼梯、圈梁

(1) 楼梯施工缝留设在楼梯段跨中 1/3 跨度范围内无负弯矩筋的部位。

(2) 圈梁施工缝留在非砖墙交接处、墙角、墙垛及门窗洞范围内。

5. 箱形基础

箱形基础的底板、顶板与外墙的水平施工缝应设在底板顶面以上及顶板底面以下 300～500 mm 为宜，接缝宜设钢板、橡胶止水带或凸形企口缝；底板与内墙的施工缝可设在底板与内墙交接处；而顶板与内墙的施工缝，位置应视剪力墙插筋的长短而定，一般 1 000 mm 以内即可；箱形基础外墙垂直施工可设在离转角 1 000 mm 处，采取相对称的两块墙体一次浇筑施工，间隔 5～7 d，待收缩基本稳定后，再浇另一相对称墙体。内隔墙可在内墙与外墙交接处留施工缝，一次浇筑完成，内墙本身一般不再留垂直施工缝，如图 2-5 所示。

6. 地坑、水池底板与立壁施工缝地坑、水池底板与立壁施工缝可留在立壁上距坑（池）底板混凝土面上部 200～500 mm的范围内，转角宜做成圆角或折线形；顶板与立壁施工缝留在板下部 20～30 mm 处，如图 2-6（a）所示；大型水池可从底板、池壁到顶板在中部留设后浇带，使之形成环状，如图 2-6（b）所示。

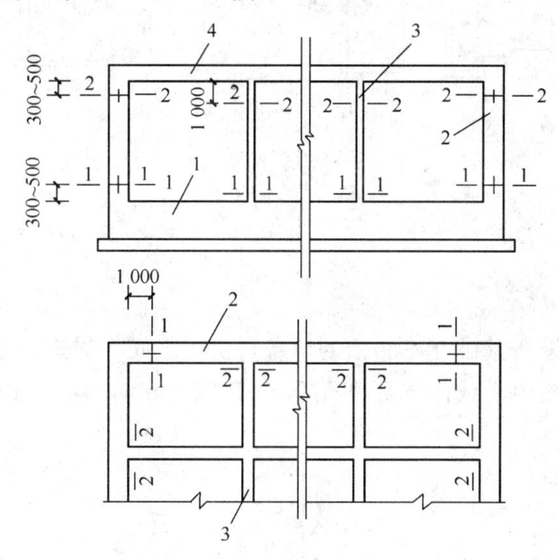

图 2-5　箱形基础施工缝的留置

1—底板；2—外墙；3—内隔墙；4—顶板

1—1，2—2—施工缝位置

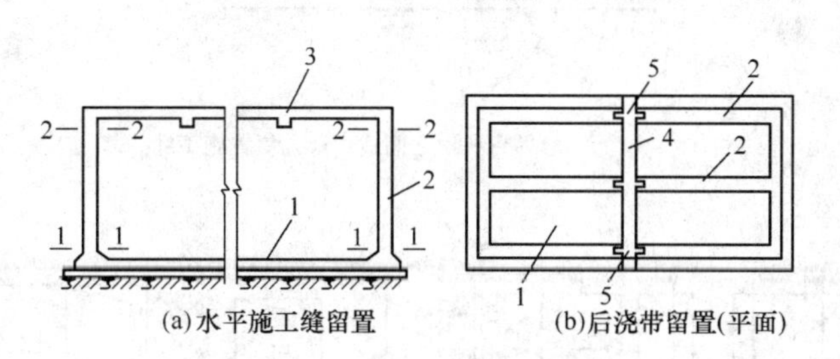

图 2-6　地坑、水池施工缝的留置

1—底板；2—墙壁；3—顶板；4—底板后浇带；5—墙壁后浇带；

1—1，2—2—施工缝位置

7. 地下室、地沟

(1) 地下室梁板与基础连接处，外墙底板以上和上部梁、板下部 20～30 mm 处可留水平施工缝，如图 2-7（a）所示，大型地下室可在中部留环状后浇缝。

(2) 较深基础悬出的地沟，可在基础与地沟、楼梯间交接处留垂直施工缝，如图 2-7 (b)所示；很深的薄壁槽坑，可每 4～5 m 留设一道水平施工缝。

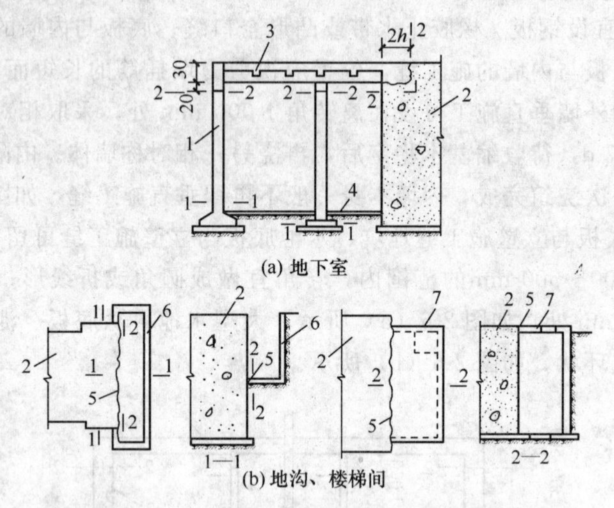

图 2-7　地下室、地沟、楼梯间施工缝的留置

1—地下室墙；2—设备基础；3—地下室梁板；4—底板或地坪；5—施工缝；6—地沟；7—楼梯间；1—1，2—2—施工缝位置

8. 大型设备基础

(1) 受动力作用的设备基础互不相依的设备与机组之间、输送辊道与主基础之间可留垂直施工缝，但与地脚螺栓中心线间的距离不得小于 250 mm，且不得小于螺栓直径的 5 倍，如图 2-8 (a) 所示。

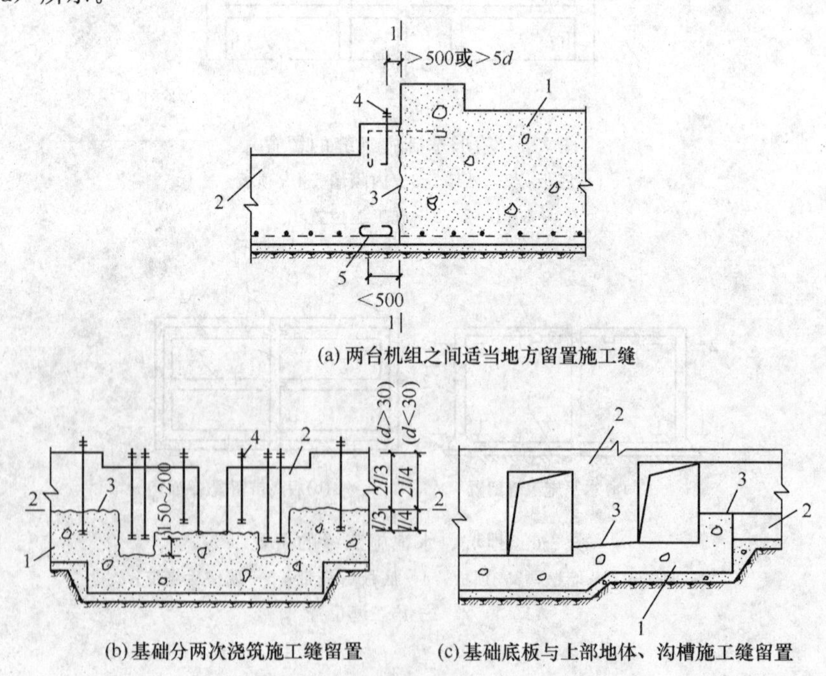

图 2-8　设备基础施工缝的留置

1—第一次浇筑混凝土；2—第二次浇筑混凝土；3—施工缝；4—地脚螺栓；5—钢筋；d—地脚螺栓直径；l—地脚螺栓埋入混凝土长度；1—1，2—2—施工缝位置

（2）水平施工缝可留在低于地脚螺栓底端，其与地脚螺栓底端的距离应大于150 mm；当地脚螺栓直径小于30 mm时，水平施工缝可留置在不小于地脚螺栓埋入混凝土部分总长度的3/4处，如图2-8（b）所示；水平施工缝亦可留置在基础底板与上部基体或沟槽交界处，如图2-8（c）所示。

（3）对受动力作用的重型设备基础不允许留施工缝时，可在主基础与辅助设备基础、沟道、辊道之间，受力较小部位留设后浇缝，如图2-9所示。

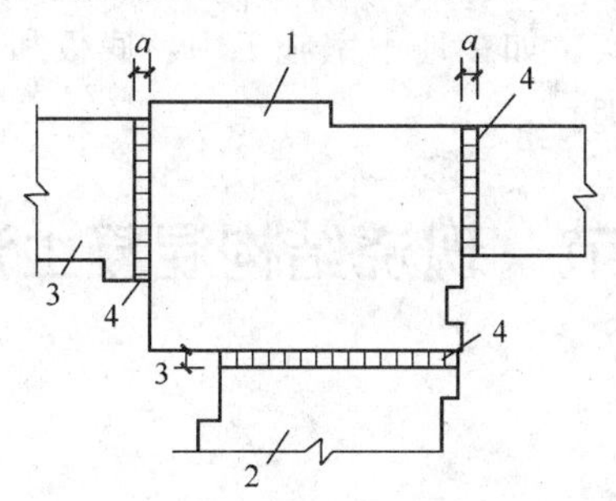

图2-9　后浇缝留置

1—主体基础；2—辅助基础；3—辊道或沟道；4—后浇缝

二、施工缝的处理

（1）所有水平施工缝应保持水平，并做成毛面，垂直缝处应支模浇筑；施工缝处的钢筋均应留出，不得切断。为防止在混凝土或钢筋混凝土内产生沿构件纵轴线方向错动的剪力，柱、梁施工缝的表面应垂直于构件的轴线；板的施工缝应与其表面垂直；梁、板亦可留企口缝，但企口缝不得留斜槎。

（2）在施工缝处继续浇筑混凝土时，已浇筑的混凝土抗压强度≥1.2 MPa；首先应清除硬化的混凝土表面上的水泥薄膜和松动石子以及软混凝土层，并加以充分湿润和冲洗干净，不积水；然后在施工缝处铺一层水泥浆或与混凝土内成分相同的水泥砂浆；浇筑混凝土时，应细致捣实，使新旧混凝土紧密结合。

（3）承受动力作用的设备基础的施工缝，在水平施工缝上继续浇筑混凝土前，应对地脚螺栓进行一次观测校准；标高不同的两个水平施工缝，其高低结合处应留成台阶形，台阶的高宽比不得大于1.0；垂直施工缝应加插钢筋，其直径为12～16 mm，长度为500～600 mm，间距为500 mm，在台阶式施工缝的垂直面上也应补插钢筋；施工缝的混凝土表面应凿毛，在继续浇筑混凝土前，应用水冲洗干净，湿润后在表面上抹10～15 mm厚与混凝土内成分相同的一层水泥砂浆，继续浇筑混凝土时该处应仔细捣实。

（4）后浇缝宜做成平直缝或阶梯缝，钢筋不切断。后浇缝应在其两侧混凝土龄期达30～40 d后，将接缝处混凝土凿毛、洗净、湿润，刷水泥浆一层，再用强度不低于两侧混凝土的补偿收缩混凝土浇筑密实，并养护14 d以上。

三、后浇带设置

（1）设置后浇带的作用。

1）预防超长梁、板（宽）混凝土在凝结过程中的收缩应力对混凝土产生收缩裂缝。

2）减少结构施工初期地基不均沉降对强度还未完成增长的混凝土结构的破坏。

（2）后浇带的位置是由设计确定的，后浇带处梁板的钢筋加强应按设计要求，后浇带的位置和宽度应严格按施工图要求留设。

(3) 后浇带混凝土的浇筑时间是在施工缝浇筑混凝土 1～2 月以后，或主体施工完成后。这时，混凝土的强度增长和收缩已基本完成，地基的压缩变形也已基本完成。

(4) 后浇带处混凝土施工的基本要求。

1) 后浇带处两侧应按施工缝处理。

2) 应采用补偿收缩性混凝土（如 UEA 混凝土，UEA 的掺量应按设计要求），后浇带处的混凝土应分层精心振捣密实。如在地下室施工中，底板和外侧墙体的混凝土中，应按设计在后浇带的两侧加强防水处理。

第五节　现浇结构混凝土浇筑

一、混凝土基础的浇筑

1. 条形基础浇筑

条形基础的混凝土施工，分支模浇筑和原槽浇筑两种方法，如图 2-10 所示。以原槽浇筑居多。但对于土质较差，不支模难以满足基础外形和尺寸的，应采用支模浇筑。

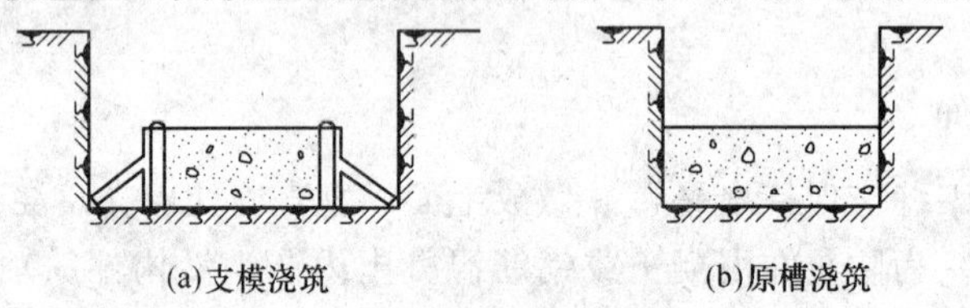

(a)支模浇筑　　(b)原槽浇筑

图 2-10　条形基础

(1) 浇筑准备。

1) 原槽浇筑的条形基础在浇筑前，经测试后，在两侧土壁上交错打入水平桩。桩面高度为基础顶面的设计标高。水平桩一般用长约 10 cm 的竹杆制成，水平桩的间距为 3 m 左右，水平桩外露 2～3 cm。如采用支模浇筑，其浇筑高度则以模板上口高度或高度线为准。

2) 浇筑前，应将基础底表面的浮土、木屑等杂物清除干净。对于无垫层的基底表面凸凹不平部分，应修整铲平。较干燥的非黏性土地基土，在浇筑前应适量洒水润湿。对设置有混凝土垫层的，垫层表面应用清水清扫干净，排除积水。

3) 基础中设置有钢筋网片的，应按规定加垫好混凝土保护层垫块。对因搬运、踩踏等原因造成钢筋网片变形的，应按其间距重新调整，绑扎牢固。

4) 模板因拼接不严密所造成的缝隙，应及时用水泥袋纸堵塞。模板支撑应合理、牢固，并且不影响浇筑。木模板在浇筑前应浇水润湿。

5) 做好通道、拌料铁盘的设置，施工水的排除等其他准备工作。

(2) 混凝土浇筑。

1) 浇筑时，应从基槽最远一端开始，逐渐缩短混凝土的运输距离。

2) 条形基础灌筑时，应根据基础高度分段、分层连续浇筑，一般不留施工缝。分层厚度除满足规定外，还需根据基础高度确定。每段的浇筑长度宜控制在 3 m 左右，但四个角不宜做为分段处。段与段、层与层之间的结合应在混凝土初凝之前完成。做到逐段、逐层呈阶梯形向前推进。每层混凝土应待一次浇筑完，集中振捣后再进行第二层的浇筑和振捣。

3）基础浇筑前和浇筑过程中，应随时检查基槽土有无坍塌危险。对于加设支护垂直开挖的基槽，应检查支护的牢固程度。在浇筑过程中，不得随意将支护拆除，以避免造成塌方。

4）设置有钢筋网片的条形基础，钢筋网片必须按规定垫好保护层垫块。不允许在浇筑过程中边浇筑、边提拉钢筋，以保证钢筋的平直。

5）基槽深度大于2 m的，为防止混凝土离析，必须用溜槽下料。投料时仍采用先边角、后中间的方法，以保证混凝土的浇筑质量。

6）基础上留有插筋的，应保证其位置的正确性。对预埋管道或预留孔洞，应将其固定好。浇筑应对称下料，对称振捣，避免偏移或上浮。

（3）混凝土的振捣。条形基础的振捣宜选用插入式振动器，插点布置以“交错式”为宜。掌握好“快插慢拔”的操作要领，并控制好每个插点的振捣时间，一般以混凝土表面泛浆，无气泡为准。同时应注意分段、分层结合处，基础四角及纵横基础交接处的振捣，以保证混凝土的密实。

（4）基础表面的修整。混凝土分段浇筑完毕后，应随即用大铲将混凝土表面拍平、压实。也可用铁锹背反复搓平，坑凹处用混凝土补平。

（5）混凝土的养护。基础混凝土终凝后，在常温下其外露部分用已润湿的草袋、草帘覆盖，并适时浇水养护。其养护时间，一般不少于7 d。

2. 杯形基础浇筑

杯形基础主要用于装配式房屋预制柱下基础，以钢筋混凝土单层工业厂房的柱下基础使用较多。根据设计，分为单杯口基础、双杯口基础、锥式杯形基础和高杯口基础四种形式，如图2-11所示。这几种杯形基础的浇筑方法基本相同，应根据施工方案，从搅拌台开始，由远而近，逐条轴线，逐个柱基础进行浇筑。

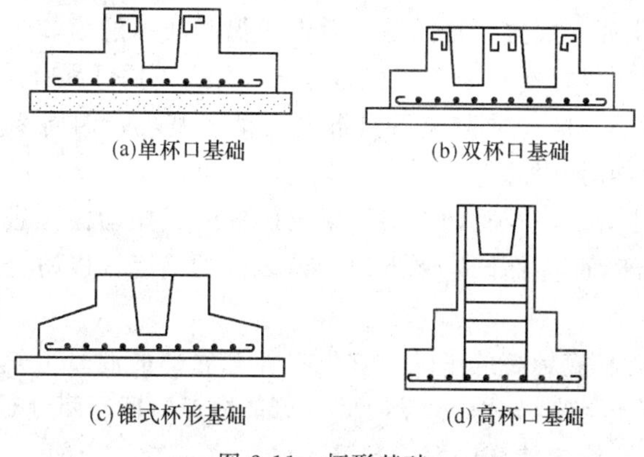

图2-11　杯形基础

（1）浇筑准备。

1）浇筑前，必须对模板安装的几何尺寸、标高、轴线位置进行复查。

2）检查模板及支撑的牢固程度，如需加固时必须在浇筑前进行。避免在浇筑过程中，模板产生变形、移位。模板拼接时的缝隙应用水泥袋纸或纸筋灰填塞，较大缝隙应用木板加以堵塞，防止浇筑时漏浆，影响混凝土的浇筑质量。

3）基础底部钢筋网片的规格、间距应与设计要求一致，绑扎应牢固。钢筋网片下的保护层垫块应铺垫正确，一般有垫层的钢筋保护层厚度为35 mm，无垫层的保护层厚度为

70 mm。

4）清除模板内的木屑、泥土等杂物，混凝土垫层表面要清洗干净，不留积水。木模板应浇水充分湿润。

5）基础周围做好排水准备工作，防止施工水、雨水流入基坑或冲刷新浇筑的混凝土。

（2）混凝土的浇筑。

1）对深度在 2 m 内的基坑，可在基坑上部铺设脚手板并放置铁皮拌盘，将运输来的混凝土料先卸在拌盘上，用铁铲向模板内浇筑混凝土，铁铲下料时，应采用“带浆法”操作，使混凝土中的水泥浆能充满模板。

2）对于深度大于 2 m 的基坑，应采用串筒或溜槽下料，以避免混凝土产生离析现象。

3）基础混凝土浇捣应一次连续完成，不允许留施工缝。下料时应由边角开始向中间浇筑混凝土。分层混凝土厚度一般为 250～300 mm，并应凑合在基础截面变化部位，如图 2-12所示。每层混凝土要一次卸足，用拉耙和铁铲配合拉平，待该层混凝土振捣完毕后，再进行第二层混凝土的浇筑。

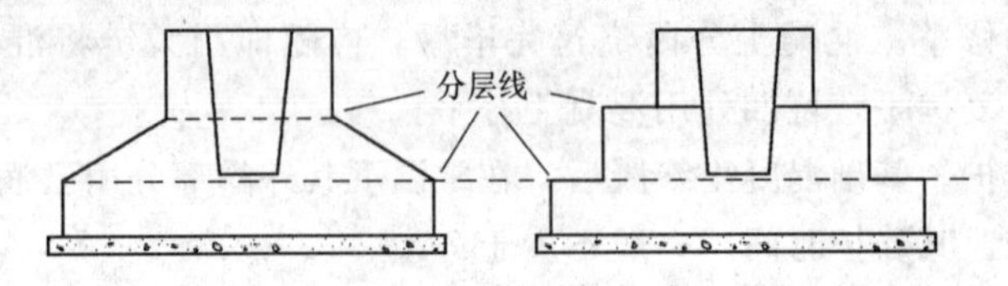

图 2-12　基础混凝土分层

4）混凝土的浇筑施工中必须保证模板位置的正确性，尽量减少混凝土的自由降落高度，以减少对模板的冲击变形和移位。混凝土的自由降落高度一般不宜大于 2 m。

（3）混凝土的振捣。

1）混凝土振捣应用插入式振动器，每一插点振捣时间一般为 20～30 s，以混凝土表面泛浆后无气泡为准。对边角处不易振捣密实的地方，可人工插钎配合捣实。插点布置宜为行列式。当浇筑到斜坡时，为减少或避免下阶混凝土落入基坑，四周 20 cm 范围内可不必摊铺，振捣时如有不足可随时补加。

2）上下台阶混凝土分层浇筑时，上层混凝土的插入式振动器应进入下层混凝土的深度不少于 50 mm。外露台阶面混凝土应预留 20～30 mm 的高度，以防上一阶混凝土在浇筑时造成下一阶过高。

3）为确保杯形基础杯底标高的正确，宜先将杯芯底部的混凝土先捣实，然后再浇筑杯芯模板四周以外的混凝土。浇捣时，振动时间尽可能缩短，还应两侧对称浇筑，以免杯口模板挤向一侧或由于混凝土泛起使杯口模板上浮。

4）为确保杯芯模板下混凝土的密实性，防止杯底混凝土出现空洞，应预先在杯芯底模上钻几个排气孔，如图 2-13 所示，浇筑时便于空气及时排出，避免出现凹坑。排气孔直径一般为 1～2 cm。即使有了排气孔，当混凝土浇至该部位时，仍需用敲击法，根据声音判定虚实，若仍有空洞，需将底板凿开，从上面向里面补填混凝土，捣实后再将其封严。

5）杯口部分混凝土浇筑时，若投料和振捣不从两对边同时进行，容易导致杯芯模板被挤向一边，造成位移，因此两对应边应同时投料，对称振捣。同时投料不宜过厚。杯口部分的振捣时间不宜过长，宜控制在 20 s 左右。

（4）基础表面的修整。杯形基础浇筑完毕和拆除模板后，应尽早对混凝土表面进行修整，使其符合设计尺寸。

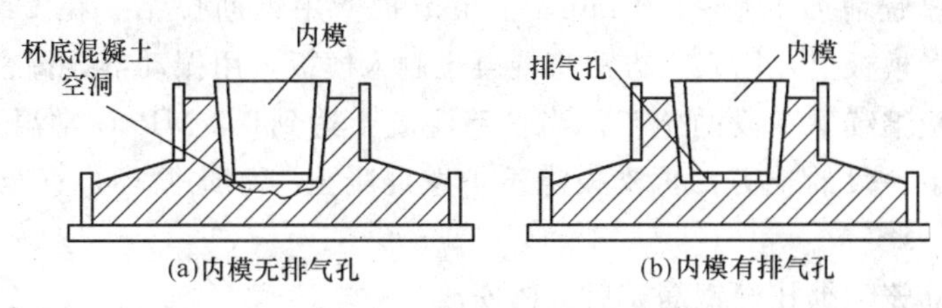

图 2-13 杯芯底模板设排气孔示意

1）对于锥式杯形基础，铲填工作由低处向高处进行，铲高填低。对于低洼和不足模板尺寸部分应补加混凝土填平、拍实。斜坡部分用直尺检查其外形是否准确，坡面不平处应加以修整。

2）基础表面压光时先用大铲将凸起的石料拍平，拍一段压光一段，随拍随抹。对于局部因砂浆不足无法抹光的，应随时补浆收光。锥式基础的斜坡面的收光，应从高处向低处进行。

3）对于挤入杯芯模板内多余的混凝土或使杯芯模上浮所增加的那一部分混凝土，待混凝土初凝后，终凝前，杯芯模板拆除后应及时清理铲除、修整，使之满足设计标高要求。

4）对拆除模板后的混凝土部分，对其外观出现的蜂窝、麻面、孔洞、露筋和露石等缺陷，应按修补方案及时进行修补压光。

(5）混凝土的养护。混凝土基础采用自然养护，将草帘、草袋等覆盖物预先用水浸湿，覆盖在基础混凝土的表面，每隔一段时间浇水一次，保证混凝土表面一直处于湿润状态，浇水养护时间应不少于 7 d。浇水要适当，不能让基础浸泡在水中。

3．现浇桩基础施工

混凝土现浇桩是直接在施工现场桩位上成孔，然后安放钢筋笼，浇筑混凝土成桩。按成孔方法分为：沉管浇筑桩、泥浆护壁成孔浇筑桩、干作业成孔浇筑柱、人工挖孔桩、爆扩成孔浇筑桩等。其中人工挖孔浇筑桩（以下简称人工挖孔桩）应用较广，其施工流程如下：

人工挖掘成孔→安装钢筋笼→浇筑混凝土。

挖孔桩具有以下特点：设备简单，施工现场较干净；噪声小，振动小，无挤土现象；施工速度快，可按施工进度要求确定同时开挖桩孔的数量，必要时，各桩孔可同时施工；土层情况明确，可直接观察到地质变化情况，桩底沉渣清除干净；施工质量可靠；桩径不受限制，承载力大；与其他桩相比较经济，但挖孔桩施工，工人在井下作业，劳动条件差，施工中应特别重视流砂、流泥、有害气体等的影响，要严格按操作规程施工，制订可靠的安全措施。

下面以现浇混凝土分段护壁为例说明人工挖孔桩的施工工艺：

(1）按设计图纸放线、定桩位。

(2）开挖土方。采取分段开挖，每段高度取决于土壁保持直立状态的能力，一般 0.5～1.0 m 为一个施工段，开挖范围为设计桩芯直径加护壁的厚度。

(3）支设护壁模板。模板高度取决于开挖土方施工段的高度，一般为 1 m，由 4～8 块活动钢模板（或木模板）组合而成。

(4）在模板顶放置操作平台。平台可用角钢和钢板制成半圆形，两个合起来即为一个整圆，用来临时放置混凝土和浇筑混凝土用。

(5) 浇筑护壁混凝土。护壁混凝土要注意捣实，因其起着防止土壁塌陷与防水的双重作用。第一节护壁厚宜增加 100～150 mm，上下节护壁用钢筋拉结。在安装好台形模板后，将混凝土倒在台形模板上，用人工方法将混凝土赶入模板，用振动器振捣密实。

(6) 拆除模板继续下一段的施工。当护壁混凝土达到1.2 MPa，常温下约 24 h 后方可拆除模板，开挖下一段的土方，再支模浇筑护壁混凝土，如此循环，直至挖到设计要求的深度。

(7) 安放钢筋笼。绑扎好钢筋笼后整体安放。

(8) 浇筑桩身混凝土。当桩孔内渗水量不大时，抽除孔内积水后，用串筒法浇筑混凝土，分层振捣密实。如果桩孔内渗水量过大，积水过多不便排干，则应用导管法浇筑水下混凝土。

(9) 挖孔桩在开挖过程中，需专门制订安全措施。如，施工人员进入孔内必须戴安全帽；孔内有人时，孔上必须有人监督防护；护壁要高出地面 150～200 mm，挖出的土方不得堆在孔四周 1.2 m 范围内，以防滚入孔内；孔周围要设置 0.8 m 高的安全防护栏杆；每孔要设置安全绳及安全软梯；孔下照明要用安全电压；使用潜水泵，必须有防漏电装置；桩孔开挖深度超过 10 m 时，应设置鼓风机，专门向井下输送洁净空气，风量不少于25 L/s等。

4. 大体积基础施工

大体积基础包括大型设备基础、大面积满堂基础、大型构筑物基础等。大体积混凝土尺寸很大，整体性要求很高，混凝土必须连续浇筑，不留施工缝。必须采取措施解决水化热及随之引起的体积变形问题，以尽可能减少开裂。因此，除应分层浇筑、分层捣实外，还必须保证上下层混凝土在初凝前结合好。在浇筑前应认真做好施工方案，确保基础的浇筑质量。

(1) 混凝土浇筑准备要点。

1) 混凝土浇筑时，除用起重机等起重机械直接向基础模板内下料外，凡自高处自由倾落高度超过 2 m 时，须采用串筒、溜槽下料，以保证混凝土不致发生离析现象。

2) 串筒的布置应适应浇筑面积、浇筑速度和混凝土摊平的能力。串筒间距一般不应大于 3 m，其布置形式可为交错式或行列式，一般以交错式为宜，这样有利于混凝土的摊平。

3) 每个串筒卸料点，成堆的混凝土应用插入式振动器，增加流动性而迅速摊平，插入的速度应小于混凝土的流动速度。

混凝土流动性的简介

流动性是指混凝土拌和物在自重或机械振动作用下能产生流动，并均匀、密实地填满模板的性能。流动性的大小反映拌和物的稠稀，它影响施工难易及混凝土结构质量。

(2) 混凝土的浇筑要点。大体积混凝土浇筑方案应根据整体连续浇筑的要求，结合结构物的大小、钢筋疏密、混凝土供应条件（垂直与水平运输能力）等具体情况，选择如下三种方式。

1) 全面分层，如图 2-14 (a) 所示。在整个结构物内，采取全面分层浇筑混凝土，做到第一层全面浇筑完毕后，开始浇筑第二层时，已施工的第一层混凝土还未初凝，如此逐层进行，直至浇筑完成。这种方案适用于结构物的平面尺寸不太大的工程，施工时宜从短边开始，沿长边推进；也可分为两段，从中间向两端或从两端向中间同时进行。

2）分段分层，如图 2-14（b）所示。适用于厚度不太大而面积或长度较大的工程，施工时混凝土先从底层开始浇筑，进行至一定距离后浇筑第二层，如此依次向前浇筑其他各层。

3）斜面分层，如图 2-14（c）所示。适用于结构的长度超过厚度的 3 倍的工程。振捣工作应从浇筑层的下端开始，逐渐上移，此时向前推进的浇筑混凝土摊铺坡度应小于 1∶3，以保证分层混凝土之间的施工质量。

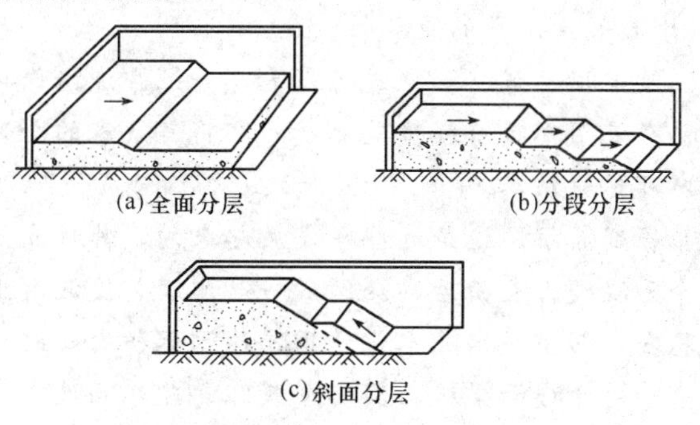

图 2-14　大体积基础施工方案

施工质量的简介

施工质量是影响混凝土强度的基本因素。若发生计量不准，搅拌不均匀，运输方式不当造成离析，振捣不密实等现象时，均会降低混凝土强度。因此必须严把施工质量关。

（3）混凝土振捣要点。对于普通混凝土振捣可采用分层振捣，其操作要点同条形基础。对于泵送混凝土可将分层振捣的方式，改为在斜坡的头、尾部进行振捣，使上下两层有钢筋网处的混凝土得以密实，如图 2-15 所示。另外，在侧模的边缘，还可辅以竹竿插振，以有效防止这部分混凝土出现漏振现象。

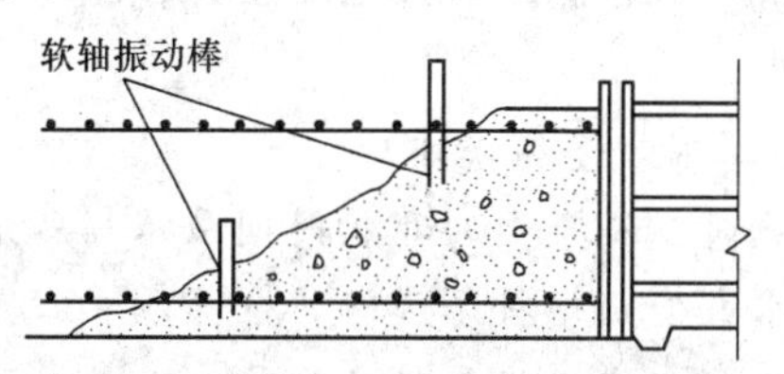

图 2-15　钢筋网处混凝土振捣方法

（4）表面处理。大体积泵送混凝土表面水泥浆比较厚，在混凝土浇筑后要认真处理。一般可在初凝前 1～2 h，先用长刮尺按标高刮平；在初凝前再用铁滚筒碾压数遍，以闭合收缩裂缝，约 12～14 h 后，才可覆盖湿草袋等养护。

（5）混凝土养护。大体积基础宜采用自然养护，但应根据气候条件采取温度控制措施。并按需要测定浇筑后的混凝土表面和内部温度，使温度控制在设计要求的温差以内；当设计无要求时，温差不宜超过 25℃。

混凝土养护的简介

（1）混凝土养护是为了保证混凝土凝结和硬化必需的湿度和适宜的温度，促使水泥水化作用充分发展的过程，它是获得优质混凝土必不可少的措施。混凝土中拌和水的用量虽比水泥水化所需的水量大得多，但由于蒸发，骨料、模板和基层的吸水作用以及环境条件等因素的影响，可使混凝土内的水分降低到水泥水化必需的用量之下，从而妨碍水泥水化的正常进行。因此，混凝土养护不及时、不充分时（尤其在早期），不仅易产生收缩裂缝、降低强度，而且影响混凝土的耐久性以及其他各种性能。实验表明，未养护的混凝土与经充分养护的混凝土相比，其 28 d 抗压强度将降低 30% 左右，一年后的抗压强度约降低 5%，由此可见养护对于混凝土工程的重要性。

（2）在养护中，一般采用草帘、草袋进行覆盖，并经常浇水保持湿润。除了这种常用的养护方法外，目前也有采用塑料薄膜覆盖养护，即将其敞露的全部表面用塑料膜覆盖严密，并在养护时薄膜内可见凝结水。

再有一种是喷刷养护剂养护，这是近些年发展起来的，其优点是现场干净。这种养护剂以成品出售，将其涂至混凝土表面后，会结成一层薄膜。使混凝土表面与空气隔绝，封闭了混凝土中水分的蒸发，而完成水泥水化作用，达到养护的目的。它适用于不易浇水养护的构件，如柱子、墙。对于楼面梁板，因其薄膜容易破坏而造成养护质量差的情况，要使用喷刷养护必须工序清楚按部就班，不抢工不混乱才行。

（3）混凝土浇筑完毕后，应按施工技术方案及时采取有效的养护措施，并应符合下列规定。

1）应在浇筑完毕后的 12 h 以内对混凝土加以覆盖并保湿养护。

2）对采用硅酸盐水泥、普通硅酸盐水泥或矿渣硅酸盐水泥拌制的混凝土，养护时间不得少于 7 d；对掺用缓凝型外加剂或有抗渗要求的混凝土，不得少于 14 d。

3）浇水次数应能保持混凝土处于湿润状态；混凝土养护用水应与拌制用水相同。

4）采用塑料薄膜覆盖养护的混凝土，其敞露的全部表面应覆盖严密，并应保持塑料薄膜内有凝结水。

（4）混凝土强度达到 1.2 MPa 前，不得在其上踩踏或安装模板及支架。同时，应注意以下几点。

1）当日平均气温低于 5℃时，不得浇水。

2）当采用其他品种水泥时，混凝土的养护时间应根据所采用水泥的技术性能确定。

3）混凝土表面不便浇水或使用塑料薄膜时，宜涂刷养护剂。

4）对大体积混凝土的养护，应根据气候条件按施工技术方案采取控温措施。

二、混凝土柱的浇筑

1. 浇筑前的准备

混凝土柱浇筑前应检查模板位置尺寸是否正确，支撑是否牢固，钢筋绑扎是否到位，板缝是否严密，预留洞口有无遗漏。同时检查混凝土原材料、配合比是否齐全等，并应重点检查以下三项内容。

（1）混凝土浇筑前，坍落度检查必须满足表 2-12 的要求。如发现不符合要求，应及时调整施工配合比。

（2）检查模板配置和安装是否符合要求，支撑是否牢固；检查模板的轴线位置、垂直度、标高、拱度的正确性；检查模板上的浇筑口、振捣口是否正确，施工缝是否按要求留设等。

（3）模板的清理及接缝的处理。

1）混凝土浇筑前应打开清扫口，把残留在柱、墙底的泥、浮砂、浮石、木屑、废弃绑扎丝等杂物清理干净，用清水冲洗干净，并不得留下积水。

2）对木模还应浇水润湿，模板的接缝仍较大时应用水泥袋或纸筋灰填实，特别是模板的四大角的接缝应严密。

3）钢模板内侧应涂刷隔离剂。

4）柱模底宜先铺一层 5～10 cm 厚与混凝土成分相同的水泥砂浆，然后再浇筑混凝土。

2. 混凝土浇筑

(1) 当柱高不超过 3 m，柱断面大于 40 cm×40 cm，且又无交叉箍筋时，混凝土可由柱模顶部直接倒入。当柱高超过3 m时，必须分段灌筑，但每段的灌筑高度不得超过 3 m。

(2) 凡柱断面在 40 cm×40 cm 以内或有交叉箍筋的任何断面的混凝土柱，均应在柱模侧面的门子洞口上装置斜溜槽分段浇筑混凝土，如图 2-16 所示。

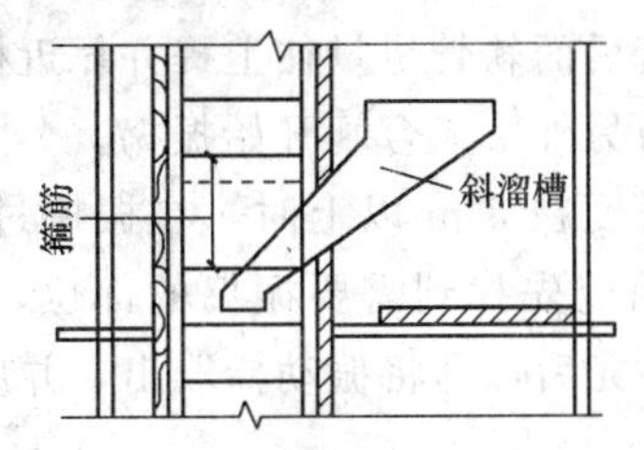

图 2-16　从门子洞处浇筑混凝土

每段高度不得大于 2 m。如在门子洞处的箍筋碍事，可解开铅丝暂时往上移，待浇筑完毕封口时再恢复原位绑扎好，待门子洞封闭后，应再加一道卡箍将其卡牢。用斜溜槽下料时可将其轻轻晃动使下料速度加快。

(3) 浇筑一排柱子的顺序应从两端开始同时向中间推进，不可从一端开始向另一端推进。

(4) 当混凝土浇到柱顶时，最上面容易出现一层较厚的水泥砂浆，为此，可向砂浆中加入一定数量的同粒径的洁净石子，然后进行振捣。如果肋形楼板（或无梁楼板）与柱子不同时浇筑，则应在主梁底或柱帽下留置施工缝，如图 2-17 所示。为此，石子应在混凝土未到达施工缝之前加入。

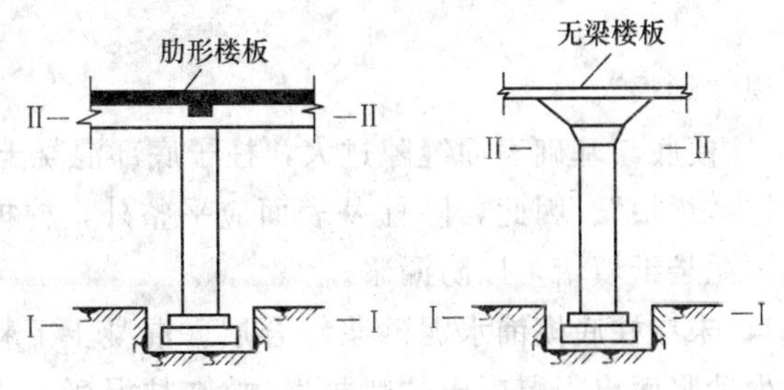

图 2-17　柱的施工缝位置

Ⅰ—Ⅰ，Ⅱ—Ⅱ—表示施工缝位置

3. 混凝土振捣

(1) 当柱子浇满分层厚度后，即用插入式振动器从柱顶伸入进行振捣（为了操作方便，软轴长度宜比柱高长 0.5～1 m）。如果振动器软轴短于柱高时，应从柱模侧面门子洞插入，如图 2-18 所示。

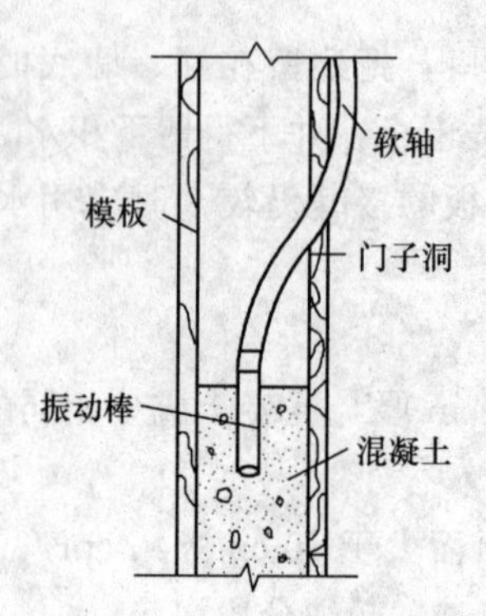

图 2-18　从门子洞伸入振捣

(2) 用插入式振动器伸入门子洞内振捣时，掌握振动器的人一手要伸入门子洞内，使该手以下的软管垂直，另一手握着后面软管尽量往上提并靠近模板，使软管在转折处不至于折成硬弯，待找到振捣部位后，由另外一人合闸开始振捣。

(3) 当振动器软轴的使用长度在 3 m 以上时，在振捣过程中软管容易左右摇摆碰撞钢筋，为此在振动棒插入混凝土前应先找到需要振捣的部位，再合闸振捣。当混凝土不再塌陷，全部见浆，从上往下看有亮光后，即将振动棒取出，并应立即拉闸，停止振动，然后慢慢地取出柱外。

(4) 当柱子的断面较小且配筋较为密集时，可将柱模一侧全部配成横向模板，从下至上，每浇筑一节就封闭一节模板，便于混凝土振捣密实。

4. 混凝土柱的养护和拆模

(1) 混凝土柱子在常温下，宜采用自然养护。由于柱子系垂直构件，断面小且高度大，外表进行覆盖较为困难，故常采用直接浇水养护的方法。对硅酸盐水泥、普通硅酸盐水泥和矿渣硅酸盐水泥拌制的混凝土，浇水日期不得少于 7 d。对其他品种的水泥制成的混凝土的养护日期，应根据水泥技术性质确定。若当日的平均气温低于 5℃时，不得浇水。

(2) 柱模板应以后装先拆、先装后拆的顺序拆除。拆模时不可用力过猛过急，以免造成柱边缺棱掉角，影响混凝土的外观质量。

拆模时间，应以混凝土强度能保证其表面及棱角不因拆除模板而受损坏为宜。

5. 质量通病防治

(1) 柱底混凝土出现“烂根”。

1) 柱基表面不平，柱模底与基础表面缝隙过大，柱子底部混凝土振捣时发生严重漏浆，石多浆少，出现混凝土柱“烂根”。因此，除柱基表面应平整外，柱模安装时，柱模与基础表面的缝隙应用木片或水泥袋纸填堵，以防漏浆。

2) 柱混凝土浇筑前，未在柱底模铺水泥砂浆结合层。混凝土下料时发生离析，造成柱底石子集中，振捣时缺少砂浆而出现混凝土“烂根”。故在柱混凝土浇筑前，必须在柱底预先铺设 5～10 cm 厚的与混凝土成分相同的砂浆，并按正确方法卸料，可防止“烂根”现象的发生。

3) 分层浇筑时，一次卸料过多，堆积过厚，振动器的棒头未伸入到混凝土层的下部，造成漏振。因此，分层浇筑完毕后，应用木槌轻轻敲击模板，听声音观察混凝土柱底部是否振实。

4) 振捣时间过长，造成混凝土内石子下沉，水泥浆上浮，因此，必须掌握好每个插点的振捣时间，以避免因振捣时间过长使混凝土产生离析。

（2）柱子边角严重露石。

1）柱模板边角拼装时缝隙过大，混凝土振捣时跑浆严重，致使柱子边角严重露石。模板拼装时，边角的缝隙应用水泥袋纸或纸筋灰填塞，柱箍间距应缩小。同时在模板制作时宜采用阶梯缝搭接，减少漏浆。

2）某一拌盘的配合比不当或下料时混凝土发生离析，石子集中于边角处，振捣时混凝土无法密实，造成严重露石（甚至露筋）。因此，浇筑时应严格控制每一盘的混凝土配合比，下料时采用串筒或斜溜槽，避免混凝土离析。

3）插点位置未掌握好或振动器振捣力不足，以及振捣时间过短，也会造成边角露石。故振动器应预先找好振捣位置，再合闸振捣，同时掌握好振捣时间。

（3）柱垂直度发生偏移。单根柱浇筑后其垂直度发生偏移的主要原因是混凝土在浇筑中对柱模产生侧压力，如果柱模某一面的斜撑支撑不牢固，发生下沉，就会造成柱垂直度发生偏移。因此，柱模在安装过程中，支撑一定要牢固可靠。

（4）柱与梁连接处混凝土“脱颈”。浇筑柱、梁整体结构时，应在柱混凝土浇筑完毕后，停歇 2 h，使其获得初步沉实后，再继续浇筑梁混凝土。如果柱、梁混凝土连续浇筑，其连接处混凝土会产生“脱颈”的质量事故。为此，混凝土柱的施工缝应设置在基础表面和梁底下部 2～3 cm 处。

6. 安全注意事项

（1）浇筑柱混凝土时，应搭设满足浇筑混凝土用的脚手架并设置护栏；严禁操作人员站在模板或支撑上操作。

（2）采用串筒下料时，串筒节间必须连接牢固并随时检查。

（3）振动器必须有漏电保护装置，操作人员应佩戴劳动保护用品。

（4）遇有强风、大雾等恶劣天气，应停止吊运操作。

三、混凝土墙的浇筑

1. 浇筑前的准备

（1）混凝土墙浇筑前，应做好抄平放线、模板处理、支模、钢筋绑扎、模板安装、外墙板安装（或砌外墙）等工序。

（2）坍落度检查同柱混凝土。

（3）模板及支撑应牢固，凡墙体高度超过 3 m 的，须沿模板高度每 2 m 开设门子洞，木模在浇筑前应浇水充分湿润。模板拼缝的缝隙应填塞。

2. 混凝土浇筑

（1）墙体混凝土浇筑时应遵循先边角后中部，先外部后内部的顺序，以保证外部墙体的垂直度。

（2）高度在 3 m 以内，且截面尺寸较大的外墙与隔墙，可从墙顶向模板内卸料。卸料时须安装料斗缓冲，以防混凝土离析。对于截面尺寸狭小且钢筋较密集的墙体，以及高度大于3 m的任何截面墙体混凝土的浇筑，均应沿墙高度每 2 m 开设门子洞口，装上斜溜槽卸料。

（3）浇筑截面较狭且深的墙体混凝土时，为避免混凝土浇筑至一定高度后，由于积聚大量的浆水，而可能造成混凝土强度不匀的现象，宜在灌至适当高度时，适量减少混凝土用水量。

（4）墙壁上有门、窗及工艺孔洞时，宜在门、窗及工艺孔洞两侧同时对称下料，以防将孔洞模板挤偏。

（5）墙模浇筑混凝土时，应先在模底铺一层厚度 50～80 mm 的与混凝土成分相同的水泥砂浆，再分层浇筑混凝土，分层的厚度应符合设计的要求。

3. 混凝土的振捣

（1）对于截面尺寸厚大的混凝土墙，可使用插入式振动器振捣。而一般钢筋较密集的墙体，则可采用附着式振动器振捣，其振捣深度约为 25 cm。当墙体截面尺寸较厚时，也可在两侧悬挂附着式振动器振捣。

（2）使用插入式振动器，如遇门、窗洞口时，应两边同时对称振捣，避免将门、窗洞口挤偏。同时不得用振动器的棒头猛击预留孔洞、预埋件和闸盒等。

（3）外墙角、墙垛、结构节点处因钢筋密集，可用带刀片的插入式振动器振捣，或用人工捣固配合在模板外面用木槌轻轻敲打的办法，保证混凝土的密实。

（4）当顶板与墙体整体现浇时，顶板端头部分的墙体混凝土应单独浇筑，以保证墙体的整体性和抗震能力。

4. 混凝土的养护和拆模

（1）墙体混凝土在常温下，宜采用喷水养护，养护时间在 3 d 以上。

（2）当混凝土强度达到 1 MPa 以上时（以试块强度确定），即可拆模。如拆模过早，容易使混凝土下坠，产生裂缝和混凝土与模板表面的粘结。

5. 质量通病防治

（1）墙体"烂根"。距墙体底部高 10～20 cm 范围内出现混凝土"烂根"的质量问题。

1）楼地表面不平整，使模板特别是定型模板与楼地面之间产生较大缝隙，造成混凝土漏浆严重，墙底部混凝土内石多浆少，出现"烂根"。因此，模板安装前，楼地表面须用水泥砂浆找平，模板与楼地面间的缝隙应填堵。

2）墙体混凝土浇筑前，未在模板底铺设水泥砂浆结合层，加上浇筑方法不当，使墙体底部混凝土内石多浆少，无法振捣密实。因此，在混凝土浇筑前，须先在墙体底面上铺设一层 50～80 mm 厚与混凝土内成分相同的水泥砂浆，并使用正确方法浇筑混凝土。

3）浇筑混凝土的方法不当，使混凝土产生严重离析，造成墙根石多浆少而无法振捣密实，出现"烂根"。因此，一般情况，下料高度不允许超过 3 m。

（2）在门（框）洞口处发生门框倾斜或变形。

1）混凝土浇筑时一边下料，或虽在门洞口两侧同时下料，但两侧下料高差过大，对门框产生侧压力，使门框倾斜或变形。据此问题，下料时应坚持分层浇筑混凝土，门洞口两侧应同时下料，且下料高度应基本接近。

2）门框固定不牢固，致使在下料时将门框挤偏。因此，门框安装时应与门洞口模板固定牢固。

（3）模板拆除后，墙体表面出现麻面。

1）振捣时间不足，混凝土体积内空气未充分排出，造成模板与混凝土接触面有气泡，拆模后气泡消失出现麻面。因此，振捣时，应掌握好振捣时间，充分振捣，以混凝土表面泛浆无气泡为准。

2）隔离剂涂刷不当或漏刷，模板与混凝土发生粘结，脱模时将混凝土表面拉损而形成麻面。因此在模板安装时必须认真涂刷隔离剂。

3）早强剂的影响。

早强剂的简介

早强剂是能提高混凝土早期强度并对后期强度无显著影响的外加剂。早强剂主要品种有强电解质无机盐类早强剂，如硫酸盐、硫酸复盐、硝酸盐、亚硝酸盐、氯盐等；水溶性有机化合物，如三乙醇胺、甲酸盐、乙酸盐、丙酸盐等。

由早强剂与减水剂组成的为早强减水剂。

(1) 早强剂及早强减水剂适用于蒸养混凝土及常温、低温和最低温度不低于－5℃环境中施工的有早强或防冻要求的混凝土工程。

(2) 掺入混凝土后对人体产生危害或对环境产生污染的化学物质不得用作早强剂。含有六价铬盐、亚硝酸盐等有害成分的早强剂，严禁用于饮水工程及与食品相接触的工程。硝类不得用于办公、居住等建筑工程。

(3) 下列结构中不得采用含有氯盐配制的早强剂及早强减水剂。

1）预应力混凝土结构。

2）在相对湿度大于80%环境中使用的结构、处于水位变化部位的结构、露天结构及经常受水淋、受水流冲刷的结构，如给水排水构筑物、暴露在海水中的结构、露天结构等。

3）大体积混凝土。

4）直接接触酸、碱或其他侵蚀性介质的结构。

5）经常处于温度为60℃以上的结构，需经蒸养的钢筋混凝土预制构件。

6）有装饰要求的混凝土，特别是要求色彩一致的或是表面有金属装饰的混凝土。

7）薄壁混凝土结构，中级和重级工作制吊车梁、屋架、落锤及锻锤混凝土基础结构。

8）骨料具有碱活性的混凝土结构。

6．安全注意事项

(1) 在外墙边缘操作时，应检查护栏是否安全可靠，并不得站在模板或支撑上操作。

(2) 如采用吊斗运混凝土，在靠近下料位置时，应减慢速度，在非满铺平台条件下，防止在护身栏处挤伤人。

(3) 使用定型模板浇筑混凝土墙体，其拆除后的模板的吊运、搁置应安全、稳妥。

四、混凝土肋形楼板的浇筑

1．混凝土浇筑

(1) 肋形楼板浇筑混凝土前，应抄平及润湿模板，安放好钢筋，架设运料马道等。肋形楼板与柱子连续浇筑时，应在柱混凝土浇筑完毕停歇2 h，使其初步沉实后才能浇筑。

(2) 有主、次梁的肋形楼板，混凝土的浇筑方向应顺次梁方向，主、次梁同时浇筑。在保证主梁浇筑的前提下，将施工缝留置在次梁跨中1/3的跨度范围内。

(3) 浇筑梁时，从梁的一端开始，先在起头的一小段内浇一层水泥砂浆（成分与混凝土中相同），然后分层浇筑混凝土。当主梁高度大于1 m时，可先浇筑主、次梁混凝土，后浇筑楼板混凝土，其水平施工缝留置在板底以下20～30 mm处，如图2-19 (a) 所示。当主梁高度大于0.4 m且小于1 m时，应先浇筑梁混凝土，待梁混凝土浇筑至楼板底时，梁与板再同时浇筑，如图2-19 (b) 所示。

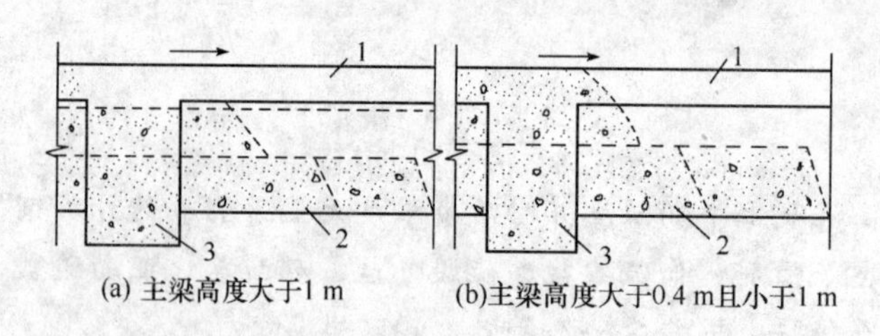

图 2-19　梁的分层浇筑

1—楼板；2—次梁；3—主梁

（4）浇筑楼板混凝土时，可直接将混凝土料卸在楼板上。但需注意，不可集中卸在楼板边角或有上层构造钢筋的楼板处。同时还应注意小车或料斗的浆料，把浆多石少或浆少石多的混凝土料均匀搭配。楼板混凝土的虚铺高度可比楼板厚度高出 20～25 mm。

2. 混凝土的振捣

（1）对于钢筋密集部位，应采用机械振捣与人工振捣相配合的方法。即从梁的一端开始，先在起头约 600 mm 长的一小段里铺一层厚约 15 mm 与混凝土内成分相同的水泥砂浆，然后在砂浆上下一层混凝土料，由两人配合，一人站在浇筑混凝土前进方向一端，面对混凝土使用插入式振动器振捣，使砂浆先流到前面和底部，以便让砂浆包裹石子，而另一人站在后边，面朝前进方向，用捣扦靠着侧模及底模部位往回钩石子，以免石子挡住砂浆往前流，捣固梁两侧时捣钎要紧贴模板侧面。待下料延伸至一定距离后再重复第二遍，直到振捣完毕。

在浇捣第二层时可连续下料，不过下料的延伸距离略比第一层短些，以形成阶梯形。

（2）对于主、次梁与柱结合部位，可由两人配合，一人在前用插入式振动器振捣混凝土，使砂浆先流到前面和底下，让砂浆包裹石子，另一人在后用捣钎靠侧板及底板部位往回钩石子，以免石子挡住砂浆往前流。在梁端部，往往上部钢筋密集，应改用小直径振动棒，从弯起钢筋斜段间隙中斜向插入进行振捣，如图 2-20 所示。

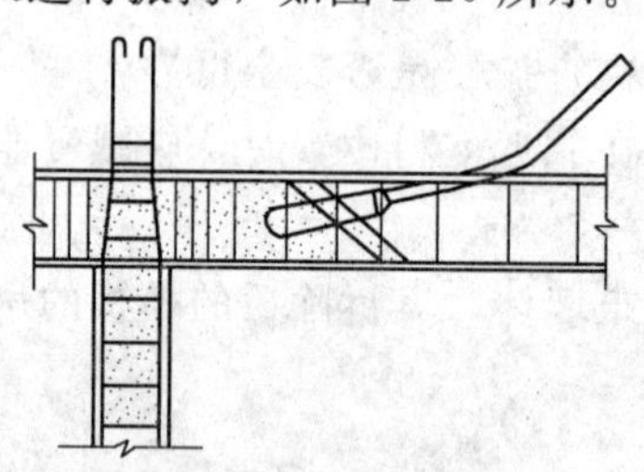

图 2-20　梁端振捣方法

（3）浇筑楼板混凝土时宜采用平板振动器，当浇筑小型平板时也可采用人工捣实，人工捣实用“带浆法”操作时由板边开始，铺上一层厚度为 10 mm 宽约 300～400 mm 与混凝土成分相同的水泥砂浆。此时操作者应面向来料方向，与浇筑的前进方向一致，采用反铲下料。

3. 混凝土表面修整和养护

混凝土振捣完毕，板面如需抹光的，先用大铲将表面拍平，局部石多浆少的，另需补浆拍平，再用木抹子打搓，最后用铁抹子压光。木橛子取出后留下的洞眼，应用混凝土补平拍实后再收光。

常温下，肋形楼板初凝后即可用草帘、麻袋覆盖，终凝后浇水养护，浇水次数以保证覆盖物经常湿润为准。在高温或特别干燥地区，以及 C40 以上混凝土，养护尤为重要，首先应洒水，并尽可能早地进行，以表面不起皮为准，洒过一两次水后，方可浇水养护。

4. 质量通病防治

(1) 柱顶与梁、板底结合处出现裂缝。柱与梁、板整体现浇时，如柱混凝土浇筑完毕后，立即进行梁、板混凝土的浇筑，会因柱混凝土未凝固，而产生沿柱长度方向的体积收缩和下沉，造成柱顶与梁、板底结合处混凝土出现裂缝。正确的浇筑方法是：应先浇筑柱混凝土，待浇至其顶端部位时（一般在梁、板底下 2～3 cm 处），静停 2 h 后，再浇筑梁、板混凝土。同时也可在该部位留置施工缝，分两次浇筑。必须注意柱与梁、板整体现浇时，不宜将柱与梁、板结构连续浇筑。

(2) 梁及底板出现麻面。

1) 旧模表面粗糙或表面未清理干净，拆模时，混凝土表面被粘损而出现麻面。因此，模板表面必须清理干净。

2) 木模未浇水湿润，浇筑的混凝土表面因失水过多而出现麻面。因此，浇筑混凝土之前，模板应充分浇水湿润。

3) 钢模板表面隔离剂涂刷不均匀或漏刷，拆模时，混凝土表面被粘掉而产生麻面。因此，隔离剂必须涂刷薄而均匀。

4) 模板缝不严密，沿板缝出现漏浆，造成麻线（露石线）。因此，板缝必须堵严。

5) 混凝土振捣不充分，气泡未排尽，造成表面麻面。

(3) 板底露筋。

1) 楼板钢筋的保护层垫块铺垫间距过大或漏垫以及个别垫块被压碎，使钢筋紧贴模板，造成露筋。因此，垫块间距视板筋直径不同宜控制在 1～1.5 m 之间，并避免压碎和漏垫。

2) 混凝土下料不当或操作人员踩踏钢筋，使钢筋局部紧贴模板，拆模后出现露筋。

五、悬挑构件、楼梯、圈梁的浇筑

1. 悬挑构件浇筑

悬挑构件是指悬挑出墙、柱、圈梁及楼板以外的构件，如图 2-21 所示，如阳台、雨篷、天沟、屋檐、牛腿、挑梁等。根据构件截面尺寸大小和作用分为悬臂梁和悬臂板。悬臂构件的受力特征与简支梁正好相反，其构件上部承受拉力，下部承受压力。悬臂构件靠支撑点（砖墙、柱等）与后部的构件平衡。

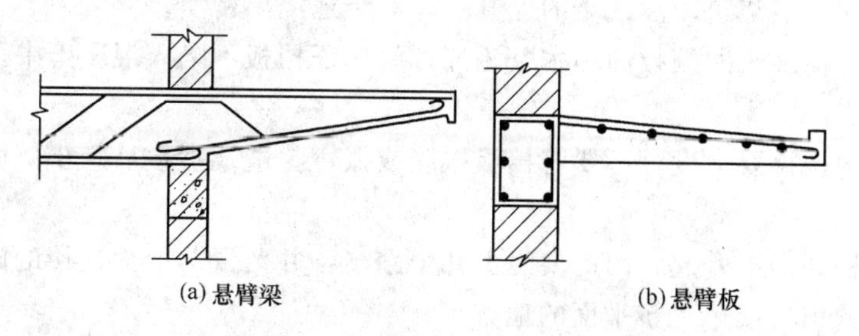

(a) 悬臂梁　　(b) 悬臂板

图 2-21　悬挑构件及钢筋构造

(1) 悬挑构件的悬挑部分与后面的平衡构件的浇筑必须同时进行，以保证悬挑构件的整体性。

(2) 浇筑时，应先内后外，先梁后板，一次连续浇筑，不允许留置施工缝。

(3) 对于悬臂梁，因工程量不大，宜将混凝土料卸在铁皮拌盘上，再用铁锹或小铁桶传递下料。可一次将混凝土料下足后，集中用插入式振动器振捣，对于支点外的悬挑部分，如因钢筋密集，可采用带刀片的插入式振动器振捣或配合人工捣固的方法使混凝土密实。对于条件不具备的，也可用人工“赶浆法”捣固。

(4) 对于悬臂板，应顺支撑梁的方向，先浇筑梁，待混凝土浇到平板底后，同时浇筑梁板，切不可待梁混凝土浇筑完后，再回过头来浇筑板。对于支撑梁，可用插入式振动器振捣，也可用人工“赶浆法”捣固。对于悬挑板部分，因板厚较小，宜采用人工带浆法捣固，板的表面用锹背拍平、拍实，并反复揉搓至表面出浆为准。

(5) 混凝土初凝后，表面即可用草帘等覆盖，终凝后即浇水养护。养护时间不少于 7 d。

(6) 悬挑构件的侧板拆除时间，以混凝土强度能保证其表面及棱角不因拆模而破坏为宜。而对悬挑部分的底模应按有关规定的要求拆除。

2. 楼梯浇筑

现浇楼梯混凝土的浇筑，因工作面较小，其操作位置又不断变化，因此操作的人员不宜过多。

(1) 现浇楼梯的结构形式主要有板式和梁式，由休息平台分为两段或若干段斜向楼梯段，对楼梯段混凝土的浇筑顺序应按其位置进行划分：在休息平台下的混凝土由下一楼层进料，在休息平台上的混凝土由上层楼面进料。由下向上逐步浇筑完毕。

(2) 施工缝的留设。楼梯混凝土在浇筑过程中，若上一层混凝土楼面未浇筑时，可在梯段长度的跨中附近预留施工缝，如图 2-22 所示。在上下层楼面混凝土已浇筑完毕时，楼梯的浇筑应一次性完成，不得留施工缝。

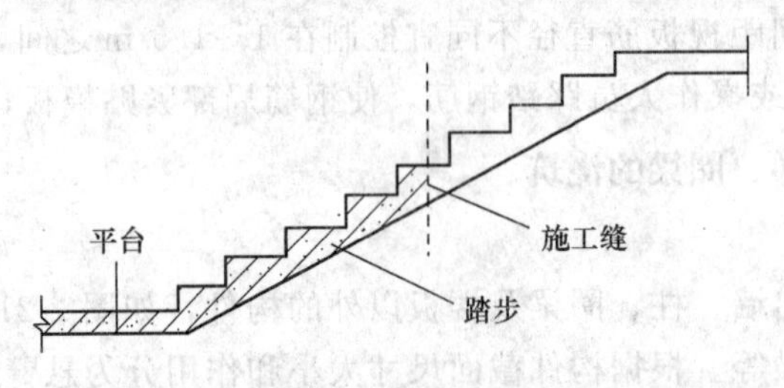

图 2-22　楼梯的施工缝位置

(3) 从下层往上层浇筑。随踏步的上升一步一步地浇捣密实。

(4) 防止把支撑踏步的挡板的小木条碰掉，要保证挡板不陷入混凝土中。小木条要随浇捣一步，取走一步。

(5) 在踏步中振捣要适度，不要将挡板振胀或振弯，造成拆模后踏步侧面不垂直、平面成弧形的情况出现。

(6) 由于楼梯要向上升起，因此要浇上几个踏步，并留置与上面连接的施工缝。施工缝一般留在向上层的第二或第三步平面的地方。

(7) 当再施工往上踏步混凝土时，一定要把施工缝处清理干净，浇水湿润，加浆接合，防止夹渣夹屑。在拆模之后要看不出有接缝，表面应光洁顺畅。

(8) 楼梯混凝土浇筑完毕后，应自上而下沿踏步表面进行修整。应将表面拍平、拍实，对高出踏步表面的混凝土应剔去，不足部分用混凝土及时填补。表面石多浆少的局部应加浆拍平，用木抹子打搓后，用铁抹子压光。

3. 圈梁浇筑

圈梁一般设置在砖墙上，圈梁的厚度通常为12～24 cm，宽度同墙厚。因此，圈梁的浇筑是在砖墙上进行的，其特点是工作面窄而长，易漏浆。圈梁的支模方法分为通用法和硬架法两种。通用法如图2-23所示，即先在墙上支模浇筑混凝土，后安装模板。硬架法如图2-24所示，即先支模安装楼板，后浇筑混凝土。

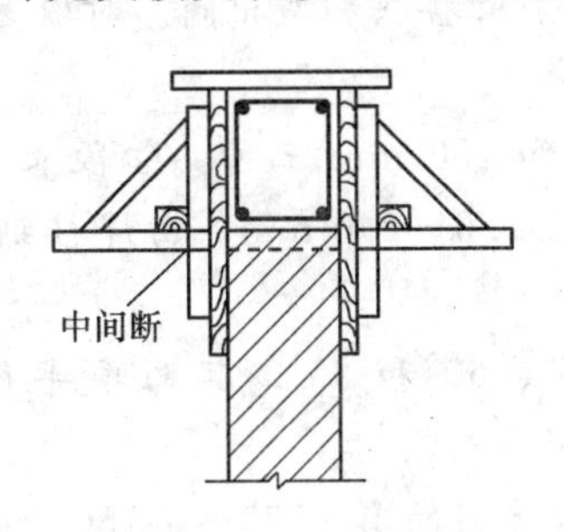

图2-23　圈梁支模通用法

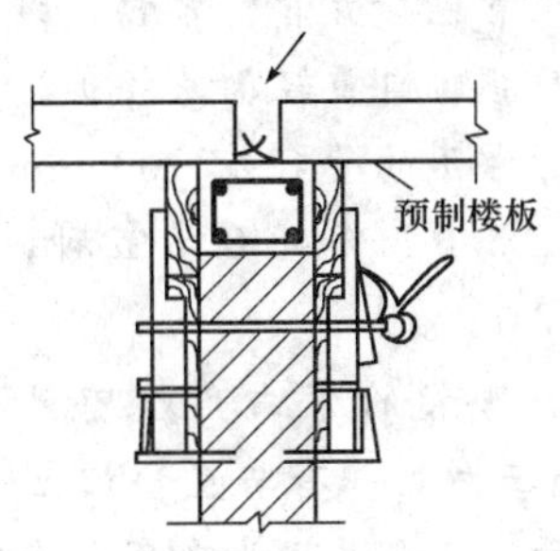

图2-24　圈梁支模硬架法

(1) 浇筑前应对钢筋、模板进行复查，看是否符合设计要求；并特别检查模板与墙体是否贴紧，缝隙是否填塞；木模特别是砖墙，应提早浇水充分润湿。

(2) 圈梁浇筑宜采用反锹下料，即锹背朝上下料。下料时应先两边后中间，分段一次灌足后集中振捣，分段长度一般为2～3 m。

(3) 施工缝留设：因圈梁较长，一次无法浇筑完毕时，可留置施工缝，但施工缝不能留在砖墙的十字、丁字、转角、墙垛处及门窗、大中型管道、预留孔洞上部等位置。

(4) 圈梁混凝土的振捣：圈梁振捣一般采用插入式振动器。而对于厚度较小的圈梁，也可采用“带浆法”配合“赶浆法”人工捣固。接槎处一般留成斜坡向前推进。

六、现浇框架混凝土施工

钢筋混凝土框架结构是多层和高层建筑的主要结构形式。框架结构施工有现场直接浇筑、预制装配、部分预制、部分现浇等几种形式。现浇钢筋混凝土框架施工是将柱、墙（剪力墙、电梯井）、梁、板（也可预制）等构件在现场按设计位置浇筑成一整体。

钢筋混凝土框架结构的简介

框架按跨度分为单跨和多跨两类；按立面形状可分为对称的、不对称的，等高的、不等高的；按受力体系分为平面框架和空间框架；按施工方法可分为现浇整体式框架和预制装配节点整浇式框架、预制现浇整体式框架。

框架结构的平面和立面的布置，应根据使用要求确定。一般的房屋宽度远小于其长度，因此纵向（长向）的房屋刚度容易保证，横向的刚度相比之下要差一些。所以在设计时，通常多采用把横向作为受力的主要承重框架。

框架结构在纵横两个方向，其构件的连接点都采用刚接，而不采用横向为框架（节点刚接）、纵向为铰接排架的受力体系。

现浇框架混凝土施工时，要由模板、钢筋等多个工种相互配合进行。因此，施工前要做好充分的准备工作，施工中要合理组织，加强管理，使各工种密切协作，以加快混凝土工程的施工进度。

浇筑混凝土的准备工作有：原材料的进场和必要的复试或检测；混凝土配合比的计算和试配；楼面脚手架的铺搭；如用泵送混凝土，还要架设输送管道等。这些准备工作有些在支模前就要进行，有些在绑扎钢筋后进行，这要根据具体的工程进度自行安排。

混凝土输送管道的简介

混凝土输送管包括直管、弯管、锥形管、软管、管接头和截止阀。对输送管道的要求是阻力小、耐磨损、自重轻、易装拆。

(1) 直管。常用的管径有 100 mm、125 mm 和 150 mm 三种。管段长度有 0.5 m、1.0 m、2.0 m、3.0 m 和 4.0 m 五种，壁厚一般为 1.6～2.0 mm，由焊接钢管和无缝钢管制成。

(2) 弯管。弯管的弯曲角度有 15°、30°、45°、60°和 90°，其曲率半径有 1.0 m、0.5 m和 0.3 m 三种，并有与直管相应的口径。

(3) 锥形管。主要是用于不同管径的变换处，常用的有 ϕ175～ϕ 150、ϕ150～ϕ125、ϕ125～ϕ100。常用的长度为 1 m。

(4) 软管。软管的作用主要是装在输送管末端直接布料，其长度有 5～8 m，其要求是柔软、轻便和耐用，便于人工搬动。

(5) 管接头。主要是用于管子之间的连接，以便快速装拆和及时处理堵管部位。

(6) 截止阀。常用的截止阀有针形阀和制动阀。逆止阀是在垂直向上泵送混凝土过程中使用，如混凝土泵送暂时中断，垂直管道内的混凝土因自重会对混凝土泵产生逆向压力，逆止阀可防止这种逆向压力对泵的破坏，使混凝土泵得到保护和启动方便。

框架混凝土施工前，应由技术人员将技术部门编制的混凝土工程的施工方案，对全体参加混凝土施工的人员进行必要的技术交底。其内容包括以下几点：

(1) 工程概况和特点，框架分层、分段施工的方案，浇筑层的实物工程量与材料数量。

(2) 混凝土浇筑的进度计划，工期要求，质量、安全技术措施等。

(3) 施工现场混凝土搅拌的生产工艺和平面布置，包括搅拌台（站）的平面布置、材料堆放位置、计量方法和要求、运输工具及路线等。

(4) 浇筑顺序与操作要点、施工缝的留置与处理。

(5) 混凝土的强度等级、施工配合比及坍落度要求。

1. 原材料检验

(1) 水泥。如对来料水泥的性能有怀疑时，可抽取不同部位 20 处（如随机抽 20 袋每袋抽 1 kg 左右），总量至少 12 kg，送试验室做强度测试和安全性试验。待试验结果合格后才可使用。

(2) 砂、石。使用前对砂、石进行抽样检验，即在来料堆上分中间、四角等不同部位抽取 10 kg 以上送试验室进行测试。测试内容为：级配情况是否合格；含泥量、有机有害物质的含量是否超标；表观密度为多少；对高强混凝土的石子还要做强度试验，可用压碎指标来反映。

(3) 水。如采用非饮用水、非自来水时，有必要对水进行化验。测定其 pH 值和有机含量，确认对水泥、砂、石无害后才可使用。

(4) 外加剂。如混凝土要掺加外加剂，则也应送试验室经试配得出掺量的结果后，确定在混凝土中如何掺用。

外加剂选择的简介

（1）外加剂的品种应根据工程设计和施工要求选择，通过试验及技术经济比较确定。

（2）外加剂掺入混凝土中，不得对人体产生危害，不得对环境产生污染。

（3）掺外加剂混凝土所用水泥，宜采用硅酸盐水泥、普通硅酸盐水泥、矿渣硅酸盐水泥、火山灰质硅酸盐水泥、粉煤灰硅酸盐水泥和复合硅酸盐水泥，并应检验外加剂对水泥的适应性，符合要求后方可使用。

（4）掺外加剂混凝土所用材料如水泥、砂、石、掺和料，均应符合国家现行的有关标准的要求。试配外加剂混凝土时，应采用工程使用的原材料、配合比及与施工相同的环境条件，检测项目根据设计及施工要求确定，如坍落度、坍落度经时变化、凝结时间、强度、含气量、收缩率、膨胀率等，当工程所用原材料或混凝土性能要求发生变化时，应再进行试配试验。

（5）不同品种外加剂复合使用，应注意其相容性及对混凝土性能的影响，使用前应进行试验，满足要求方可使用。

（5）掺和料。用掺和料（如粉煤灰）时，必须弄清来料等级，从外观检查细度，其掺量应按试验室试配确定的掺量为准，在施工时加入搅拌材料中进行搅拌。

2. 施工机具的准备

（1）检查原材料的质量、品种与规格是否符合混凝土配合比设计要求，各种原材料应满足混凝土一次连续浇筑的需要。

（2）检查施工用的搅拌机、振动器、水平及垂直运输设备、料斗及串筒、备品及配件设备的情况。所有机具在使用前应试转运行，以保证使用过程中运转良好。

（3）浇筑混凝土用的料斗、串筒应在浇筑前安装就位，浇筑用的脚手架、桥板、通道应提前搭设好，并保证安全可靠。

（4）对砂、石料的称量器具应检查校正，保证其称量的准确性。

（5）准备好浇捣点的混凝土振动器、临时堆放由小车推来的混凝土的铁板（1～2 mm厚，1 m×2 m的黑铁板）、流动电闸箱（给振动器送电用）、铁锹和夜间施工需要的照明或行灯（有些过深的部位仅上部照明看不见，还要有手提的照射灯）等。

3. 模板及钢筋的检查

（1）检查模板安装的轴线位置、标高、尺寸与设计要求是否一致，模板与支撑是否牢固可靠，支架是否稳定，模板拼缝是否严密，锚固螺栓和预埋件、预留孔洞位置是否准确，一旦发现问题应及时处理。

（2）检查钢筋的规格、数量、形状、安装位置是否符合设计要求，钢筋的接头位置，搭接长度是否符合施工规范要求，控制混凝土保护层厚度的砂浆垫块或支架是否按要求铺垫，绑扎成型后的钢筋是否有松动、变形、错位等，检查发现的问题应及时要求钢筋工处理。检查后应填写隐蔽工程记录。

4. 混凝土开拌前的清理工作

（1）将模板内的木屑、绑扎丝头等杂物清理干净。木模在浇筑前应充分浇水润湿，模板拼缝缝隙较大时，应用水泥袋纸、木片或纸筋灰填塞，以防漏浆影响混凝土质量。

（2）对粘附在钢筋上的泥土、油污及钢筋上的水锈应清理干净。

5. 混凝土的运输

混凝土从搅拌机出料后到浇筑地点，必须经过运输。目前混凝土的运输有两种情况：

（1）工地搅拌，工地浇筑。要求应以最少的转载次数、最短的时间运到浇筑点上。施工工地内的运输一般采用手推车或机动翻斗车。要求容器不吸水、不漏浆，容器使用前表面要先润湿。对车斗内的残余混凝土要清理干净，运石灰之类的车不能用来运输混凝土。运输时间一般应不超过规定的最早初凝时间，即 45 min。

运输过程中要保持混凝土的均匀性，做到不分层、不离析、不漏浆。不能因发现干硬而任意加水。此外要求混凝土运到浇筑的地点时，还应具有规定的坍落度。如果运到浇筑地点发现混凝土出现离析或初凝现象，则必须在浇筑前进行二次搅拌，要达到均匀后方可入模。

（2）采用商品混凝土工地浇筑。要求运送的搅拌车能满足泵送的连续工作。因此，根据混凝土厂至工地的路程要制订出用多少搅拌车运送，估计每辆车的运输时间，防止间隙过大而造成输送管道阻塞。在工地上，从泵车至浇筑点的运输，全部依靠管道进行。因此，要求输送管线要直，转弯宜缓，接头严密。如管道向下倾斜，应防止混入空气产生阻塞。泵送前应先用适量的与混凝土内成分相同的水泥砂浆润滑输送管内壁。万一发生泵送间歇时间超过 45 min，或混凝土出现离析现象时，应立即用压力水或其他方法冲洗出管内残留的混凝土。由于目前商品混凝土都掺加缓凝型外加剂，间歇时间超过 45 min 时，一般也不会发生问题。但必须注意，并积累经验，便于处理突发的问题。

根据规范规定，混凝土由运输开始到浇筑完成的延续时间和间歇的允许时间可参照表 2-11，当超过时应考虑留置施工缝。

6. 混凝土的浇筑和振捣

浇筑多层框架混凝土时，要分层分段组织施工。水平方向以结构平面的伸缩缝或沉降缝为分段基准，垂直方向则以每一个使用层的柱、墙、梁、板为一结构层，先浇筑柱、墙等竖向结构，后浇筑梁和板。因此，框架混凝土的施工实际上是除基础外的柱、墙、梁、板的施工。

（1）混凝土向模板内倾倒下落的自由高度，不应超过 2 m。超过的要用溜槽或串筒送落。

（2）浇筑竖向结构的混凝土，第一车应先在底部浇填与混凝土内砂浆成分相同的水泥砂浆（即第一盘为按配合比投料时不加石子的砂浆）。

（3）每次浇筑所允许铺的混凝土厚度为：振捣时，用插入式，允许铺的厚度为振动器作用部分长度的 1.25 倍，一般约 50 cm；用平板振动器（振楼板或基础），则允许铺的厚度为 200 mm。如有些地区没有振动器，而用人工捣固的，则一般铺 200 mm 左右，或根据钢筋稀密程度确定。

（4）在浇捣混凝土过程中，应密切观察模板、支架、钢筋、预埋件和预留孔洞的情况，当发现有变形、位移时应及时采取措施进行处理。

（5）当竖向构件柱、墙与横向梁板整体连接时，柱、墙浇筑完毕后应让其自沉 2 h 左右，才能浇筑梁板与其结合。如没有间歇地连续浇捣，往往由于竖向构件模板内的混凝土自重下沉还未稳定，上部混凝土又浇下来，导致拆模后结合部出现横向水平裂缝，这对结构很不利。

7. 框架柱的混凝土浇筑

框架结构施工中，一般在柱模板支撑牢固后，先行浇筑混凝土。这样做可以使上部模板支撑的稳定性好。浇筑时可单独一个柱搭一架子进行，或在梁、板支撑好后先浇柱混凝土，然后绑扎梁、板钢筋。

(1) 浇筑前先清理柱内根部的杂物，并用压力水冲净湿润，封好根部封口模板，准备下料。

(2) 用与混凝土内砂浆配比相同的水泥砂浆先填铺 5～10 cm，用铁锹在柱根均匀撒开。再根据柱子高度下料：如超过 3 m 时，要用一串筒挂入送料；不超过 3 m 高，可直接用小车倒入，如图 2-25 所示。

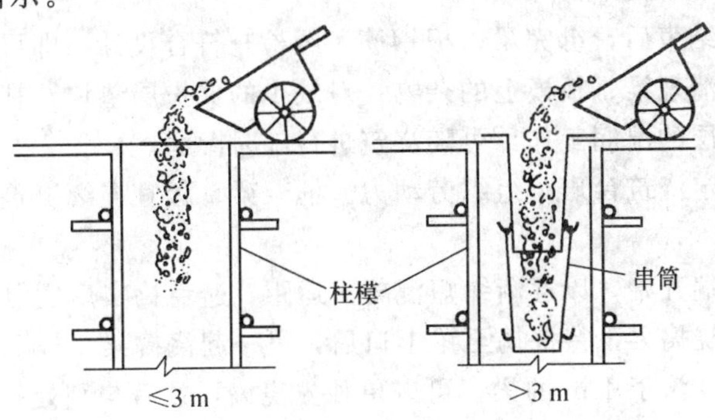

图 2-25　框架柱的混凝土浇筑

(3) 当柱高不超过 3.5 m，柱断面大于 40 cm×40 cm 且无交叉钢筋时，混凝土可由柱模顶直接倒入。当柱高超过3.5 m时，必须分段灌筑混凝土。每段高度不得超过 3.5 m。

(4) 凡柱断面在 40 cm×40 cm 以内或有交叉箍筋的任何断面的混凝土柱，均应在柱模侧面开设的门子洞上装斜溜槽分段灌筑，每段高度不得大于 2 m。如箍筋妨碍斜溜槽安装时，可将箍筋一端解开提起，待混凝土浇至门子洞下口时，卸掉斜溜槽，将箍筋重新绑扎好，用门子板封口，柱筋箍紧，继续浇上段混凝土。采用斜溜槽下料时，可将其轻轻晃动，加快其下料速度。采用串筒下料时，柱混凝土的灌筑高度可不受限制。

(5) 浇捣中要注意柱模不要胀模或鼓肚；要保证柱子钢筋的位置，即在全部完成一层框架后，到上层放线时，钢筋应在柱子边框线内。

8. 墙体的混凝土浇筑和振捣

(1) 混凝土的浇筑。

1) 墙体混凝土浇筑，应遵循先边角后中部，先外墙后内墙的顺序，以保证外部墙体的垂直度。

2) 混凝土浇筑时应分层。分层厚度：人工振捣不大于 35 cm；振动器振捣不大于 50 cm；轻骨料混凝土不大于 30 cm。

3) 高度在 3 m 以内的外墙和内墙，混凝土可从墙顶向板内卸料，卸料时须在墙顶安装料斗缓冲，以防混凝土产生离析。对于截面尺寸狭小且钢筋密集的墙体，则应在侧模上开门子洞，大面积的墙体，均应每隔 2 m 开门子洞，装斜溜槽投料。

4) 墙体上开有门窗洞或工艺洞口时，应从两侧同时对称投料，以防将门窗洞或工艺洞口模板挤变形。

5) 墙体在浇筑混凝土前，必须先在底部铺 5～10 cm 厚与混凝土内成分相同的水泥砂浆。

(2) 混凝土的振捣。

1) 对于截面厚大的混凝土墙，可用插入式振动器振捣，其方法同柱的振捣。对一般或钢筋密集的混凝土墙，宜采用在模板外侧悬挂附着式振动器振捣，其振捣深度约 25 cm。如墙体截面尺寸较厚时，可在两侧悬挂附着式振动器振捣。

2）使用插入式振动器如遇有门窗洞及工艺洞口时，应两边同时对称振捣。同时不得用棒头猛击预留孔洞、预埋件和闸盒等。

3）当顶板与墙体整体现浇时，楼顶板端头部分的混凝土应单独浇筑，以保证墙体的整体性和抗震能力。

9. 框架梁、板的混凝土浇筑和振捣

在柱子浇筑全部结束后，绑完梁、板钢筋，经检查符合设计，即可浇捣梁、板混凝土。

（1）施工准备。清理梁、板模上的杂物；对缺少的保护层垫块，补加垫好。模板要浇水湿润，大面积框架楼层的湿润工作，可随浇筑进行随时湿润。

根据混凝土量确定浇筑台班，组织劳动力。框架梁、板宜连续浇筑施工，实在有困难时应留置施工缝。

（2）一般从最远端开始，以逐渐缩短混凝土运距，避免捣实后的混凝土受到扰动。浇筑时应先低后高，即先浇捣梁，待浇捣至梁上口后，可一起浇捣梁、板，浇筑过程中尽量使混凝土面保持水平状态。深于 1 m 的梁，可以单独先浇捣，然后与别处拉平。

（3）向梁内下混凝土料时，应采用反铲下料，这样可以避免混凝土离析。当梁内下料有 30～40 cm 深时，就应进行振捣，振捣时直插、斜插、移点等均应按前面介绍的规定实施。

（4）梁板浇捣一段后（一个开间或一柱网），应采用平板振动器，按浇筑方向拉动机器振实面层。平板振捣后，由操作人员随后按楼层结构标高面，用木杠及木抹子搓抹混凝土表面，使之达到平整。

10. 梁、柱节点混凝土浇筑

（1）框架梁、柱节点的特点。框架的梁、柱交叉的位置称梁、柱节点，由于其受力特殊性，主筋的连接接头的加强以及箍筋的加密造成钢筋密集，采用一般的浇筑施工方法，混凝土难以保证其密实度。

（2）混凝土中的粗骨料要适应钢筋密集的要求。按施工图设计的要求，采用强度等级相同或高一级的细石混凝土浇筑。

（3）混凝土的振捣。用较小直径的插入式振动器进行振捣，必要时可以人工振捣辅助，以保证其密实性。

（4）为了防止混凝土初凝阶段，在自重作用以及模板横向变形等因素的影响下导致高度方向的收缩，柱子浇捣至箍筋加密区后，可以停 1～1.5 h（不能超过 2 h），再浇筑节点混凝土。节点混凝土必须一次性浇捣完毕，不得留施工缝。

第六节　混凝土养护与拆模

一、自然养护

1. 覆盖浇水养护

混凝土浇筑完后，逐渐凝结硬化，强度也不断增长，这个过程主要由水泥的水化作用来达到。而水泥的水化作用又必须在适当的温度和湿度条件下进行。混凝土的养护就是为达到这个目的。

在工程中如遇到大体积混凝土时，其养护则不能与通常一样浇水覆盖，这样会适得其反。大体积混凝土养护主要避免内外温差过大而造成收缩裂缝。因此，养护时要与外界隔绝，保持其内外温差不超过 25℃。可用薄膜对混凝土全面覆盖，上面再加草包或草帘保温。

如果浇筑后不进行正常养护，而让混凝土处于炎热、干燥、风吹、日晒的环境中，水分很快蒸发就会影响混凝土中水泥的正常水化作用，从而会使混凝土表面泛白、脱皮、起砂，严重的出现干缩裂缝，甚至内部粉酥，降低混凝土的强度。因此，混凝土的养护绝不是一件可有可无的工作，而是混凝土工程施工的最后环节，也是保证质量的重要一环。在混凝土养护过程中，目前的弊端是养护期不足，浇水湿度不够，抢工上马，使养护得不到充分保证。因此，必须在统筹整个施工工期进度中权衡该项工作。

尤其应该注意的是混凝土在养护之中，强度尚未达到1.2 MPa时，不得在混凝土上踩踏和进行下道工序，如支模架、运料的操作。

利用平均气温高于＋5℃的自然条件，用适当的材料对混凝土表面加以覆盖并浇水，使混凝土在一定的时间内保持水泥水化作用所需要的适当温度和湿度条件。其注意事项如下：

(1) 应在浇筑完毕后的 12 h 以内加以覆盖和浇水。

(2) 浇水养护的时间，对采用硅酸盐水泥、普通硅酸盐水泥或矿渣硅酸盐水泥拌制的混凝土，不得少于 7 d，对掺用缓凝型外加剂或有抗渗性要求的混凝土，不得少于 14 d。

(3) 浇水次数应能保持混凝土处于润湿状态。

(4) 混凝土的养护用水应与拌制用水相同。

(5) 当采用特种水泥时，混凝土的养护应根据所采用水泥的技术性能确定。

抗渗性的简介

抗渗性是混凝土抵抗水、油等液体压力作用下渗透的性能。混凝土内部互相连通的孔隙和毛细管通路，以及蜂窝、孔洞等都会造成混凝土渗水。实践证明，混凝土水胶比小时抗渗性强，反之则弱；当水胶比大于 0.6 时，混凝土的抗渗性显著恶化。掺适当加气剂，在混凝土内部产生互不连通的微泡，截断了渗水通道，可改善混凝土的抗渗性。

我国标准采用抗渗等级。抗渗等级是以 28 d 龄期的标准试件，按标准试验方法进行试验时所能承受的最大水压力来确定。混凝土强度与抗渗等级有一定关系，强度越高，其抗渗等级越高。

(6) 自然养护不同温度与龄期的混凝土强度增长百分率见表 2-16。

表 2-16　自然养护不同温度与龄期的混凝土强度增长百分率　(%)

水泥品种、强度等级	硬化龄期(d)	混凝土硬化时的平均温度(℃)							
		1	5	10	15	20	25	30	35
42.5 级普通硅酸盐水泥	2	—	—	19	25	30	35	40	45
	3	14	20	25	32	37	43	48	52
	5	24	30	36	44	50	57	63	66
	7	32	40	46	54	62	68	73	76
	10	42	50	58	66	74	78	82	86
	15	52	63	71	80	88	—	—	—
	28	68	78	86	94	100	—	—	—

续上表

水泥品种、强度等级	硬化龄期(d)	混凝土硬化时的平均温度（℃）							
		1	5	10	15	20	25	30	35
42.5级矿渣硅酸盐水泥、火山灰质硅酸盐水泥	2	—	—	—	15	18	24	30	35
	3	—	—	11	17	22	26	32	38
	5	12	17	22	28	34	39	44	52
	7	18	24	32	38	45	50	55	63
	10	25	34	44	52	58	63	67	75
	15	32	46	57	67	74	80	86	92
	28	48	64	83	92	100	—	—	—

2. 薄膜布养护

在有条件的情况下，可采用不透水、气的薄膜布（如塑料薄膜布）养护。用薄膜布把混凝土表面敞露的部分全部严密地覆盖起来，保证混凝土在不失水的情况下得到充足的养护。这种养护方法的优点是不必浇水，操作方便，能重复使用，可提高混凝土的早期强度，加速模具的周转。但应该保持薄膜布内有凝结水。

3. 薄膜养生液养护

混凝土的表面不便浇水或使用塑料薄膜布养护时，可采用涂刷薄膜养生液，防止混凝土内部水分蒸发的方法进行养护。

薄膜养生液养护是将可成膜的溶液喷洒在混凝土表面上，溶液挥发后在混凝土表面凝结成一层薄膜，使混凝土表面与空气隔绝，封闭混凝土中的水分不再被蒸发。而完成水化作用。这种养护方法一般适用于表面积大的混凝土施工和缺水地区。但应注意对薄膜的保护。

二、加热养护

1. 蒸汽养护

蒸汽养护是利用蒸汽加热养护混凝土。可选用棚罩法、蒸汽套法、热模法、蒸汽毛管法。

棚罩法是用帆布或其他罩子扣罩，内部通蒸汽养护混凝土，适用于预制梁、板、地下基础、沟道等。

蒸汽套法是制作密封保温外套，分段送汽养护混凝土，蒸汽通入模板与套板之间的空隙来加热混凝土，适用于现浇梁、板、框架结构、墙、柱等，其构造如图 2-26 所示。

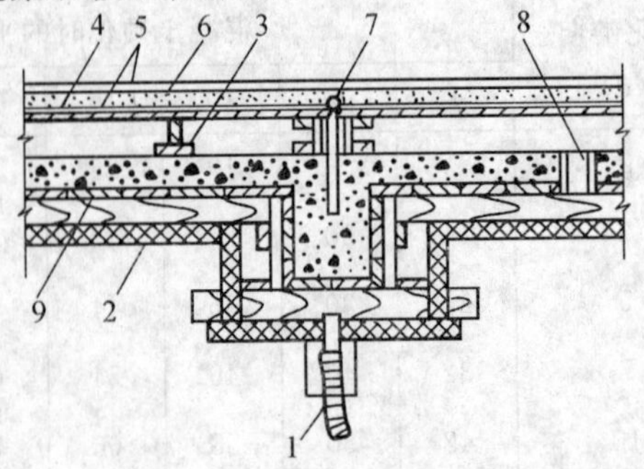

图 2-26　蒸汽套构造示意图

1—蒸汽管；2—保温套板；3—垫板；4—木板；5—油毡
6—锯末；7—测温孔；8—送汽孔；9—模板

热模法是在模板外侧配置蒸汽管，先加热模板，再由模板传热给混凝土进行养护，适用于墙、柱及框架结构，其构造如图 2-27 所示。

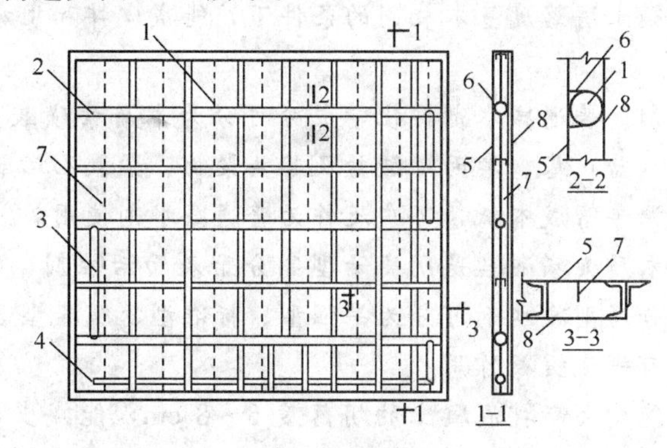

图 2-27　蒸汽热模构造

1—89 mm 钢管；2—20 mm 进汽口；3—50 mm 连通管；
4—20 mm 出汽口；5—3 mm 厚面板；6—3 mm×50 mm 导热横肋；
7—导热竖肋；8—26 号薄钢板

蒸汽毛管法是在结构内部预留孔道，通蒸汽加热混凝土进行养护，适用于预制梁、柱、桁架，现浇梁、柱、框架单梁，其构造如图 2-28 所示。

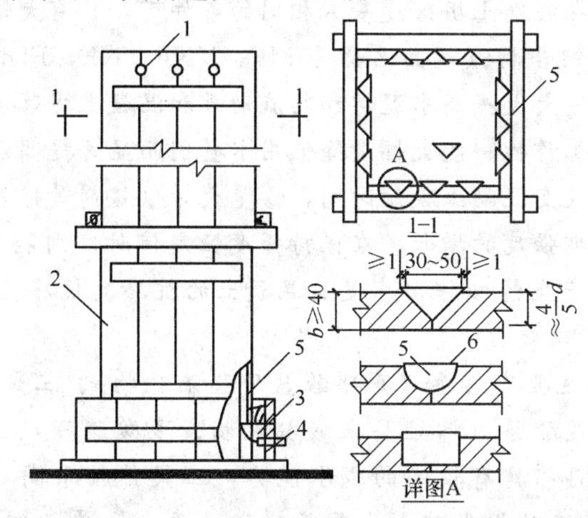

图 2-28　柱毛管模板

1—出汽孔；2—模板；3—蒸汽分配箱；4—进汽管；5—毛管；6—薄钢板

蒸汽养护应使用低压饱和蒸汽。采用普通硅酸盐水泥时最高养护温度不超过 80℃，采用矿渣硅酸盐水泥时可提高到85℃，但采用内部通汽法时，最高加热温度不超过 60℃。采用蒸汽养护整体浇筑的结构时，升温和降温速度不得超过表2－17的规定。蒸汽养护混凝土可掺入早强剂或无引气型减水剂。

表 2-17　蒸汽加热养护混凝土升温和降温速度

结构表面系数（m^{-1}）	升温速度（℃/h）	降温速度（℃/h）
≥6	15	10
<6	10	5

减水剂简介

减水剂是在混凝土坍落度基本相同的条件下，能减少拌和用水量的外加剂。按其作用分为以下几种：

（1）普通减水剂。普通减水剂按化学成分可分为木质素磺酸盐、多元醇系及复合物、高级多元醇、羧酸（盐）基、聚丙烯酸盐及其共聚物、聚氧乙烯醚及其衍生物6类。前两类是天然产品，资源丰富成本低，可广泛作为普通减水剂使用。

普通型减水剂木质素磺酸盐是阴离子型高分子表面活性剂，对水泥团粒有吸附作用，具有半胶体性质。普通型减水剂可分为早强型、标准型、缓凝型3个品种，但在不复合其他外加剂时，本身有一定缓凝作用。

木质素磺酸盐能增大新拌混凝土的坍落度6～8 cm，能减少用水量，减水率＜10%；使混凝土含气量增大，减少泌水和离析；降低水泥水化放热速率和放热高峰；使混凝土初凝时间延迟，且随温度降低而加剧。

普通减水剂适用于各种现浇及预制（不经蒸养工艺）混凝土、钢筋混凝土及预应力混凝土，中低强度混凝土；适用于大模板施工、滑模施工及日最低气温＋5℃以上混凝土施工。多用于大体积混凝土、热天施工混凝土、泵送混凝土、有轻度缓凝要求的混凝土。以小剂量与高效减水剂复合来增加混凝土的坍落度和扩展度，降低成本，提高效率。

（2）高效减水剂。在混凝土坍落度基本相同的条件下，具有大幅度减水增强作用的外加剂，如萘磺酸盐甲醛缩合物（商品名称为MF，VNF，NF，FDN等）。高效减水剂对水泥有强烈分散作用，能大大提高水泥拌和物流动性和混凝土坍落度，同时大幅度降低用水量，显著改善混凝土工作性；能大幅度降低用水量因而显著提高混凝土各龄期强度。

高效减水剂基本不改变混凝土凝结时间，掺量大时（超剂量掺入）稍有缓凝作用，但并不延缓硬化混凝土早期强度的增长。在保持强度恒定值时，则能节约水泥10%或更多。不含氯离子，对钢筋不产生锈蚀作用。提高混凝土的抗渗、抗冻及耐腐蚀性，增强耐久性。掺量过大则产生泌水。

常用的高效减水剂主要有萘系（萘磺酸盐甲醛缩合物）、三聚氰胺系（三聚氰胺磺酸盐甲醛缩合物）、多羧酸系（烯烃马来酸共聚物、多羧酸酯）、氨基磺酸系（芳香族氨基磺酸聚合物）。它们都具有较高的减水能力，三聚氰胺系高效减水剂减水率更大，但减水率越高，流动性经时损失越大。氨基磺酸盐系，由单一组分合成型，坍落度经时变化小。

该类减水剂适用于各类工业与民用建筑、水利、交通、港口、市政等工程建设中的预制和现浇钢筋混凝土、预应力钢筋混凝土工程。适用于高强、超高强、中等强度混凝土，早强、浅度抗冻、大流动混凝土。适宜作为各类复合型外加剂的减水组分。

（3）早强减水剂。兼有早强和减水功能的外加剂。这类减水剂是早强剂与减水剂复合而成的。

（4）引气减水剂。具有引气和减水功能的外加剂。

（5）缓凝减水剂。具有缓凝和减水作用的外加剂。

（6）缓凝高效减水剂。兼有缓凝和大幅度减少拌和用水量功能的外加剂。

2. 覆盖式养护

覆盖式养护，其结构如图2-29所示。

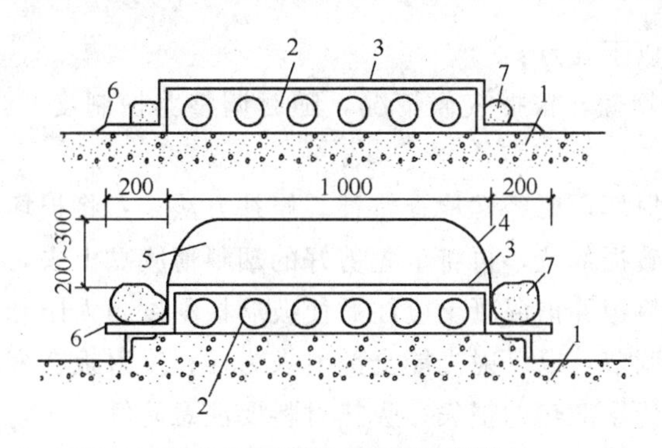

图 2-29 覆盖式太阳能养护

1—台座；2—构件；3—黑色塑料薄膜；4—透明塑料薄膜

5—空气层；6—压封边；7—砂袋

3. 棚罩式养护

棚罩式养护，其结构如图 2-30 所示。

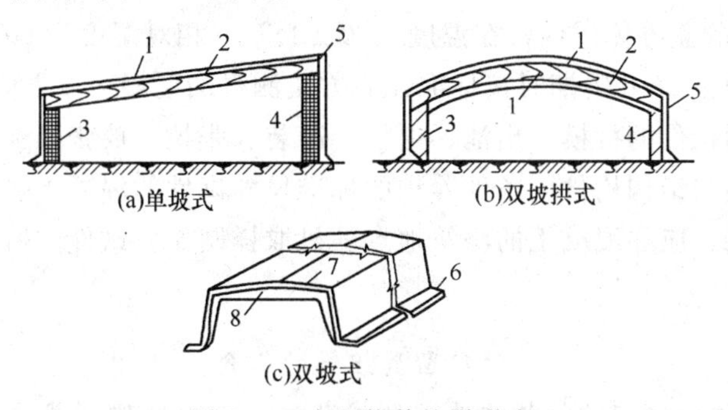

图 2-30 太阳能养护罩形式

1—透明塑料薄膜一层；2—方木或弧形板；3—黑色塑料薄膜一层；4—旧棉花；

5—厚木板（外刷黑色油漆）；6—橡胶包底；7—透明聚酯玻璃钢；8—玻璃钢肋

4. 箱式养护

箱式养护，其结构如图 2-31 所示。

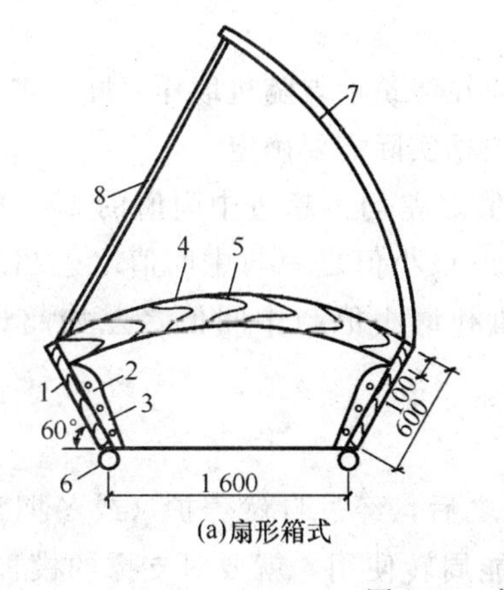

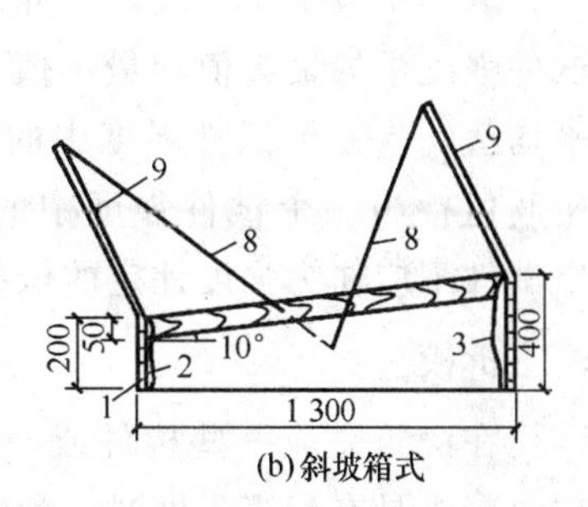

图 2-31 箱式太阳能养护罩

1—10 mm 厚木板；2—旧棉花 30～50 mm；3—黑色塑料薄膜；

4—透明塑料薄膜；5—弧形木方 25 mm×100 mm；6—橡胶内胎皮；

7—箱盖（胶合板内刷铝粉）；8—撑杆；9—镀铝涤纶布反射盖

加热养护需要注意以下几点：

(1) 养护时要加强管理，根据气候情况，随时调整养护制度，当湿度不够时，要适当喷水。

(2) 塑料薄膜较易损坏，要经常检查修补。修补方法是：将损坏部分擦洗干净，然后用刷子蘸点塑料胶涂刷在破损部位，再将事先剪好的塑料薄膜贴上去，用手压平即可。

(3) 采用太阳能集热箱养护混凝土应注意使玻璃板斜度与太阳光垂直或接近垂直射入效果最好；反射角度可以调节，以反射光能全部射入为佳；反射板在夜间宜闭合，盖在玻璃板上，以减少箱内热介质传导散热的损失；吸热材料要注意防潮。

(4) 当遇阴雨天气，收集的热量不足时，可在构件上加铺黑色薄膜，提高吸收效率。

三、混凝土养护后的质量检查

混凝土养护后的质量检查主要是抗压强度检查。如设计上有要求，还需进行抗冻性、抗渗性等方面的检查。

评定结构构件的混凝土强度应采用标准试件的混凝土强度，即按标准方法制作的边长为150 mm的标准尺寸的立方体试件，在温度（20±3)℃、相对湿度为90%以上的环境或水中的标准条件下，养护至28 d龄期时按标准试验方法测得的混凝土立方体抗压强度。

确定混凝土结构构件的拆模、出池、出厂、吊装、张拉、放张及施工期间临时负载时的混凝土强度，应采用与结构构件同条件养护的标准尺寸试件的混凝土强度。用于检查结构构件混凝土质量的试件，应在混凝土的浇筑地点随机取样制作。试件的留置参见本章第七节相关内容。

试件留置组数的简介

同条件养护试件所对应的结构构件或结构部位，应由监理（建设)、施工等各方共同选定，并在混凝土浇筑入模处见证取样；对混凝土结构工程中的各混凝土强度等级，均应留置同条件养护试件；同一强度等级的同条件养护试件，其留置的数量应按混凝土的施工质量控制要求确定，同一强度等级的同条件养护试件的留置数量不宜少于10组，以构成按统计方法评定混凝土强度的基本条件；对按非统计方法评定混凝土强度时，其留置数量不应少于3组，以保证有足够的代表性。

对有抗渗要求的混凝土结构，其混凝土试件应在浇筑地点随机取样。同一工程、同一配合比的混凝土，取样不应少于一次，留置组数可根据实际需要确定。

当三个试件强度中的最大值和最小值与中间值之差均不超过中间值的15%时，取三个试件强度的平均值；当三个试件强度中的最大值或最小值之一与中间值之差超过中间值的15%时，取中间值；当三个试件强度中的最大值和最小值与中间值之差均超过中间值的15%时，该组试件不应作为强度评定的依据。

四、混凝土拆模

混凝土结构在浇筑完成一些构件或一层结构之后，经过自然养护（或冬期蓄热法等养护）之后，在混凝土具有相当强度时，为使模板能周转使用，就要对支撑的模板进行拆除。一般说拆模可分为两种情况：一种是在混凝土硬化后对模板无作用力的，如侧模板；一种是混凝土虽已硬化，但要拆除模板则其构件本身还不具备承担荷载的能力。那么，这种构件的模板不是随便可以拆除的，如梁、板、楼梯等构件。

1. 现浇混凝土结构拆模条件

对于整体式结构的拆模期限，应遵守以下规定：

（1）非承重的侧面模板，在混凝土强度能保证其表面及棱角不因拆除模板而损坏时，方可拆除。

（2）底模板在混凝土强度达到设计规定后，方能拆除。

（3）已拆除模板及其支架的结构，应在混凝土达到设计强度后，才允许承受全部计算荷载。施工中不得超载使用已拆除模板的结构，严禁堆放过量建筑材料。当承受施工荷载大于计算荷载时，必须经过核算加设临时支撑。

（4）钢筋混凝土结构如在混凝土未达到规定的强度时进行拆模及承受部分荷载，应经过计算复核结构在实际荷载作用下的强度。底模及其支架拆除时的混凝土强度应符合设计要求；当设计无具体要求时，混凝土强度应符合表 2-18 的要求。混凝土强度在常温下可以按曲线图 2-32 推算，而在低温时应按所做的同条件试块压出的值来确定。所以冬期施工拆模时间离浇筑完毕时间较长。

表 2-18　底模拆除时的混凝土强度要求

构件类型	构件跨度（m）	达到设计的混凝土立方体抗压强度标准值的百分率（%）
板	≤2	≥50
	>2，≤8	≥75
	>8	≥100
梁、拱、壳	≤8	≥75
	>8	≥100
悬臂构件	—	≥100

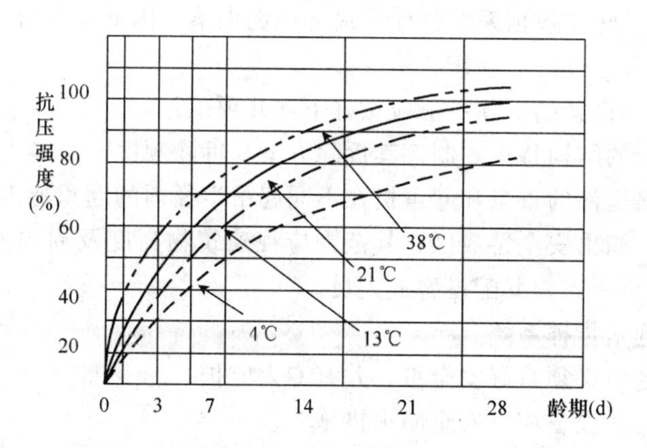

图 2-32　混凝土强度与温度和龄期增长曲线图

（5）多层框架结构当需拆除下层结构的模板和支架，而其混凝土强度尚不能承受上层模板和支架所传来的荷载时，则上层结构的模板应选用减轻荷载的结构（如悬吊式模板、桁架支模等），但必须考虑其支撑部分的强度和刚度。或对下层结构另设支柱（或称再支撑）后，才可安装上层结构的模板。

2. 预制构件拆模条件

预制构件的拆模强度，当设计无明确要求时，应遵守下列规定。

(1) 拆除侧面模板时，混凝土强度能保证构件不变形、棱角完整和无裂缝时方可拆除。

(2) 承重底模时应符合表 2-18 的规定。

(3) 拆除空心板的芯模或预留孔洞的内模时，在能保证表面不发生塌陷和裂缝时方可拆模，并应避免较大的振动或碰伤孔壁。

3. 滑升模板拆除条件

滑动模板装置的拆除，尽可能避免在高空作业。提升系统的拆除可在操作平台上进行，只要先切断电源，外防护齐全（千斤顶拟留待与模板系统同时拆除），一般不会产生安全问题。

(1) 模板系统及千斤顶和外挑架、外吊架的拆除，宜采用按轴线分段整体拆除的方法。总的原则是先拆外墙（柱）模板（提升架、外挑架、外吊架一同整体拆下）；后拆内墙（柱）模板。模板拆除程序为：将外墙（柱）提升架向建筑物内侧拉牢→外吊架挂好溜绳→松开围圈连接件→挂好起重吊绳，并稍稍绷紧→松开模板拉牢绳索→割断支撑杆模板吊起缓慢落下→牵引溜绳使模板系统整体躺倒地面→模板系统解体。

此种方法模板吊点必须找好，钢丝绳垂直线应接近模板段重心，钢丝绳绷紧时，其拉力接近并稍小于模板段总重。

(2) 若条件不允许时，模板必须高空解体散拆。高空作业危险性较大，除在操作层下方设置卧式安全网防护，危险作业人员系好安全带外，必须编制好详细、可行的施工方案。一般情况下，模板系统解体前，拆除提升系统及操作平台系统的方法与分段整体拆除相同，模板系统解体散拆的施工程序为：拆除外吊架脚手板、护身栏（自外墙无门窗洞口处开始，向后倒退拆除）→拆除外吊架吊杆及外挑架→拆除内固定平台→拆除外墙（柱）模板→拆除外墙（柱）围圈→拆除外墙（柱）提升架→将外墙（柱）千斤顶从支撑杆上端抽出→拆除内墙模板→拆除一个轴线段围圈，相应拆除一个轴线段提升架→千斤顶从支撑杆上端抽出。

高空解体散拆模板必须掌握的原则是：在模板解体散拆的过程中，必须保证模板系统的总体稳定和局部稳定，防止模板系统整体或局部倾倒塌落。因此，制订方案、技术交底和实施过程中，务必有专责人员统一组织、指挥。

(3) 高层建筑滑模设备的拆除一般应做好下述几项工作。

1) 根据操作平台的结构特点，制订其拆除方案和拆除顺序。

2) 认真核实所吊运件的重量和起重机在不同起吊半径内的起重能力。

3) 在施工区域，画出安全警戒区，其范围应视建筑物高度及周围具体情况而定。禁区边缘应设置明显的安全标志，并配备警戒人员。

4) 建立可靠的通信指挥系统。

5) 拆除外围设备时必须系好安全带，并有专人监护。

6) 使用氧气和乙炔设备应有安全防火措施。

7) 施工期间应密切注意气候变化情况，及时采取预防措施。

8) 拆除工作一般不宜在夜间进行。

4. 拆模程序

(1) 模板拆除一般是先支的后拆，后支的先拆，先拆非承重部位，后拆承重部位，并做到不损伤构件或模板。

(2) 肋形楼盖应先拆柱模板，再拆楼板底模、梁侧模板，最后拆梁底模板。拆除跨度较大的梁下支柱时，应先从跨中开始分别拆向两端。侧立模的拆除应按自上而下的原则进行。

(3) 工具式支模的梁、板模板的拆除，应先拆卡具，顺口方木、侧板，再松动木楔，使支柱、桁架等平稳下降，逐段抽出底模板和横挡木，最后取下桁架、支柱、托具。

(4) 多层楼板模板支柱的拆除：当上层模板正在浇筑混凝土时，下一层楼板的支柱不得拆除，再下一层楼板支柱，仅可拆除一部分；跨度 4 m 及 4 m 以上的梁，均应保留支柱，其间距不得大于 3 m；其余再下一层楼的模板支柱，当楼板混凝土达到设计强度时，才可全部拆除。

5. 拆模过程中应注意的问题

(1) 拆除时不要用力过猛、过急，拆下来的木料应整理好及时运走，做到活完场清。

(2) 在拆除模板过程中，如发现混凝土有影响结构安全的质量问题时，应暂停拆除。经处理后，方可继续拆除。

(3) 拆除跨度较大的梁下支柱时，应先从跨中开始，分别拆向两端。

(4) 多层楼板模板支柱的拆除，其上层楼板正在浇筑混凝土时，下一层楼板模板的支柱不得拆除，再下一层楼板的支柱，仅可拆除一部分。

(5) 拆模间歇时，应将已活动的模板、牵杆、支撑等运走或妥善堆放，防止因扶空、踏空而坠落。

(6) 模板上有预留孔洞者，应在安装后将洞口盖好。混凝土板上的预留孔洞，应在模板拆除后随即将洞口盖好。

(7) 模板上架设的电线和使用的电动工具，应用 36 V 的低压电源或采用其他有效的安全措施。

(8) 拆除模板一般用长撬棍。人不许站在正在拆除的模板下。在拆除模板时，要防止整块模板掉下，拆模人员要站在门窗洞口外拉支撑，防止模板突然全部掉落伤人。

(9) 高空拆模时，应有专人指挥，并在下面标明工作区，暂停人员过往。

(10) 定型模板要加强保护，拆除后即清理干净，堆放整齐，以利再用。

(11) 已拆除模板及其支架的结构，应在混凝土强度达到设计强度等级后，才允许承受全部计算荷载。当承受施工荷载大于计算荷载时，必须经过核算，加设临时支撑。

混凝土结构浇筑后，达到一定强度，方可拆模。模板拆卸日期，应按结构特点和混凝土所达到的强度来确定。

第七节 混凝土分项工程质量检验

一、配合比设计质量标准

1. 主控项目

混凝土应按国家现行行业标准《普通混凝土配合比设计规程》(JGJ 55—2011) 的有关规定，根据混凝土强度等级、耐久性和工作性等要求进行配合比设计。

对有特殊要求的混凝土，其配合比设计尚应符合国家现行有关标准的专门规定。

检验方法：检查配合比设计资料。

2. 一般项目

(1) 首次使用的混凝土配合比应进行开盘鉴定，其工作性能应满足设计配合比的要求。开始生产时应至少留置一组标准养护试件，作为验证配合比的依据。

检验方法：检查开盘鉴定资料和试件强度试验报告。

(2) 混凝土拌制前，应测定砂、石含水率并根据测试结果调整材料用量，提出施工配合比。

检查数量：每工作班检查一次。

检验方法：检查含水率测试结果和施工配合比通知单。

二、混凝土施工质量标准

1. 主控项目

(1) 结构混凝土的强度等级必须符合设计要求。用于检查结构构件混凝土强度的试件，应在混凝土的浇筑地点随机抽取。取样与试件留置应符合下列规定：

1) 每拌制 100 盘且不超过 100 m^3 的同配合比的混凝土，取样不得少于一次。

2) 每工作班拌制的同一配合比的混凝土不足 100 盘时，取样不得少于一次。

3) 当一次连续浇筑超过 1 000 m^3 时，同一配合比的混凝土每 200 m^3 取样不得少于一次。

4) 每一楼层、同一配合比的混凝土，取样不得少于一次。

5) 每次取样应至少留置一组标准养护试件，同条件养护试件的留置组数应根据实际需要确定。

检验方法：检查施工记录及试件强度试验报告。

(2) 对有抗渗要求的混凝土结构，其混凝土试件应在浇筑地点随机取样。同一工程、同一配合比的混凝土，取样不应少于一次，留置组数可根据实际需要确定。

检验方法：检查试件抗渗试验报告。

(3) 混凝土原材料每盘称量的偏差应符合表 2-2 的规定。

检查数量：每工作班抽查不应少于一次。

检验方法：复称。

(4) 混凝土运输、浇筑及间歇的全部时间不应超过混凝土的初凝时间。同一施工段的混凝土应连续浇筑，并应在底层混凝土初凝之前将上一层混凝土浇筑完毕。

当底层混凝土初凝后浇筑上一层混凝土时，应按施工技术方案中对施工缝的要求进行处理。

检查数量：全数检查。

检验方法：观察，检查施工记录。

2. 一般项目

(1) 施工缝的位置应在混凝土浇筑前按设计要求和施工技术方案确定。施工缝的处理应按施工技术方案执行。

检查数量：全数检查。

检验方法：观察，检查施工记录。

(2) 后浇带的留置位置应按设计要求和施工技术方案确定。后浇带混凝土浇筑应按施工技术方案进行。

检查数量：全数检查。

检验方法：观察，检查施工记录。

(3) 混凝土浇筑完毕后，应按施工技术方案及时采取有效的养护措施，并应符合下列规定。

1) 应在浇筑完毕后的 12 h 以内对混凝土加以覆盖并保湿养护。

2) 对采用硅酸盐水泥、普通硅酸盐水泥或矿渣硅酸盐水泥拌制的混凝土，不得少于

7 d；对掺用缓凝型外加剂或有抗渗要求的混凝土，不得少于 14 d。

3）浇水次数应能保持混凝土处于湿润状态；混凝土养护用水应与拌制用水相同。

4）采用塑料布覆盖养护的混凝土，其敞露的全部表面应覆盖严密，并应保持塑料布内有凝结水。

5）混凝土强度达到 1.2 MPa 前，不得在其上踩踏或安装模板及支架。

6）其他要求。

①当日平均气温低于 5℃时，不得浇水。

②当采用其他品种水泥时，混凝土的养护时间应根据所采用水泥的技术性能确定。

③混凝土表面不便浇水或使用塑料布时，宜涂刷养护剂。

④对大体积混凝土的养护，应根据气候条件按施工技术方案采取控温措施。

检查数量：全数检查。

检验方法：观察，检查施工记录。

养护剂的简介

用来代替洒水、铺湿砂、铺湿麻布对刚成型混凝土进行保持潮湿养护的外加剂称作养护剂。养护剂或养护液在混凝土表面形成一层薄膜，防止水分蒸发，达到较长期养护的效果。尤其在工程构筑物的立面，无法用传统办法实现潮湿养护，喷刷养护剂就会起不可代替的作用。

常用的养护剂有氯偏（氯乙烯—偏氯乙烯共聚物）、水玻璃、乙烯基二氧乙烯共聚物、沥青乳剂、过氯乙烯乳液等。养护剂的技术质量标准有待制订。

三、现浇混凝土结构分项工程质量检验

1. 一般规定

（1）现浇结构的外观质量缺陷，应由监理（建设）单位、施工单位等各方根据其对结构性能和使用功能影响的严重程度，按表 2-19 确定。

（2）现浇结构拆模后，应由监理（建设）单位、施工单位对外观质量和尺寸偏差进行检查，做出记录，并应及时按施工技术方案对缺陷进行处理。

表 2-19 现浇结构外观质量缺陷

名称	现象	严重缺陷	一般缺陷
露筋	构件内钢筋未被混凝土包裹而外露	纵向受力钢筋有露筋	其他钢筋有少量露筋
蜂窝	混凝土表面缺少水泥砂浆而形成石子外露	构件主要受力部位有蜂窝	其他部位有少量蜂窝
孔洞	混凝土中孔穴深度和长度均超过保护层厚度	构件主要受力部位有孔洞	其他部位有少量孔洞
夹渣	混凝土中夹有杂物且深度超过保护层厚度	构件主要受力部位有夹渣	其他部位有少量夹渣
疏松	混凝土中局部不密实	构件主要受力部位有疏松	其他部位有少量疏松

续上表

名称	现象	严重缺陷	一般缺陷
裂缝	缝隙从混凝土表面延伸至混凝土内部	构件主要受力部位有影响结构性能或使用功能的裂缝	其他部位有少量不影响结构性能或使用功能的裂缝
连接部位缺陷	构件连接处混凝土缺陷及连接钢筋、连接件松动	连接部位有影响结构传力性能的缺陷	连接部位有基本不影响结构传力性能的缺陷
外形缺陷	缺棱掉角、棱角不直、翘曲不平、飞边凸肋等	清水混凝土构件有影响使用功能或装饰效果的外形缺陷	其他混凝土构件有不影响使用功能的外形缺陷
外表缺陷	构件表面麻面、掉皮、起砂、沾污等	具有重要装饰效果的清水混凝土表面有外表缺陷	其他混凝土构件有不影响使用功能的外表缺陷

2. 外观质量

(1) 主控项目。现浇结构的外观质量不应有严重缺陷。

对已经出现的严重缺陷，应由施工单位提出技术处理方案，并经监理（建设）单位认可后进行处理。对经处理的部位，应重新检查验收。

检查数量：全数检查。

检查方法：观察，检查技术处理方案。

(2) 一般项目。现浇结构的外观质量不宜有一般缺陷。

对已经出现的一般缺陷，应由施工单位按技术处理方案进行处理，并重新检查验收。

检查数量：全数检查。

检验方法：量测，检查技术处理方案。

3. 尺寸偏差

(1) 主控项目。现浇结构不应有影响结构性能和使用功能的尺寸偏差。混凝土设备基础不应有影响结构性能和设备安装的尺寸偏差。

对超过尺寸允许偏差且影响结构性能和安装、使用功能的部位，应由施工单位提出技术处理方案，并经监理（建设）单位认可后进行处理。对经处理的部位，应重新检查验收。

(2) 一般项目。现浇结构和混凝土设备基础拆模后的尺寸偏差应符合表 2-20、表 2-21 的规定。

检查数量：按楼层、结构缝或施工段划分检验批。在同一检验批内，对梁、柱和独立基础，应抽查构件数量的 10%，且不少于 3 件；对墙和板，应按有代表性的自然间抽查 10%，且不少于 3 间；对大空间结构墙可按相邻轴线间高度 5 m 左右划分检查面，板可按纵、横轴线划分检查面，抽查 10%，且均不少于 3 面；对电梯井，应全数检查。对设备基础，应全数检查。

表 2-20　现浇结构尺寸允许偏差和检验方法

项目			允许偏差（mm）	检验方法
轴线位置	基础		15	钢尺检查
	独立基础		10	
	墙、柱、梁		8	
	剪力墙		5	
垂直度	层高	≤5 m	8	经纬仪或吊线、钢尺检查
		>5 m	10	经纬仪或吊线、钢尺检查
	全高（H）		H/1 000，且≤30	经纬仪、钢尺检查
标高	层高		±10	水准仪或拉线、钢尺检查
	全高		±30	
截面尺寸			+8 −5	钢尺检查
电梯井	井筒长、宽对定位中心线		+25 0	钢尺检查
	井筒全高（H）垂直度		H/1 000， 且≤30	经纬仪、钢尺检查
表面平整度			8	2 m 靠尺和塞尺检查
预埋设施中心线位置	预埋件		10	钢尺检查
	预埋螺栓		5	
	预埋管		5	
预留洞中心线位置			15	钢尺检查

注：检查轴线、中心线位置时，应沿纵、横两个方向量测，并取其中的较大值。

表 2-21　混凝土设备基础尺寸允许偏差和检验方法

项目		允许偏差（mm）	检验方法
坐标位置		20	钢尺检查
不同平面的标高		0 20	水准仪或拉线、钢尺检查
平面外形尺寸		±20	钢尺检查
凸台上平面外形尺寸		0 −20	钢尺检查
凹穴尺寸		+20 0	钢尺检查
平面水平度	每米	5	水平尺、塞尺检查
	全长	10	水准仪或拉线、钢尺检查
垂直度	每米	5	经纬仪或吊线、钢尺检查
	全高	10	

续上表

项目		允许偏差（mm）	检验方法
预埋地脚螺栓	标高（顶部）	+20 0	水准仪或拉线、钢尺检查
	中心距	±2	钢尺检查
预埋地脚螺栓孔	中心线位置	10	钢尺检查
	深度	+20 0	钢尺检查
	孔垂直度	10	吊线、钢尺检查
预埋活动地脚螺栓锚板	标高	+20 0	水准仪或拉线、钢尺检查
	中心线位置	5	钢尺检查
	带槽锚板平整度	5	钢尺、塞尺检查
	带螺纹孔锚板平整度	2	钢尺、塞尺检查

注：检查轴线、中心线位置时，应沿纵、横两个方向量测，并取其中的较大值。

第三章　预应力混凝土施工

第一节　柱和桩的预制

一、柱的预制

1. 柱子模板的铺设

柱子成型采用平卧支模，要求模板架空铺设，基底地坪必须夯实。铺板或钢模底的横棱间距不大于1 m，底模宽度应大于柱的侧面尺寸，牛腿处应更宽些。侧模高度应同柱的宽度尺寸相同，其目的是便于浇筑后抹平表面。模板应支撑牢固，防止浇筑时脱开、胀模、变形，而使构件外形失真，造成不合格构件。柱长、柱宽等尺寸要准确，如图3-1所示。

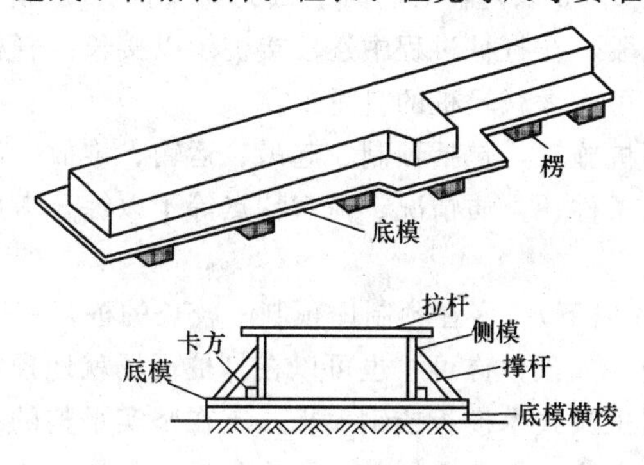

图3-1　柱子支模示意

2. 绑扎柱子钢筋

柱子钢筋应按施工图的配筋进行穿箍绑扎。应注意的是：牛腿处钢筋的绑扎和预埋铁件的安装以及柱顶部的预埋铁板安装，都要做到钢筋长短、规格、数量，箍筋规格、间距的正确无误。最后垫好保护层垫块，并进行隐蔽检查验收。

3. 浇筑混凝土

(1) 浇筑柱混凝土前，应进行模板安装、钢筋安放、湿润模板等工作。

(2) 柱混凝土浇筑可由一个工作小组从一端向另一端推进，分层厚度宜为20～30 cm。混凝土料入模后，用插入式振动器循序插捣；对于牛腿部位钢筋密集处，原则上要慢灌、轻捣、多捣，并可用带刀片的振动棒，必要时可用插钎配合插捣。对芯模的四周应注意对称下料振捣，以防芯模因单侧压力过大而产生偏移。

(3) 柱高在3 m之内，可在柱顶直接下混凝土料浇筑。超过3 m时，应采取措施（用串桶）或在模板侧面开门子洞安装斜溜槽分段浇筑，每段高度不得超过2 m。每段混凝土浇筑后将门子洞模板封闭严实，并用箍筋箍牢。

(4) 柱混凝土应一次浇筑完毕，如需留施工缝时应留在主梁下面；无梁楼板应留在柱帽下面。在与梁板整体浇筑时，应在柱浇筑完毕后停歇 1～1.5 h，使其获得初步沉实，再继续浇筑。

(5) 浇筑完后，应随时将伸出的搭接钢筋整理到位。

(6) 要求浇筑时认真振捣，混凝土水胶比和坍落度应尽可能小。尤其边角处要密实，拆模后棱角应清晰美观。浇筑面要拍抹平整，最后用铁抹子压光。

4. 养护与拆模

待表面硬化、手按无痕时，覆盖草帘浇水进行养护。养护要有专人，按规范规定时间进行养护，以保证混凝土强度的增长。在混凝土强度达到 70%以上后，可适当抽去横棱（最后间距不大于 4 m）和部分底模。

二、桩的预制

(1) 钢筋混凝土桩坚固耐久，不受地下水和潮湿变化的影响，可做成各种规格的断面和长度，而且能承受较大的荷载，在建筑工程中应用较广。

(2) 预制钢筋混凝土桩分实心桩和管桩两种。为了便于预制，实心桩大多做成方形断面，断面一般为（200 mm×200 mm）～（450 mm×450 mm）。单根桩的最大长度，根据打桩架的高度而定，一般在 27 m 以内，必要时可做到 31 m。一般情况下，如需打设 30 m 以上的桩，可将桩预制成几段，在打桩过程中逐段接桩予以接长。管桩系在工厂内采用离心法制成，它与实心桩相比，可大大减轻桩的自重。

(3) 钢筋混凝土预制桩施工，包括预制、起吊、运输、堆放、沉桩等环节。对于这些不同的环节，应该根据工艺条件、土质情况、荷载特点等予以综合考虑，以便拟出合适的施工方案和技术措施。

(4) 较短的桩（10 m 以下），多在预制厂预制。较长的桩，一般情况下在打桩现场附近设置露天预制场进行预制。如条件许可，也可以在打桩现场就地预制。

(5) 现场预制多采用工具式木模板或钢模板，支在坚实平整的地坪上，模板应平整、尺寸准确。可用间隔重叠法生产，但重叠层数一般不宜超过四层。长桩可分节制作，一般桩长不得大于桩断面的边长或外直径的 50 倍。

(6) 预制场地的地面要平整夯实，并防止浸水沉陷。对于两个吊点以上的桩，预制时，要根据打桩顺序来确定桩尖的朝向。因为桩在吊升就位时，桩架上的滑轮组有左右之分。若桩尖的朝向不恰当，则临时将桩调头是很困难的。

(7) 桩的主筋上端以伸至最上一层钢筋网以下为宜，与钢筋网应连成“T”形。这样能更好地接受和传递桩锤的冲击力。主筋必须位置正确，桩身混凝土保护层不可过厚（以 25 mm左右为宜），否则，打桩时容易剥落。

(8) 桩混凝土强度等级不应低于 C30，浇筑时应由桩顶向桩尖连续进行，严禁中断，以提高桩的抗冲击能力。浇筑完毕应覆盖洒水养护不少于 7 d，如用蒸汽养护，在蒸养后，尚应适当自然养护，达到设计规定强度后方可使用。

(9) 叠浇预制桩时，桩与桩之间要做好隔离层（可涂抹皂角或黏土石灰膏等），以保证起吊时不互相粘结。叠浇预制桩的层数，应根据地面承载力和施工要求而定，一般不宜超过四层。上层桩或邻桩的浇筑，应在下层桩或邻桩混凝土达到设计的强度等级的 30%以后方可进行。

(10) 桩顶应制作平整，否则易将桩打偏或打坏。每根桩上应标明编号和制作日期，如不预埋吊环，则应标明绑扎位置。

第二节　屋架预制

一、普通钢筋混凝土屋架预制

1. 模板支设

屋架一般采用平卧或平卧重叠的浇捣方法，在施工现场预制，以便翻身扶正直接吊装。

(1) 平卧或平卧重叠法生产屋架，其底模可采用素土夯实铺砖，上抹 1∶2 水泥砂浆找平，做成砖胎模或在混凝土地坪上直接做砖胎模。

(2) 底模布置时应避开地坪伸缩缝，现场素土上的砖胎模应设有临时排水沟，预防下雨时地基下沉。

(3) 平卧重叠生产可解决平卧占地面积较大的问题。待下层屋架混凝土强度达到设计强度的 30%时，即可在其表面涂刷隔离剂后在上面重叠制作上一层屋架，重叠的层数（高度）以不影响起重设备回转为原则，一般以 3～4 层为宜。

(4) 底模制作要求表面平整光滑，用仪器抄平。几何尺寸符合设计要求，各杆件中心线应处于同一平面，底模应按施工平面布置图的位置制作以便吊装。

(5) 底模在使用前应刷隔离剂两道，以后每次使用脱模后及再次使用前应清扫表面，铲除残渣，涂刷隔离剂。

(6) 支模的局部剖面可如图 3-2 所示，再往上支第二层时，只要将侧模上移，侧向支牢即可。

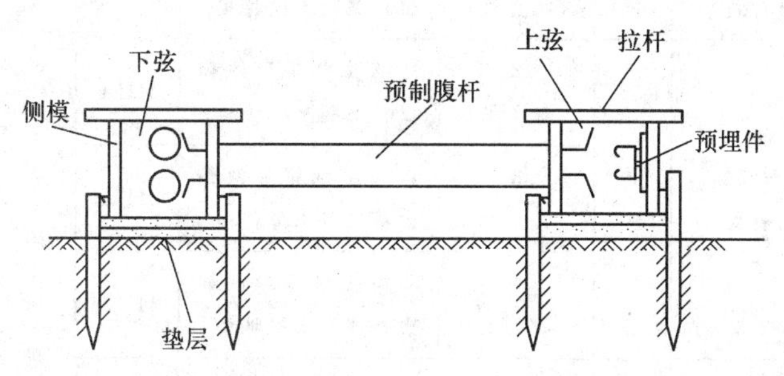

图 3-2　屋架卧式支模图

2. 浇筑混凝土

屋架浇筑参见柱的混凝土浇筑。

3. 养护

屋架养护一定要用草袋包裹覆盖，再浇水养护，严禁暴晒和只浇水不覆盖的养护。养护要派专人。由于养护不当，使表面产生粉化状态而降低强度的质量事故亦时有发生。因此，不能忽视断面较小构件的养护工作。现场一般采用自然养护，在浇筑完成 12 h 以内覆盖塑料薄膜或草袋浇水保湿养护。要求薄膜覆盖至底板，保湿养护不少于 14 d。浇水养护时，应多次数、少水量养护，以免水量过多浸软土基，引起地胎模底板下沉，导致构件变形。

4. 拆模

侧模在混凝土强度达到 5 MPa，能保证构件不变形，棱角完整无裂缝时方可拆除。

5. 扶正吊装

在混凝土强度达到设计要求的强度后，方可翻身扶直，吊装上柱顶。屋架翻身吊装前，应用小撬杆轻拨屋架，使屋架与底模分离，以便翻身吊装。

6. 预制屋架易出现的质量问题

(1) 混凝土表面出现麻面。由于浇筑前没有在模板上洒水湿润、湿润不足，混凝土水分被模板吸去；或模板拼缝漏浆，构件表面浆少使混凝土表面出现麻面。故浇筑前应浇水湿润，但不得积水；浇筑前先检查模板拼缝，对可能漏浆的缝，设法封嵌。

(2) 混凝土表面出现蜂窝。原因是浇筑时正铲投料，人为地造成离析，或浇筑时没有采用带浆法下料或赶浆法捣固。防治方法是严格实行反铲投料，并严格执行带浆法下料和赶浆法捣固。

(3) 露筋、孔洞。主要因为钢筋较密集，粗骨料被卡在钢筋上，加上振捣不足或漏振，导致露筋、孔洞现象的发生。因此搅拌站要按配合比规定的规格、数量使用粗骨料；节点钢筋密集处应用带刀片的振动器仔细振实，必要时辅以人工钢钎插捣。

混凝土搅拌站型号分类及表示方法的简介

混凝土搅拌楼（站）的型号分类及表示方法，见表 3-1。

表 3-1　混凝土搅拌楼（站）型号分类及表示方法

组		型			装机台数	产品		主参数代号		特性代号
名称	代号	名称		代号		名称	代号	名称	单位	
混凝土搅拌楼	HL（混楼）	周期式	锥形反转出料式	Z（锥）	2（双主机）	双主机锥形反转出料混凝土搅拌楼	2HLZ	理论生产率	m^3/h	船载式—C 拆卸式—不标注
			锥形倾翻出料式	F（翻）	2（双主机）	双主机锥形倾翻出料混凝土搅拌楼	2HLF			
					3（三主机）	三主机锥形倾翻出料混凝土搅拌楼	3HLF			
					4（四主机）	四主机锥形倾翻出料混凝土搅拌楼	4HLF			
			涡桨式	W（涡）	—（单主机）	单主机涡桨式混凝土搅拌楼	HLW			
					2（双主机）	双主机涡桨式混凝土搅拌楼	2HLW			
			行星式	N（行）	—（单主机）	单主机行星式混凝土搅拌楼	HLN			
					2（双主机）	双主机行星式混凝土搅拌楼	2HLN			
			单卧轴式	D（单）	—（单主机）	单主机单卧轴式混凝土搅拌楼	HLD			
					2（双主机）	双主机单卧轴式混凝土搅拌楼	2HLD			

续上表

组		型			装机台数	产品		主参数代号		特性代号
名称	代号	名称		代号		名称	代号	名称	单位	
混凝土搅拌楼	HL（混楼）	周期式	双卧轴式	S（双）	—（单主机）	单主机双卧轴式混凝土搅拌楼	HLS	理论生产率	m³/h	船载式—C 拆卸式—不标注
					2（双主机）	双主机双卧轴式混凝土搅拌楼	2HLS			
		连续式		L（连）	—	连续式混凝土搅拌楼	HLL			
混凝土搅拌站	HZ（混站）	周期式	锥形反转出料式	Z（锥）	—（单主机）	单主机锥形反转出料混凝土搅拌站	HZZ	—	—	移动式—Y 船载式—C 拆卸式—不标注
			锥形倾翻出料式	F（翻）	—（单主机）	单主机锥形倾翻出料混凝土搅拌站	HZF			
			涡桨式	W（涡）	—（单主机）	单主机涡桨式混凝土搅拌站	HZW			
			行星式	N（行）	—（单主机）	单主机行星式混凝土搅拌站	HZN			
			单卧轴式	D（单）	—（单主机）	单主机单卧轴式混凝土搅拌站	HZD			
			双卧轴式	S（双）	—（单主机）	单主机双卧轴式混凝土搅拌站	HZS			
		连续式		L（连）	—	连续式混凝土搅拌站	HZL			

（4）构件出现裂缝。构件出现裂缝的原因是由于暴晒或风大水分蒸发过快，或覆盖养护不及时出现塑性收缩裂缝。故在高温季节施工时要防止水分过多散失，成型后立即进行覆盖养护。

三、后张法预应力屋架预制

1. 施工准备

（1）预应力屋架一般采用卧式重叠法生产，重叠不超过3～4层。

（2）地胎模应按照施工平面图布置，不仅应满足屋架翻身扶正就位和吊装要求，还要在每榀屋架地胎模之间留有一定的距离并互相错位，以满足预应力屋架抽管、穿筋和张拉的要求。

（3）预应力屋架生产可采用砖胎模。砖胎模底层素土夯实，1∶2水泥砂浆抹面找平，几何尺寸应准确，注意临时排水。

（4）砖胎模使用前应刷隔离剂，使用后应铲除残渣瘤疤，涂刷隔离剂。当下层屋架混凝土强度达到10 MPa后才能浇筑上部混凝土。下层屋架在叠层前应均匀涂刷隔离剂。隔离剂必须可靠有效，不影响外观。

2. 绑扎钢筋

预应力屋架的钢筋骨架可在隔离剂已干燥的地胎模上绑扎成型。绑扎方法与普通钢筋混凝土屋架的钢筋骨架绑扎相似，但绑扎时应同时预留孔道并固定芯管。

3. 预留孔道

（1）屋架下弦预留直线孔道多采用钢管抽芯法。在钢筋骨架绑扎过程中，预置芯管可用井字架绑扎固定。

（2）抽芯的钢管表面必须圆、滑、顺直，不得有伤痕及凸凹印，预埋前应除锈，刷脱模剂。

脱模剂简介

用于减小混凝土与模板粘着力，易于使二者脱离而不损坏混凝土或渗入混凝土内的外加剂叫脱模剂。脱模剂主要用于大模板施工、滑模施工、预制构件成型模具等。国内常用的脱模剂有下列几种。

（1）海藻酸钠 1.5 kg，滑石粉 20 kg，洗衣粉 1.5 kg，水 80 kg，将海藻酸钠先浸泡 2～3 d，再与其他材料混合，调制成白色脱模剂。常用于涂刷钢模。该脱模剂的缺点是每涂一次不能多次使用，在冬期、雨期施工时，缺少防冻防雨的有效措施。

（2）乳化机油（又名皂化石油）50%～55%，水（60℃～80℃）40%～45%，脂肪酸（油酸、硬脂酸或棕榈脂酸）1.5%～2.5%，石油产物（煤油或汽油）2.5%，磷酸（85%浓度）0.01%，苛性钾 0.02%，按上述质量比，先将乳化机油加热到 50℃～60℃，并将硬脂酸稍加粉碎然后倒入已加热的乳化机油中，加以搅拌，使其溶解（硬脂酸熔点为 50℃～60℃），再加入一定量的热水（60℃～80℃），搅拌至成为白色乳液为止。最后将一定量的磷酸和苛性钾溶液倒入乳化液中，并继续搅拌，改变其酸度或碱度。使用时用水冲淡，按乳液与水的质量比为 1∶5 用于钢模，按 1∶5 或 1∶10 用于木模。

由于屋架要求起拱，直线孔道在屋架下弦中间形成弯折，此处芯管通常做成两节，并加装套管，如图 3-3 所示。

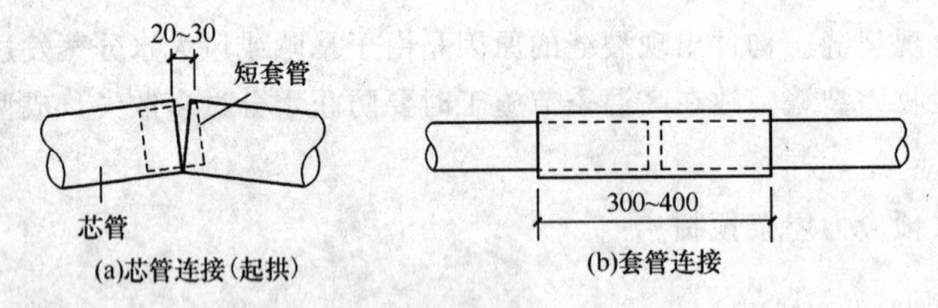

图 3-3　芯管连接

（3）屋架应一次浇筑完毕，不允许留施工缝。

（4）浇筑方法宜采用由下弦中间节点开始向上弦中间节点会合的对称浇捣方法，这样有利于抽芯管。

4. 侧模安装

侧模可采用木模板。应按要求留置灌浆孔及排气孔。灌浆已浇筑的混凝土凝结前修整完好。

5. 抽芯管

（1）在混凝土浇筑后每隔 10～15 min 应将芯管转动一次，以免混凝土凝结硬化后芯管抽不动；转动时如出现裂纹，应及时用抹子搓动压平予以消除。

（2）抽管顺序是先上后下，可用手摇绞车或慢速电动卷扬机抽拔，如用人工抽拔，抽管时应边转边抽，速度均匀，保持平直，每组4～6人；应在抽管端设置可调整高度的转向滑轮架或设置一定数量的马凳，使管道方向与施拔方向同在一条直线上，保护管道口的完整。

（3）抽管时如发生孔道壁混凝土坍落现象时，可待混凝土达到足够强度后，将其凿通，清除残渣，以不妨碍穿筋。

（4）抽芯后应检查孔道有无堵塞，可用强光电筒照射，或用小口径胶（铁）管试穿，如果堵塞，应及时清理。清理孔道可采用清孔器将孔道拉通。清孔器与插入式振动器相似，但软管较长，振动棒改为螺旋钻嘴。

6. 养护拆模

混凝土浇筑后即应进行覆盖保湿养护，浇水次数以保持覆盖物（草包）湿润状态为准，直至强度增长至设计强度的100%。

侧模在混凝土强度（>12 MPa）能保证构件不变形、棱角完整、无裂缝时方可拆除。

7. 穿筋、张拉

按设计和施工方案穿筋和张拉，这里不再详述。

8. 孔道灌浆

（1）预应力钢筋张拉后，孔道应尽快灌浆。

（2）灌浆材料一般使用纯水泥浆。

（3）灌浆前，应先将下部孔洞临时用木塞封堵，用压力水冲洗管道，直到最高的排气孔排出水为止。然后撤除木塞，留在管道内的水，将在灌浆时被灰浆先行排出。

（4）灌浆时，灰浆泵工作压力保持在0.5～0.6 MPa为宜，压力过大易胀裂孔壁。水泥浆应过筛，以免水泥夹有硬块而堵塞泵管或孔道。灌浆顺序应是先下后上，以免上层孔道漏浆而堵塞下层孔道。灌浆至一定程度时，将有浆体从各个孔道口冒出，待冒出与灌浆稠度基本一致的浓浆时，即可用木塞堵死。冒一个，堵一个。全部堵完后将灰浆泵压力提高到0.6～0.8 MPa随即停机。约几分钟后拔出灌浆嘴，并同时用木塞堵死。端头锚具亦应尽早用混凝土封闭。灰浆应留试块，除测定强度外，亦作为移动构件的参考。

（5）灌浆工作应连续进行不得中断，防止浆料在某个部位堵塞管道，应有各种备用机械应急。如因故障在20 min后不能继续灌浆时，应用压力水将已灌部分全部冲洗出外，以后另行灌浆。

（6）当孔道水泥浆硬化后，即可将灌浆孔木塞拔出，用水泥浆填平。试压灰浆试块，在水泥浆强度达到15 MPa时方可吊装。

9. 屋架扶直就位吊装

屋架在孔道灌浆强度达到15 MPa以上时即可翻身扶直就位并可直接吊装。

第三节　吊车梁预制

一、普通钢筋混凝土吊车梁预制

1. 模板支设

吊车梁宜立置浇筑成型，立置堆放和运输。现场预制直接吊装的应做好现场预制平面布置，要按照吊装工序的安排，使吊车梁能就地起吊、安装。现场应设有临时的排水沟，预防下雨时原地下沉。生产采用的立式地胎模，应表面平整、尺寸准确，其模板支设如图 3-4 所示。可优先选用型钢底模，也可采用混凝土或砖底模，底模应抄平，置于坚硬的混凝土台面上，避开台面伸缩缝布置。隔离剂涂刷后应保持清洁，若被雨水冲刷应补刷。

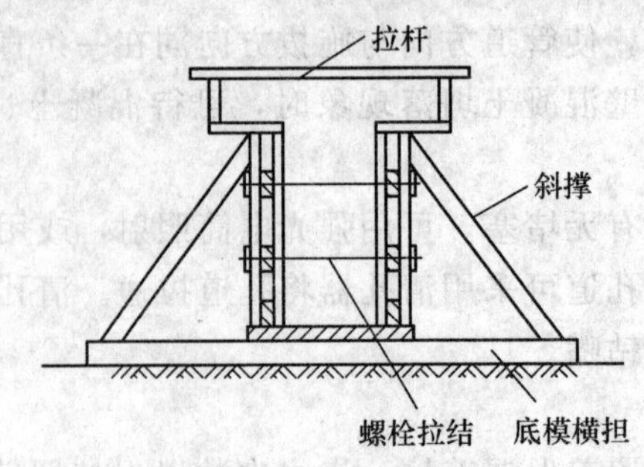

图 3-4　吊车梁支模示意图

2. 钢筋绑扎

钢筋骨架安装定位前应检查钢筋骨架中钢筋的种类、规格、数量、几何形状和尺寸是否符合设计要求，预埋铁件的规格、数量、位置及焊接是否正确。安装定位应用带有横担的无水平分力的吊具吊运，平整轻落于底模上，注意钢筋骨架落位时应设置直径为 25 mm、间距为 1 000 mm、长度与钢筋骨架宽度相等的垫筋，以保证受拉主筋的保护层厚度。如有预应力筋的，在施工时要预埋管道，管道根据施工实际情况确定，采用钢管或橡胶管，待浇筑混凝土后抽出成孔；或用薄钢波纹管作永久性预埋。

3. 安装侧模板

宜优先选用钢制侧模板。侧模安装应平整且结合牢固，拼缝紧密不漏浆，内壁要平整光滑，木模应尽可能刨光，转角处应顺滑无缝以便脱模，要求侧向弯曲小于等于 $L/2\ 000$（L 指梁的跨度），平面扭曲小于等于 $L/1\ 500$，几何尺寸要准，斜撑螺栓要牢靠，预埋铁件预留孔洞位置尺寸应符合设计要求，侧模板安装后应保持模内清洁无杂质残留，以保证混凝土的浇筑质量。

4. 混凝土浇筑

浇筑混凝土前应检验钢筋、预埋件规格、数量，钢筋保护层厚度及预埋孔洞是否符合设计要求，浇筑时应润湿模板，并采用人工下料。混凝土浇筑层厚度为 300～350 mm，采用插入式振动器振捣成型。振动时应做到不漏振，振动棒应避免撞击钢筋、模板、吊环、预埋铁件等，振动时间不少于 10 s，且不大于 60 s。每振好一点，振动棒应徐徐抽出，以免留下气洞。振捣混凝土时应经常注意观察模板、支撑架、钢筋、预埋铁件和预留孔洞的情况，发现有松动变形、钢筋移位、漏浆等现象应停止振捣，并在混凝土初凝前修整完后继续振捣直至成型。浇筑顺序应从一端向另一端进行。当浇到上部预埋铁件时应注意捣实下面的混凝土，并保持预埋件位置正确。吊车梁上表面应用铁抹抹平。浇捣完毕 12 h 内应覆盖草包或塑料薄膜，浇水养护。浇捣过程中应按规定制作试块。

5. 养护

要特别重视吊车梁养护。因为吊车梁受动荷载作用，如果构件上有收缩裂缝出现，将对受力极为不利，因此必须严格遵照规范的要求进行养护。

6. 拆模

拆模应根据模板支撑方式确定。凡立式支模的，可在浇筑后的 2～3 d 内拆除两侧侧模，但拆后应支撑好梁，以保持其稳定。而底模则要到吊装时才能拆下。采用卧式支模，由于浇筑后短期内能拆的侧模量较少，所以可根据实际情况有选择地拆除，底模也要到吊装时才能拆下。

二、预应力T形吊车梁预制

1. 施工准备

清理台座上底模的残渣瘤疤，刷隔离剂。底模一般采用砖胎模，表面用1∶2水泥砂浆抹面找平。亦可以台面为底模，直接在台面上支侧模。

2. 钢筋安放与张拉

(1) 安放下部预应力筋及预埋件。安放钢筋前应检查预应力钢筋的制作是否符合设计要求，预埋件规格数量是否正确。

预应力钢筋的简介

用于预应力混凝土的钢筋，根据目前使用的有混凝土强度等级小于或等于C40的相应的钢筋；还有混凝土强度等级大于或等于C50的高强混凝土相应的钢筋。

(1) 冷拉HRB335级、HRB400级、RRB400级钢筋。通过提高其屈服强度，作为预应力的配筋。

(2) 冷轧带肋钢筋。其优点是与混凝土的握裹力（即粘结力）高。其强度目前分为LL550，LL650，LL800三个等级。其中LL650和LL800宜用于预应力混凝土构件。强度低于1 000 MPa的钢筋的力学性能可参见表3-2。

表3-2 预应力钢筋的力学性能（强度低于1 000 MPa）

钢筋名称	直径(mm)	屈服强度(MPa)	抗拉强度(MPa)	伸长率δ_{10}（%）	冷弯		备注
		不小于			弯心直径	弯曲角度	
冷拉HRB335级钢筋	12～40	450	500	10	$2d_0$	90°	
冷拉HRB400级钢筋	12～40	530	600	8	$5d_0$	60°	
冷拉RRB400级钢筋	12～28	750	900	6	$5d_0$	90°	
LL650冷轧带肋钢筋	4～12	520	650	4	$4d_0$	180°	
LL800冷轧带肋钢筋	4～12	640	800	4	$3d_0$	180°	

注：d_0指用于预应力混凝土的钢筋直径。

(3) 热处理钢筋。热处理钢筋是由普通热轧中碳低合金钢筋经淬火和回火的调质热处理或轧后控制冷却方法制成的。优点是强度高（可达1 470 MPa），成本相对低，但其匀质性差。

(4) 精轧螺纹钢筋。精轧螺纹钢筋是用热轧方法，通过加合金元素，改进轧制方法来达到高强度的。轧制时在整根钢筋表面上轧出不带纵肋的螺纹外形而成型，具有连接简单、锚固可靠、施工方便的优点。强度高的可达 1 080 MPa。

(2) 张拉下部预应力钢筋时应将张拉参数（张拉力、油压表值、伸长值等）标在牌上，供操作人员掌握。张拉前应校验张拉设备仪表，检查锚夹具，不符合要求的不得使用。张拉后持荷 2～3 min，待预应力值稳定后，方可锚定，预应力筋的张拉控制应力张拉至 90%σ_{con}（张拉控制力）时，可进行预埋件、钢箍的校正工作。

(3) 下部预应力钢筋张拉锚固后，方可绑扎钢筋骨架，钢筋骨架的钢筋规格、数量及骨架的几何尺寸都应符合设计要求。骨架一般先预制绑扎后安装入模或模内绑扎。注意预垫好预应力钢筋的保护层。

(4) 上部预应力钢筋的张拉锚固与下部预应力钢筋张拉相同。

(5) 按设计要求绑扎网片，应注意绑扎牢固，与骨架连接正确，以免影响支模。

3. 支侧模、安放预埋件

吊车梁一般采用立式支模生产方法，宜优先选用钢制模板。如采用木模，模板与混凝土接触的表面宜包钉镀锌铁皮，以使构件表面光滑平整。端模采用拼装式钢板，以便在预应力钢筋放松前可以拆除；模板内侧应涂刷非油质类模板隔离剂。模板应有足够的刚度，要求不变形、不漏浆、装拆方便。用地坪台面作底板时，安装模板应避开伸缩缝；如必须跨压伸缩缝时，宜用薄钢板或油毡纸垫铺，以备放张时滑动。侧模支好后，预埋件可随之安装定位。铁件数量、规格应检验合格，定位要牢固，位置应正确。

4. 浇筑混凝土

人工操作必须反铲下料；若用料斗下料，应注意铺料均匀，料斗下料高度应小于 2 m，下料速度不可过快，注意避免压弯吊车梁上部构造钢筋网片或骨架。

采用插入式振动器分层振捣，每层厚度为 300～350 mm。吊车梁腹部应采用垂直振捣，对上部翼缘应采用斜向振捣。振捣时应避免碰撞钢筋和模板。振动以混凝土振出浆为度，每次插入时应将振捣棒插入下层混凝土 50 mm 左右，以使上下层混凝土接合密实；吊车梁的振捣应从一端向另一端进行。应注意振实铁件下的混凝土，吊车梁上表面应用铁抹抹平。应一次浇筑完成，不留施工缝，并应将每一条长线台座上的构件在一个生产日内全部完成。浇筑完毕即应覆盖养护。

5. 养护拆模

(1) 对浇筑完的混凝土应在其初凝前覆盖保湿养护，直至放张吊运归堆，并在归堆后继续养护。养护的时间不应少于 14 d。

(2) 侧模在混凝土强度能保证棱角完整，构件不变形，无裂缝时方可拆除。浇筑混凝土后要静停 1～2 d 方可拆除侧模和端模，拆模后应检查外表，对胀大的应凿除，对漏浆蜂窝等缺陷应及时修补。

第四节　施工质量控制要点

一、预应力筋制作与安装要点

1. 预应力筋下料

(1) 预应力筋应采用砂轮锯或切断机切断，不得采用电弧切割，以免电弧损伤预应力筋。

(2) 预应力筋的下料长度应由计算确定，加工尺寸要求严格，以确保预加应力均匀一致。

2. 后张法有粘结预应力筋预留孔道

(1) 预留孔道的规格、数量、位置和形状应满足设计要求。

(2) 预留孔道的定位应准确、牢固，浇筑混凝土时不应出现移位或变形。

(3) 孔道应平顺通畅，端部的预埋垫板应垂直于孔道中心线。

(4) 成孔用管道应密封良好，接头应严密，不得漏浆。

(5) 灌浆孔的间距：对预埋金属螺旋预埋管的不宜大于 30 m；对抽芯成型孔道不宜大于 12 m。

(6) 在曲线孔道的曲线波峰位置应设置排气兼泌水管，必要时在最低点设置排水孔。灌浆孔及泌水管的孔径应能保证浆液通畅。

(7) 固定成孔管道的钢筋马凳间距：对钢管不宜大于1.5 m；对金属螺旋管及波纹管不宜大于 1.0 m；对胶管不宜大于 0.5 m；对曲线孔道宜适当加密。

后张法的简介

后张法是先制作混凝土构件（或块体），并在预应力筋的位置预留出相应的孔道，待混凝土强度达到设计规定数值后，穿预应力筋（束），用张拉机进行张拉，并用锚具将预应力筋（束）锚固在构件的两端，张拉力即由锚具传给混凝土构件，而使之产生预压应力，张拉完毕在孔道内灌浆。

(1) 后张法特点。后张法的特点是直接在构件上张拉预应力筋，构件在张拉预应力筋过程中，完成混凝土的弹性压缩。因此，混凝土的弹性压缩，不直接影响预应力筋有效预应力值的建立。后张法适宜于在施工现场制作大型构件（如屋架等），以避免大型构件长途运输的麻烦。后张法除作为一种预加应力的工艺方法外，还可作为一种预制构件的拼装手段。大型构件（如拼装式屋架）可以预制成小型块体，运至施工现场后，通过预加应力的手段拼装成整体；或各种构件安装就位后，通过预加应力手段，拼装成整体预应力结构。但后张法预应力的传递主要依靠预应力筋两端的锚具，锚具作为预应力筋的组成部分，永远留在构件上，不能重复使用。这样，不仅需要多耗用钢材，而且锚具加工要求高，费用较昂贵，加上后张法工艺本身要预留孔道、穿筋、灌浆等工序，故施工工艺比较复杂，成本也比较高。

(2) 后张法适用范围。后张法适用于以下范围：

1) 在现场预制大型构件；运输条件许可的可以在工厂预制。

2) 现浇整体结构。

3. 预应力筋铺设

(1) 施工过程中应防止电火花损伤预应力筋，对有损伤的预应力筋应予以更换。

(2) 先张法预应力施工时应选用非油脂性的模板隔离剂，在铺设预应力筋时严禁隔离剂沾污预应力筋。

先张法的简介

先张法是在浇筑混凝土前张拉预应力筋，并将张拉的预应力筋临时固定在台座或钢模上，然后才浇筑混凝土。待混凝土达一定强度（一般不低于设计强度等级的75%），保证预应力筋与混凝土有足够粘结力时，放松预应力筋，借助于混凝土与预应力筋的粘结，使混凝土产生预压应力。

(1) 先张法特点。

1) 优点。构件配筋简单，不需锚具，省去预留孔道、拼装、焊接、灌浆等工序，一次可制成多个构件，生产效率高，可实行工厂化、机械化，便于流水作业，可制成各种形状构件等。

2) 缺点。需建长线台座，占地面积大；如采取在特制的钢模上张拉，设备较多，投资较高，生产操作较复杂，养护期较长；为提高台座和模板周转，常需蒸养；对于大型构件运输不便，灵活性差，生产受到一定限制。

(2) 先张法适用范围。先张法适用于预制厂或现场集中成批生产各种中小型预应力混凝土构件，如吊车梁、屋架、过梁、基础梁、檩条、屋面板、槽形板、多孔板等，特别适于生产冷拔低碳钢丝混凝土构件。

(3) 在后张法施工中，对于浇筑混凝土前穿入孔道的预应力筋，应有防锈措施。

(4) 无粘结预应力筋的护套应完整，局部破损处采用防水塑料胶带缠绕紧密修补好。

(5) 无粘结预应力筋的定位应牢固，浇筑混凝土时不应出现移位和变形，端部的预埋垫板应垂直于预应力筋，内埋式固定端垫板不应重叠，锚具与垫块应贴紧。

(6) 预应力筋的保护层厚度应符合设计及有关规范的规定。无粘结预应力筋成束布置时，其数量及排列形状应能保证混凝土密实，并能够握裹住预应力筋。

(7) 预应力筋束形控制点的竖向位置偏差应符合表 3-3 的规定。

表 3-3　束形控制点的竖向位置允许偏差　(单位：mm)

截面高（厚）度	$h \leqslant 300$	$300 < h \leqslant 1\,500$	$h > 1\,500$
允许偏差	±5	±10	±15

二、预应力筋张拉和放张要点

(1) 安装张拉设备时，直线预应力筋，应使张拉力的作用线与孔道中心线重合；曲线预应力筋，应使张拉力的作用线与孔道中心线末端的切线重合。

(2) 预应力筋张拉或放张时，混凝土强度应符合设计要求；当设计无具体要求时，不应低于设计的混凝土立方体抗压强度标准值的 75%。

(3) 预应力筋的张拉力、张拉或放张顺序及张拉工艺应符合设计及施工技术方案的要求，并应符合下列规定。

1) 张拉力及设计计算伸长值、张拉顺序均由设计确定，在后张法施工中，确定张拉力应考虑后批张拉对先批张拉预应力筋所产生的结构构件弹性压缩的影响，如应力影响较大时，可将其统一增加一定值。

2) 预应力筋张拉时的应力控制应满足设计要求。后张法施工中，当预应力筋是逐根或逐束张拉时，应保证各阶段不出现对结构不利的应力状态；同时宜考虑后批张拉预应力筋所产生的结构构件的弹性压缩对先批张拉预应力筋的影响，确定张拉力。

有粘结预应力筋张拉时应整束张拉，使其各根预应力筋同步受力，应力均匀。

实际施工中有部分预应力损失，可采取超张拉方法抵消，其最大张拉应力不应大于现行国家标准《混凝土结构设计规范》(GB 50010—2010) 的规定。

3）当采取超张拉方法减少预应力筋的松弛损失时，预应力筋的张拉顺序为：从零应力开始张拉至 1.05 倍预应力筋的张拉控制应力 σ_{con}，持荷 2 min 后，卸荷至预应力筋的张拉控制应力；或从应力为零开始张拉至 1.03 倍预应力筋的张拉控制应力。

4）当采用应力控制方法张拉时，应校核预应力筋的伸长值，如实际伸长值比计算伸长值大于 10%或小于 5%，应暂停张拉，在采取措施予以调整后，方可继续张拉。

（4）内（回）缩量值控制。在预应力筋锚固过程中，由于锚具零件之间和锚具与预应力筋之间的相对移动和局部塑性变形造成回缩量，张拉端预应力筋的内回缩量应符合设计要求。

三、灌浆及封锚要点

1. 灌浆

孔道灌浆是在预应力筋处于高应力状态，对其进行永久性保护的工序，所以应在预应力筋张拉后尽早进行孔道灌浆，孔道内水泥浆应饱满、密实。

（1）孔道灌浆前应进行水泥浆配合比设计。

（2）严格控制水泥浆的稠度和泌水率，以获得饱满密实的灌浆效果，水泥浆的水灰比不应大于 0.45，搅拌后 3 h 泌水不宜大于 2%，且不应大于 3%，应做水泥浆性能试验，泌水应能在 24 h 内全部重新被水泥浆吸收。对空隙大的孔道，也可采用砂浆灌浆，水泥浆或砂浆的抗压强度标准值不应小于 30 MPa，当需要增加孔道灌浆密实度时，也可掺入对预应力筋无腐蚀的外加剂。

（3）灌浆前孔道应湿润、洁净。灌浆顺序宜先下层孔道。

（4）灌浆应缓慢均匀地进行，不能中断，直至出浆口排出的浆体稠度与进浆口一致，灌满孔道后，应再继续加压 0.5～0.6 MPa，稍后封闭灌浆孔。不掺外加剂的水泥浆，可采用二次灌浆法。封闭顺序是沿浇筑方向依次封闭。

（5）灌浆工作应在水泥浆初凝前完成。每人工作班留一组边长为 70.7 mm 的立方体试件，标准养护 28 d，做抗压强度试验，抗压强度为一组 6 个试件组成，当一组试件中抗压强度最大值或最小值与平均值相差 20%时，应取中间 4 个试件强度的平均值。

2. 张拉端锚具及外露预应力筋的封闭保护

锚具的封闭保护应符合设计要求；当设计无具体要求时，应符合下列规定。

（1）锚固后的外露部分宜采用机械方法切割，外露长度不宜小于预应力筋直径的 1.5 倍，且不小于 30 mm。

（2）预应力筋的外露锚具必须有严格的密封保护措施，应采取防止锚具受机械损伤或遭受腐蚀的有效措施。

（3）外露预应力筋的保护层厚度，处于正常环境时不应小于 20 mm，处于易受腐蚀的环境时，不应小于 50 mm。

（4）凸出式锚固端锚具的保护层厚度不应小于 50 mm。

第五节　预应力工程质量检验标准

一、原材料质量标准

1. 主控项目

（1）预应力筋进场时，应按现行国家标准《预应力混凝土用钢绞线》（GB/T 5224－2003）

等的规定抽取试件做力学性能检验，其质量必须符合有关标准的规定。

检查数量：按进场的批次和产品的抽样检验方案确定。

检验方法：检查产品合格证、出厂检验报告和进场复验

(2) 无粘结预应力筋的涂包质量应符合无粘结预应力钢绞线标准的规定。

检查数量：每 60 t 为一批，每批抽取一组试件。

检验方法：观察，检查产品合格证、出厂检验报告和进场复验报告。

注：当有工程经验，并经观察认为质量有保证时，可不做油脂用量和护套厚度的进场复验。

预应力钢绞线的简介

预应力钢绞线一般是用多根冷拉钢丝在绞线机上进行螺旋形绞合，并经回火处理而成。按其构成丝不同，可分为 1×2、1×3、1×7 三种。其中 1×7 钢绞线是中心一根，外围为六根丝绞成，工程中应用得最多。1×2 和 1×3 多应用于构件先张法施工中。钢绞线的捻向有左捻和右捻两种，国标规定为左捻。钢绞线的捻距为钢绞线公称直径的 12～16 倍。钢绞线的整根破断力大、柔性好、施工方便，故其具有广阔的发展前景。预应力钢绞线的外形如图 3-5 所示。钢绞线的强度有 1 570 MPa、1 670 MPa、1 860 MPa 三种，后者是需用量较大的高强度钢绞线。

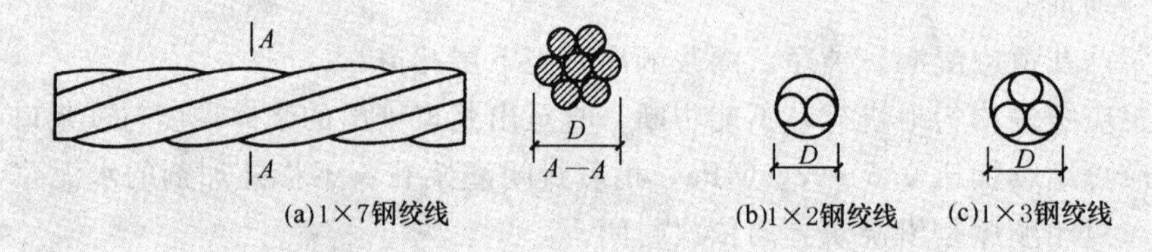

图 3-5　预应力钢绞线

D—钢绞线公称直径

(3) 预应力筋用锚具、夹具和连接器应按设计要求采用，其性能应符合现行国家标准《预应力筋用锚具、夹具和连接器》(GB/T 14370—2007) 等的规定。

检查数量：按进场批次和产品的抽样检验方案确定。

检验方法：检查产品合格证、出厂检验报告和进场复验报告。

注：对锚具用量较少的一般工程，如供货方提供有效的试验报告，可不做静载锚固性能试验。

(4) 孔道灌浆用水泥应采用普通硅酸盐水泥，其质量应符合《硅酸盐水泥、普通硅酸盐水泥》(GB 175—1999) 的规定。孔道灌浆用外加剂的质量应符合《混凝土外加剂》(GB 8076—2008)、《混凝土外加剂应用技术规范》(GB 50119—2003) 的规定。

检查数量：按进场批次和产品的抽样检验方案确定。

检验方法：检查产品合格证、出厂检验报告和进场复验报告。

注：对孔道灌浆用水泥和外加剂用量较少的一般工程，当有可靠依据时，可不做材料性能的进场复验。

2. 一般项目

(1) 预应力筋使用前应进行外观检查，其质量应符合下列要求：

1) 有粘结预应力筋展开后应平顺，不得有弯折，表面不应有裂纹、小刺、机械损伤、

氧化铁皮和油污等。

2）无粘结预应力筋护套应光滑、无裂缝，无明显褶皱。

检查数量：全数检查。

检验方法：观察。

注：无粘结预应力筋护套轻微破损者应外包防水塑料胶带修补，严重破损者不得使用。

（2）预应力筋用锚具、夹具和连接器使用前应进行外观检查，其表面应无污物、锈蚀、机械损伤和裂纹。

检查数量：全数检查。

检验方法：观察。

（3）预应力混凝土用金属螺旋管的尺寸和性能应符合国家现行行业标准《预应力混凝土用金属波纹管》（JG 225—2007）的规定。

检查数量：按进场批次和产品的抽样检验方案确定。

检验方法：检查产品合格证、出厂检验报告和进场复验报告。

（4）预应力混凝土用金属螺旋管在使用前应进行外观检查，其内外表面应清洁，无锈蚀，不应有油污、孔洞和不规则的褶皱，咬口不应有开裂或脱扣。

检查数量：全数检查。

检验方法：观察。

二、制作与安装质量标准

1. 主控项目

（1）预应力筋安装时，其品种、级别、规格、数量必须符合设计要求。

检查数量：全数检查。

检验方法：观察，钢尺检查。

（2）先张法预应力施工时应选用非油质类模板隔离剂，并应避免沾污预应力筋。

检查数量：全数检查。

检验方法：观察。

（3）施工过程中应避免电火花损伤预应力筋；受损伤的预应力筋应予以更换。

检查数量：全数检查。

检验方法：观察。

2. 一般项目

（1）预应力筋下料应符合下列要求。

1）预应力筋应采用砂轮锯或切断机切断，不得采用电弧切割。

2）当钢丝束两端采用镦头锚具时，同一束中各根钢丝长度的极差不应大于钢丝长度的1/5 000，且不应大于5 mm。当成组张拉长度不大于10 m的钢丝时，同组钢丝长度的极差不得大于2 mm。

检查数量：每工作班抽查预应力筋总数的3%，且不少于3束。

检验方法：观察，钢尺检查。

（2）预应力筋端部锚具的制作质量应符合下列要求。

1）挤压锚具制作时压力表油压应符合操作说明书的规定，挤压后预应力筋外端应露出挤压套筒1～5 mm。

2）钢绞线压花锚成型时，表面应清洁、无油污，梨形头尺寸和直线段长度应符合设计要求。

镦头锚具的简介

镦头锚具分为张拉端锚具和固定端锚具两类。张拉端的称为锚杯型，由锚杯、螺母组成，也有用锚环和螺母组成。固定端的称为锚板锚具，仅由一块锚板做成。制作时要求锚杯和锚板采用 45 号钢；螺母采用 45 号钢或 30 号钢。锚杯和锚板都要进行调质热处理。镦头锚具用于钢丝作为预应力钢筋的施工。其上的锚孔采用两种排列方法：一种是沿圆周均匀分布，这是常用的排列方法；另一种是正六角形排列，便于孔中等距离，但钢丝数应为六的倍数，主要用于大吨位锚具，如图 3-6 所示。

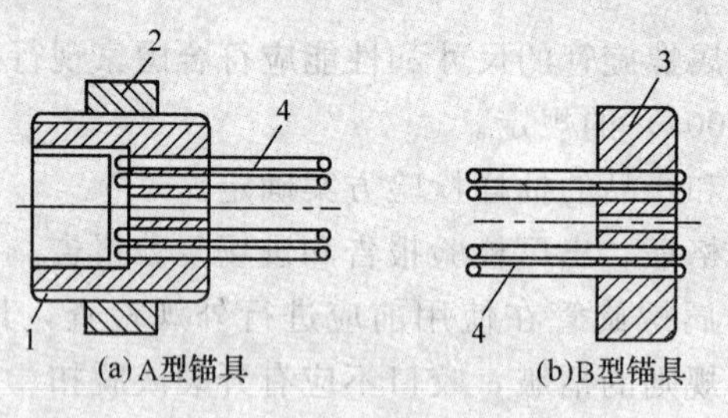

图 3-6　钢丝束镦头锚具

1—A 型锚杯；2—螺母；3—B 型锚板；4—钢丝束

3）钢丝镦头的强度不得低于钢丝强度标准值的 98%。

检查数量：对挤压锚，每工作班抽查 5%，且不应少于 5 件；对压花锚，每工作班抽查 3 件；对钢丝镦头强度，每批钢丝检查 6 个镦头试件。

检验方法：观察，钢尺检查，检查镦头强度试验报告。

(3) 后张法有粘结预应力筋预留孔道的规格、数量、位置和形状除应符合设计要求外，尚应符合下列规定。

1）预留孔道的定位应牢固，浇筑混凝土时不应出现移位和变形。

2）孔道应平顺，端部的预埋锚垫板应垂直于孔道中心线。

3）成孔用管道应密封良好，接头应严密且不得漏浆。

4）灌浆孔的间距：对预埋金属螺旋管不宜大于 30 m；对抽芯成型孔道不宜大于 12 m。

5）在曲线孔道的曲线波峰部位应设置排气兼泌水管，必要时可在最低点设置排水孔。

6）灌浆孔及泌水管的孔径应能保证浆液畅通。

检查数量：全数检查。

检验方法：观察，钢尺检查。

(4) 预应力筋束形控制点的竖向位置偏差应符合表 3-3 的规定。

检查数量：在同一检验批内，抽查各类型构件中预应力筋总数的 5%，且对各类型构件均不少于 5 束，每束不应少于 5 处。

检验方法：钢尺检查。

注：束形控制点的竖向位置偏差合格点率应达到 90%及以上，且不得有超过表中数值 1.5 倍的尺寸偏差。

(5) 无粘结预应力筋的铺设应符合下列要求。

1）无粘结预应力筋的定位应牢固，浇筑混凝土时不应出现移位和变形。

2）端部的预埋锚垫板应垂直于预应力筋。

3）内埋式固定端垫板不应重叠，锚具与垫板应贴紧。

4）无粘结预应力筋成束布置时应能保证混凝土密实并能裹住预应力筋。

5）无粘结预应力筋的护套应完整，局部破损处应采用防水胶带缠绕紧密。

检查数量：全数检查。

(6) 浇筑混凝土前穿入孔道的后张法有粘结预应力筋，宜采取防止锈蚀的措施。

检查数量：全数检查。

检验方法：观察。

三、张拉和放张质量标准

1. 主控项目

(1) 预应力筋张拉或放张时，混凝土强度应符合设计要求；当设计无具体要求时，不应低于设计的混凝土立方体抗压强度标准值的75%。

检查数量：全数检查。

检验方法：检查同条件养护试件试验报告。

(2) 预应力筋的张拉力、张拉或放张顺序及张拉工艺应符合设计及施工技术方案的要求，并应符合下列规定。

1）当施工需要超张拉时，最大张拉应力不应大于国家现行标准《混凝土结构设计规范》(GB 50010—2010) 的规定。

2）张拉工艺应能保证同一束中各根预应力筋的应力均匀一致。

3）后张法施工中，当预应力筋是逐根或逐束张拉时，应保证各阶段不出现对结构不利的应力状态；同时宜考虑后批张拉预应力筋所产生的结构构件的弹性压缩对先批张拉预应力筋的影响，确定张拉力。

4）先张法预应力筋放张时，宜缓慢放松锚固装置，使各根预应力筋同时缓慢放松。

5）当采用应力控制方法张拉时，应校核预应力筋的伸长值。实际伸长值与设计计算理论伸长值的相对允许偏差为±6%。

检查数量：全数检查。

检验方法：检查张拉记录。

(3) 预应力筋张拉锚固后实际建立的预应力值与工程设计规定检验值的相对允许偏差为±5%。

检查数量：对先张法施工，每工作班抽查预应力筋总数的1%，且不少于3根；对后张法施工，在同一检验批内，抽查预应力筋总数的3%，且不少于5束。

检验方法：对先张法施工，检查预应力筋应力检测记录；对后张法施工，检查见证张拉记录。

(4) 张拉过程中应避免预应力筋断裂或滑脱；当发生断裂或滑脱时，必须符合下列规定。

1）对后张法预应力结构构件，断裂或滑脱的数量严禁超过同一截面预应力筋总根数的3%，且每束钢丝不得超过一根；对多跨双向连续板，其同一截面应按每跨计算。

2）张法预应力构件，在浇筑混凝土前发生断裂或滑脱的预应力筋必须予以更换。

检查数量：全数检查。

检验方法：观察，检查张拉记录。

2. 一般项目

(1) 锚固阶段张拉端预应力筋的内缩量应符合设计要求；当设计无具体要求时，应符合表 3-4 的规定。

表 3-4　张拉端预应力筋的内缩限量值　　(单位：mm)

锚具类别		内缩值限量
支承式锚具（镦头锚具等）	螺帽缝隙	1
	每块后加垫板的缝隙	1
锥塞式锚具		5
夹片式锚具	有顶压	5
	无顶压	6～8

检查数量：每工作班抽查预应力筋总数的 3%，且不少于 3 束。

检验方法：钢尺检查。

(2) 先张法预应力筋张拉后与设计位置的偏差不得大于5 mm，且不得大于构件截面短边边长的 4%。

检查数量：每工作班抽查预应力筋总数的 3%，且不少于 3 束。

检验方法：钢尺检查。

四、灌浆及封锚质量标准

1. 主控项目

(1) 后张法有粘结预应力筋张拉后应尽早进行孔道灌浆，孔道内水泥浆应饱满、密实。

检查数量：全数检查。

检验方法：观察，检查灌浆记录。

(2) 锚具的封闭保护应符合设计要求；当设计无具体要求时，应符合下列规定。

1) 应采取防止锚具腐蚀和遭受机械损伤的有效措施。

2) 凸出式锚固端锚具的保护层厚度不应小于 50 mm。

3) 外露预应力筋的保护层厚度：处于正常环境时，不应小于 20 mm；处于易受腐蚀的环境时，不应小于 50 mm。

检查数量：在同一检验批内，抽查预应力筋总数的 5%，且不少于 5 处。

检验方法：观察，钢尺检查。

2. 一般项目

(1) 后张法预应力筋锚固后的外露部分宜采用机械方法切割，其外露长度不宜小于预应力筋直径的 1.5 倍，且不宜小于 30 mm。

检查数量：在同一检验批内，抽查预应力筋总数的 3%，且不少于 5 束。

检验方法：观察，钢尺检查。

(2) 灌浆用水泥浆的水灰比不应大于 0.45，搅拌后 3 h 泌水率不宜大于 2%，且不应大于 3%。泌水应能在 24 h 内全部重新被水泥浆吸收。

检查数量：同一配合比检查一次。

检验方法：检查水泥浆性能试验报告。

(3) 灌浆用水泥浆的抗压强度不应小于 30 MPa。

检查数量：每工作班留置一组边长为70.7 mm的立方体试件。

检验方法：检查水泥浆试件强度试验报告。

1）一组试件由6个试件组成，试件应标准养护28 d。

2）抗压强度为一组试件的平均值，当一组试件中抗压强度最大值或最小值与平均值相差超过20%时，应取中间4个试件强度的平均值。

第四章　常用特殊混凝土施工

第一节　特种材料混凝土

一、轻骨料混凝土施工

1. 轻骨料混凝土的拌制

(1) 轻骨料混凝土拌制时，砂轻混凝土拌和物中的各组分材料均按质量计量；全轻混凝土拌和物中的轻骨料组分可采用体积计量，但宜按质量进行校核。

轻骨料混凝土的简介

轻骨料混凝土是用轻粗骨料、轻细骨料（或普通砂）和水泥配制成的混凝土，其表观密度不大于1 950 kg/m^3。多用于建筑工程中，有利于抗震并能改善保温和隔声性能。适用于制作一般墙、板承重构件和预应力钢筋混凝土构件，特别适用于高层及大跨结构建筑。轻骨料混凝土与普通混凝土不同之处，在于骨料中存在着大量的孔隙，由于这孔隙的存在，赋予它许多优越的性能。

轻骨料混凝土的组成材料：

(1) 水泥一般采用硅酸盐水泥、普通硅酸盐水泥、矿渣硅酸盐水泥、火山灰质硅酸盐水泥及粉煤灰硅酸盐水泥。

(2) 轻骨料。

1) 轻骨料按粒径大小分为两类。

①轻粗骨料——粒径在5 mm以上，堆积密度小于1 000 kg/m^3。

②轻细骨料——粒径不大于5 mm，堆积密度小于1 200 kg/m^3。

2) 轻骨料按原料来源分有三类。

①工业废料轻骨料——如粉煤灰陶粒、膨胀矿渣珠、自燃煤矸石、煤渣及其轻砂。

②天然轻骨料——如浮石、火山渣及其轻砂。

③人造轻骨料——如页岩陶粒、黏土陶粒、膨胀珍珠岩骨料及其轻砂。

3) 轻骨料的堆放和运输应符合下列要求。

①轻骨料应按不同品种分批运输和堆放，避免混杂。

②轻粗骨料运输和堆放应保持颗粒混合均匀，减少离析。采用自然级配时，其堆放高度不宜超过2 m，并应防止树叶、泥土和其他有害物质混入。

③轻砂在堆放和运输时，宜采取防雨措施。

4) 在气温5℃以上的季节施工时，可根据工程需要，对轻粗骨料进行预湿处理。预湿时间可根据外界气温和来料的自然含水状态确定，一般应提前半天或一天对骨料进行淋水、预湿，然后滤干水分进行投料。在气温5℃以下时，不宜进行预湿处理。

(3) 水。要求同普通混凝土。

（2）粗、细骨料、掺和料的质量计量允许偏差为±3%，水、水泥和外加剂的重量计量允许偏差为±2%。

（3）全轻混凝土、干硬性的砂轻混凝土和采用堆积密度在500 kg/m³以下的轻粗骨料配制的干硬性或塑性的砂轻混凝土，宜采用强制式搅拌机；采用堆积密度在500 kg/m³以上的轻粗骨料配制的塑性砂轻混凝土可采用自落式搅拌机。

（4）强度低而易破碎的轻骨料，搅拌时尤其要严格控制混凝土的搅拌时间。

（5）使用外加剂时，应在轻骨料吸水后加入。当用预湿粗骨料时，液状外加剂可与净用水量同时加入；当用干粗骨料时，液状外加剂应与剩余水同时加入。粉状外加剂可制成溶液并采用液状外加剂相同的方法加入，也可与水泥相混合同时加入。

2. 轻骨料混凝土的运输

（1）为防止轻骨料混凝土拌和物离析，运输距离应尽量缩短。在停放或运输过程中，若产生拌和物稠度损失或离析较重者，浇筑前宜采用人工二次拌和。

（2）轻骨料混凝土从搅拌机卸料至浇筑入模止的延续时间，一般不超过45 min，如运输中停放时间过长，会导致拌和物和易性变差。

（3）用混凝土泵输送轻骨料混凝土要比普通混凝土困难得多，主要是因为在压力下骨料易于吸收水分，使混凝土变得干硬，增大了与管道的摩擦，易引起管道堵塞。将粗骨料预先吸水至接近饱和状态，可以避免粗骨料在压力下大量吸水，从而使轻骨料混凝土像普通混凝土一样用混凝土泵进行输送。

混凝土泵及泵车使用与维护的简介

（1）泵机必须放置在坚固平整的地面上，如必须在倾斜地面停放时，可用轮胎制动器卡住车轮，倾斜度不得超过3°。

（2）若气温较低，空运转时间应长些，要求液压油的温度升至15℃以上时才能投料泵送。

（3）泵送前应向料斗加入10 L清水和0.3 m³的水泥砂浆，如果管长超过100 m，应随布管延伸适当增加水泥砂浆和水。

（4）水泥砂浆注入料斗后，应使搅拌轴反转几周，让料斗内臂得到润滑，然后再正转，使砂浆经料斗喉部喂入分配阀箱体内。开泵时不要把料斗内的砂浆全部泵出，应保留在料斗搅拌轴轴线以上，待混凝土加入料斗后再一起泵送。

（5）泵送作业中，料斗中的混凝土平面应保持在搅拌轴轴线以上，供料跟不上时要停止泵送。

（6）料斗网格上不得堆满混凝土，要控制供料流量，及时清除超粒径的骨料及异物。

（7）搅拌轴卡住不转时，要暂停泵送，及时排除故障。

（8）发现进入料斗的混凝土有分离现象时，要暂停泵送，待搅拌均匀后再泵送。若骨料分离严重，料斗内灰浆明显不足时，应剔除部分骨料，另加砂浆重新搅拌。必要时可打开分配阀阀窗，把料斗及分配阀内的混凝土全部清除。

（9）供料中断时间，一般不宜超过1 h。停泵后应每隔10 min做2～3个冲程反泵—正泵运动，再次投入泵送前应先搅拌。

（10）垂直向上泵送中断后再次泵送时要先进行反泵，使分配阀内的混凝土吸回料斗，经搅拌后再正泵泵送。

（11）作业后如管路装有止流管，应插好止流插杆，防止垂直或向上倾斜管路中的混凝土倒流。

（12）清洗前拆去锥管，把直管口部的混凝土掏出，接上气洗接头。接头内应塞好浸水海绵球，在接头上装进、排气阀和压缩空气软管。

（13）在管路末端装上安全盖，其孔口应朝下。若管路末端已是垂直向下或装有向下90°弯管，可不装安全盖。

（14）气洗管件装妥后，徐徐打开压缩空气进气阀，压缩空气使海绵球把混凝土压出。如管路装有止流管，应先拔出止流插杆，并将插杆孔盖盖上，再打开进气阀。

（15）当管中混凝土即将排净时，应徐徐打开放气阀，以免清洗球飞出时对管路产生冲击。

（16）洗泵时，应打开分配阀阀窗，开动料斗搅拌装置，做空载推送动作。同时在料斗和阀箱中冲水，直至料斗、阀箱、混凝土缸全部洗净，然后清洗泵的外部。若泵机几天内不用，则应拆开工作缸橡胶活塞，把水放净。如果水质较浑浊，还应清洗水系统。

3. 轻骨料混凝土的浇筑振捣

（1）轻骨料混凝土拌和物应采用机械振捣成型。对流动性大、能满足强度要求的塑性拌和物以及结构保温类和保温类轻骨料混凝土拌和物，可采用人工插捣成型。

（2）用于硬性拌和物浇筑的配筋预制构件，宜采用振动台和表面加压（加压压力约0.2 N/cm^2）成型。

振动台使用的简介

（1）振动台是一种强力振动设备，应安装在牢固的基础上，地脚螺栓应有足够强度并拧紧。同时在基础中间必须留有地下坑道，以便调整和维修。

（2）使用前要进行检查和试运转。检查机件是否完好，所有紧固件特别是轴承座螺栓、偏心块螺栓、电动机和齿轮箱螺栓等，必须紧固牢靠。

（3）振动台不宜空载长时运转。作业中必须安置牢固可靠的模板并锁紧夹具，以保证模板及混凝土和台面一起振动。

（4）齿轮因承受高速重负荷，故需要有良好的润滑和冷却。齿轮箱内油面应保持在规定的水平面上，工作时温升不得超过70℃。

（5）经常检查各类轴承并定期拆洗更换润滑油。作业中要注意检查轴承温升，发现过热应停机检修。

（6）电动机接地应良好可靠，电源线与线接头应绝缘良好，不得有破损漏电现象。

（7）振动台台面应经常保持清洁平整，使其与模板接触良好。由于台面在高频重载下振动，容易产生裂纹，因此必须注意检查，及时修补。

（3）现场浇筑的竖向结构物（如大模板或滑模施工的墙体），每层浇筑高度宜控制在30～50 cm。拌和物浇筑倾落高度大于2 m时，应加串筒、斜槽、溜管等辅助工具，避免拌和物离析。

（4）浇筑上表面积较大的构件，若厚度在20 cm以下，可采用表面振动成型；厚度大于20 cm，宜先用插入式振动器振捣密实后，再采用表面振捣。

(5) 振捣延续时间以拌和物捣实为准，振捣时间不宜过长，以防骨料上浮。振捣时间随拌和物稠度、振捣部位等不同，宜在10～30 s内选用。

4. 轻骨料混凝土的养护

(1) 在暖和潮湿的气候条件下，轻骨料混凝土中的水就可以保证水泥的水化，因而不需覆盖和喷水养护。

(2) 在炎热干燥的气候条件下，有必要进行覆盖和喷水养护，以防表面干燥和收缩干裂。

(3) 轻骨料混凝土的热容量较低，热绝缘性较大，蒸汽养护的效果比普通混凝土好。与普通混凝土一样，蒸汽养护时温度升高或降低的速度不能太快，一般以15～25℃/h为宜。

(4) 如采用蒸汽养护，成型后静置时间应不少于1.5～2 h，以免发生表面起皮、酥松等现象。

(5) 采用自然养护时，养护时间应遵守下列规定：用普通硅酸盐水泥、硅酸盐水泥、矿渣硅酸盐水泥拌制的混凝土，养护时间不少于7 d；用粉煤灰硅酸盐水泥、火山灰质硅酸盐水泥拌制及在施工中掺缓凝型外加剂的混凝土，养护时间不少于14 d。构件用塑料薄膜覆盖养护时，要保持密封。

二、泡沫混凝土施工

1. 泡沫剂的制备

泡沫剂是泡沫混凝土中的主要成分，其在机械搅拌作用下，形成大量稳定的气泡。

泡沫混凝土的简介

泡沫混凝土是由水泥（粉煤灰、生石灰粉或石膏粉等）、泡沫剂和水拌制而成。具有轻质多孔、吸水率低、隔热［热导率为0.151～0.209 W/（m·K）］、抗冻、隔声、防腐、耐水等优良性能，并有一定的强度（0.4～0.8 MPa）。适用于做屋面、冷藏库墙面、化工热力管道及设备的保温隔热材料。

对泡沫混凝土的组成材料分别有下列要求：

(1) 水泥。硅酸盐水泥、普通硅酸盐水泥、矿渣硅酸盐水泥或火山灰质硅酸盐水泥，强度等级不低于32.5级。

(2) 胶。皮胶或骨胶，要求透明，不含杂质，无坏臭味，用时需测定其粘度及含水率。

(3) 松香。要求洁净透明，颜色较浅，干燥状态时无黏性，用时需测定其皂化系数，软化点不低于65℃。

(4) 碱。工业氢氧化钠或氢氧化钾，纯度在85%以上，用时需测定其纯度。

(1) 胶液的配制。将胶擦拭干净，用锤砸成4～6 cm的碎块，经称量后，放入内套锅内，加入计算用水量，浸泡24 h，使胶全部变软，将内套锅套入外套锅内隔水加热，随熬随拌，直至全部溶解为止，但熬煮时间不宜超过2 h。

(2) 松香碱液的配制。将松香碾成粉末，用100号细筛过筛。将碱配成碱液装入玻璃容器内，并称取定量的碱液装入内套锅中，待外套锅中水温加热到90℃～100℃时，再将碱液的内套锅套入外套锅中，继续加热。待碱液温度为70℃～80℃时，将称好的松香粉末徐徐加入，随加随拌，松香粉末加完后，熬煮2～4 h，使松香充分皂化，成为黏稠的液体。在熬煮时，蒸发掉的水分应予补足。

（3）泡沫剂的配制。待熬好的松香碱液和胶液冷却至50℃左右时，将胶液徐徐加入松香碱液中急速地搅拌，至表面有漂浮的小泡为止，即成为泡沫剂。

2. 泡沫混凝土的配制

（1）将所需的泡沫剂精确地称量好，用热水稀释，与冷水一起倒入泡沫搅拌筒内搅拌5 min，即成白色的泡沫浆。

（2）将水泥与冷水一起倒入水泥浆搅拌筒内搅拌2.5 min，使之成为均匀的水泥浆。

（3）将搅拌好的泡沫浆和水泥浆一起倒入泡沫混凝土搅拌筒中搅拌 5 min，即注模成型，经养护后可得所需配制的泡沫混凝土。

（4）泡沫混凝土可根据需要的尺寸、规格锯割，加工成保温制品，满足工程需要。

3. 泡沫混凝土的浇筑

（1）泡沫混凝土搅拌后应尽快浇筑，从搅拌出料到浇筑振捣成型时间不宜超过 1 h。

（2）泡沫混凝土应低速倒入模内，然后用木板刮平。制作大块泡沫混凝土可掺入直径8 cm以内的浸湿废泡沫混凝土块，加入量不超过总量的 15%。

（3）一般用机械振捣成型，浇筑隔墙（断）构件时，在埋有构造筋的部位，为了保证拉结效果，宜用轻骨料混凝土。

（4）在其他部位照常用泡沫混凝土，每层浇筑厚度不宜超过 40 cm，且采用插入式振动器振捣。当浇筑较大面积的水平构件（如屋面保温层）时，如厚度尺寸大于 24 cm，宜先采用插入式振动器振捣后，再用平板式振动器进行表面振捣。

4. 泡沫混凝土的养护

（1）泡沫混凝土浇筑后应搭架子铺草袋，养护 24 h 后洒水，每日三次，亦可用蒸汽养护。

（2）采用蒸汽养护时，在蒸养过程中，必须防止升温速度过快，而引起混凝土内部结构的破坏。

（3）泡沫混凝土的养护周期，一般较普通混凝土缩短 1～3 h。

三、补偿收缩混凝土施工

在施工浇筑方面，补偿收缩混凝土除应遵照普通混凝土的施工规程以外，还应特别注意下述几方面：

（1）在浇筑补偿收缩混凝土之前，应将所有与混凝土接触的物件充分加以湿润。与旧混凝土接触的面，最好先行保湿 12～24 h。

（2）补偿收缩混凝土拌和物黏稠，无离析和泌水现象，因此，泵送性能很好，宜于泵送施工。由于不泌水，容易产生早期塑性收缩裂缝，因此，必须注意早期养护。拌和之后，如运输和停放时间较长，坍落度损失将引起施工困难，此时，不允许再添加拌和水，以免大大降低强度和膨胀率。补偿收缩混凝土的浇筑温度不宜超过 35℃。

（3）补偿收缩混凝土浇筑后的保湿养护十分重要。浇筑后，立即开始养护，养护时间不少于 7 d，以充分供应膨胀过程中需要的水分。养护方法最好是蓄水，亦可洒水或用塑料薄膜覆盖。

（4）由于补偿收缩混凝土不泌水，凝结时间较短，所以，抹面和修整的时间可以提早，不宜过晚。此外，在施工过程中，补偿收缩混凝土会产生少量的膨胀，这对模板不会产生危害，因此，不需对模板进行特别设计和处理。

补偿收缩混凝土的简介

膨胀型混凝土分为两大类：一种叫补偿收缩混凝土；另一种称自应力混凝土。当混凝土的体积受到约束时，因其体积膨胀而产生的压应力（0.2～0.7 MPa）全部或大部分补偿了因水泥硬化收缩而产生的拉应力，这种混凝土即称为补偿收缩混凝土。而当混凝土体积受到一定约束时，因其体积膨胀而产生的压应力除抵消水泥硬化收缩产生的拉应力之外，尚有剩余，并以压应力的形式贮存于混凝土内部（0.7～7.0 MPa），这种混凝土即称为自应力混凝土。

补偿收缩混凝土既可采用普通骨料，也可采用轻质骨料；既可用于现浇混凝土结构，也可用于预制构件和整体装配式结构。它可以针对普通混凝土收缩变形大、易产生裂缝的弊病，起到相对补偿的效果。

考虑到补偿收缩混凝土不仅能抗裂，而且具有良好的抗渗性和早期强度高等特点，因而被广泛用于地下建筑、液气贮罐、屋面、楼地面、路面、机场、水池、水塔、人防、洞库等工程；由于其膨胀性，可用于防水工程中的施工缝、后浇带以及加固、修补、堵漏工程。尤其可贵的是它能起到自防水的作用，可以取消外防水，从而在保证质量的前提下，获得一定的经济效果。补偿收缩混凝土的应用范围还在扩大，将来，有可能它会取代普通混凝土。

补偿收缩混凝土的应用如下：

(1) 补偿收缩。应用补偿收缩混凝土的目的，是为了防止裂缝。即在短龄期混凝土强度较小时，使混凝土膨胀，令混凝土不产生拉应力；即使在长龄期时，混凝土产生干缩，也比普通混凝土的干缩值要小，从而能防止混凝土产生裂缝。防止产生裂缝，其抗渗性、耐久性也获得改善，有时，可以省去其他防水施工措施。

这种以防止裂缝为主要目的的混凝土，目前常用于防裂要求较高的建筑物（如原子能发电及防射线的混凝土结构），特别是建筑物的屋面板中；同样的目的，也用在高架桥或桥梁的板面、停车场板面、道路路面、水道等。

(2) 填充砂浆及混凝土。某些情况下可通过膨胀力来提高与周边混凝土、钢材、岩基的粘结强度，这就是膨胀砂浆及混凝土的用途。具体应用有以下几方面：

1) 用于装配式钢筋混凝土框架结构拼装时钢筋之间的锚固、连接（即浆锚法），以代替一般的焊接连接。

2) 用于各种钢筋混凝土预制件之间以及梁、柱接头等处的锚固连接。

3) 用于抢修及修补工程、非大体积的结构加固工程、混凝土及钢筋混凝土预制构件的灌缝连接等。

四、钢纤维混凝土施工

1. 搅拌工艺

(1) 搅拌设备。可使用强制式混凝土搅拌机。在纤维掺量增多时，应适当减少一次拌和量，一次搅拌量不宜大于其额定搅拌量的 80%。

(2) 纤维加入方法。为使纤维能均匀分散于混凝土中，应通过摇筛或分散机加料。使用集束状钢纤维时，则不需使用上述设备。

(3) 投料顺序。采用预拌法制作纤维混凝土，关键要使纤维在水泥硬化体中均匀分散。

特别是当纤维掺量较多时，如不能使其充分地分散，就容易同水泥浆或砂子一起结成球状的团块，显著降低其增强效果。目前，常用的混合投料顺序为：

1）纤维以外的材料预先混合均匀，在拌和过程中加入纤维。

2）（砂＋水泥）$\xrightarrow{\text{混合搅拌 0.5 min}}$加入（石子＋纤维）$\xrightarrow{\text{混合搅拌 2 min}}$加入（水＋外加剂）→搅拌→排料。

钢纤维混凝土的搅拌时间应通过试验确定，应较普通混凝土规定的搅拌时间延长1～2 min。采用先干拌后加水的搅拌方法，干拌时间不宜少于1.5 min。

纤维混凝土的简介

（1）纤维混凝土，又称纤维增强混凝土，是以水泥净浆、砂浆或混凝土作基材，以非连续的短纤维或连续的长纤维作增强材料所组成的水泥基复合材料。在1 m^3纤维混凝土体中，由于分散混合着几百万根（容积1％～2％）纤维，故其增强效果遍及混凝土体的各个部分，使整体显现延性大的均质材料的特征。

（2）目前发展起来的纤维增强混凝土，应用最广的是钢纤维增强混凝土、玻璃纤维增强混凝土和聚丙烯类纤维增强混凝土。前者在国内已经制成高强纤维混凝土，抗压强度100～110 MPa，抗弯强度也接近15 MPa，抗冲击强度为普通混凝土的3.6～6.3倍。

（3）玻璃纤维增强混凝土，在建筑工程中，主要用作挂墙板、屋面板、窗台板、遮阳板、内墙板、天花板、盒子间、各种街头小品以及外墙浮雕等非承重结构构件。钢纤维混凝土，除用于飞机跑道、隧道衬垫、道路工程、反应堆外壳、重要的防爆设施等方面，在建筑工程中，还用作墙、板、梁、楼梯踏步板、盒子结构、打入桩桩尖、桩帽等。

（4）就我国目前情况来看，纤维混凝土，特别是钢纤维混凝土，在大面积混凝土工程上应用最为成功。比如，桥面部分的罩面和结构，公路、地面、街道和飞机跑道，坦克停车场的铺面和结构，采矿和隧道工程、耐火工程及大体积混凝土的维护与补强等。此外，在预制构件方面，也有不少应用，而且除了钢纤维，其他如玻璃纤维、聚丙烯纤维的应用，也取得了一定的经验。纤维混凝土预制构件，主要有管道、楼板、墙板、桩、楼梯、梁、浮码头、船壳、机架、机座以及电线杆等。

2. 浇捣和成型

钢纤维混凝土的浇筑、密实成型和纤维处理等工艺措施，有别于传统的施工方法。

（1）混凝土浇筑。纤维混凝土成型所需要的能量比普通混凝土要大。搅拌后的纤维混凝土的流动性，随着纤维掺量的增加而显著下降，拌和料从搅拌机卸出到浇筑完毕所需时间不宜超过30 min。浇筑过程中严禁加水。宜采用喷射法成型，这样可以促进纤维在成型平面内定向排列。而用普通方法浇筑和成型时，纤维在混凝土三个平面内是无序排列的。

（2）混凝土振捣成型。为了防止施工和易性下降，除增加活性剂的数量外，掺以聚合物乳浊液，成型过程中，施以外部振动和加压等，均是有效的方法。总之，要注意纤维掺量不得过多，否则，在浇筑时不但不能密实填充模型，反而引起强度下降。

钢纤维混凝土的成型，可使用普通的振动台或表面振动器，内部振动器则不太适用。选用前者可避免振捣时将纤维折断，也可防止钢纤维起团。与普通混凝土相比，钢纤维混凝土的振动时间要适当延长。

钢纤维混凝土的简介

钢纤维的尺寸，主要由强化特性和施工难易性决定。钢纤维如太粗或太短，其强化特性差，如过细或过长，则在搅拌时容易结团。为了增强钢纤维同混凝土之间的粘结强度，常采用增大表面积或将纤维表面加工成凹凸形状，按外形可为平直形、波浪形、压痕形、扭曲形、端钩形、大头形等，如图 4-1 所示。按横截面可为圆形、矩形、月牙形及不规则形等。

钢纤维的标称长度指钢纤维两端点之间的直线长度，其尺寸可为 15～60 mm。钢纤维截面的直径或等效直径宜在 0.3～1.2 mm。钢纤维长径比或标称长径比宜在 30～100。

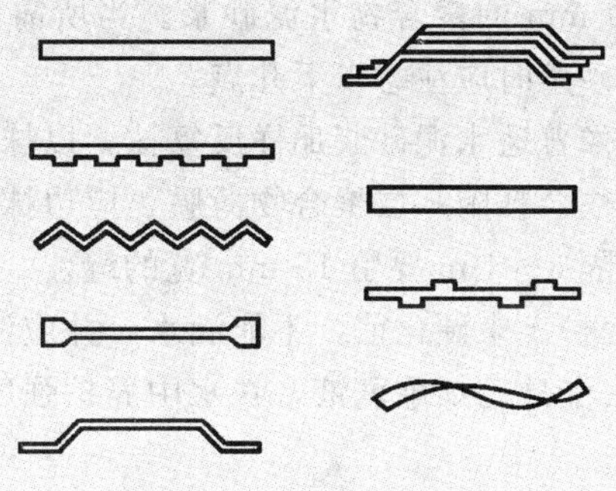

图 4-1　钢钎维的外形

五、聚合物水泥混凝土施工

1. 配制方法

配制聚合物水泥混凝土时，可使用与普通混凝土一样的设备。聚合物水泥混凝土应在拌和后 1 h 内浇筑完毕。配制方法有以下三种。

(1) 配制工艺与普通水泥混凝土相似，只是在加水搅拌混凝土时，掺入一定量的聚合物分散体及辅助材料。

(2) 可采用单体直接加入，然后聚合的办法制得。

(3) 采用聚合物粉末直接掺入水泥的方法来配制聚合物水泥混凝土。在混凝土成型和初始硬化后，加热混凝土，使聚合物溶化，这样，聚合物便浸入混凝土的孔隙中，待冷却和聚合物凝固后即可。这种聚合物水泥混凝土的抗水性能好。

聚合物水泥混凝土的简介

聚合物水泥混凝土，是在普通水泥混凝土拌和物中，再加入一种聚合物，以聚合物与水泥共同作胶结料粘结骨料配制而成。由于聚合物混凝土配制工艺比较简单，利用现有普通混凝土的生产设备即能生产，因而成本较低，实际应用较广。

将聚合物搅拌在混凝土中，聚合物在混凝土内形成膜状体，填充水泥水化产物和骨料之间的空隙，与水泥水化产物结成一体，起到增强同骨料粘结的作用。聚合物混凝土与普通混凝土相比具有无与伦比的特点：不但提高了普通混凝土的密实度和强度，而且显著地增加抗拉、抗弯强度，不同程度地改善了耐化学腐蚀性能和减少收缩变形等。

配制聚合物水泥混凝土时，可使用与普通水泥混凝土一样的设备。聚合物水泥混凝土应在拌和后 1 h 内进行施工与使用。养护时，应先湿养护，待水泥水化后，再进行干养护，以使聚合物成膜。

2. 基层处理

打底砂浆或混凝土的基层处理，应按下列顺序施工：

(1) 边喷砂、边用钢丝刷刷去老砂浆或混凝土表面脆性的浮浆层或泥土等，用溶剂（汽油、酒精或丙酮）洗掉油污或润滑油迹。

(2) 接打处的孔隙、裂缝等伤痕要进行 V 形开槽，用砂浆进行堵塞修补。对排水沟周围、管道贯通部位，也进行同样的处理。

(3) 用水冲洗干净后，用棉纱擦去游离的水分。

3. 施工要点（用于面层）

(1) 涂一层厚度为 7～10 mm 的聚合物水泥砂浆。当所需的厚度大于 10 mm 时，可以涂 2～3 次。涂抹聚合物水泥砂浆时应注意以下几点。

1) 聚合物水泥砂浆不宜像普通水泥砂浆那样反复抹，以抹 2～3 遍为宜。

2) 在抹平时，抹子上往往会粘附一层聚合物薄膜，应边抹边用木片、棉纱等将其拭掉。

3) 当大面积涂抹时，每隔 3～4 m 要留 15 mm 宽的缝。

(2) 施工后，必须注意养护。未硬化前，不能洒水，并应注意防雨。养护方法取决于聚合物种类，如耐水性很差的聚酯酸乙烯酯乳液，在水中养护强度将大大降低。

六、流态混凝土的施工

流态混凝土的施工要注意以下几点：

(1) 流化剂添加量为水泥质量的 0.5%～0.7%为宜。

(2) 基体混凝土搅拌之后 60～90 min 以内添加流化剂为宜。

(3) 普通混凝土的含气量为 4%，轻骨料混凝土为 5%。

(4) 坍落度，基体混凝土一般为 8～12 cm，流态混凝土为 18～22 cm。

(5) 水胶比，普通混凝土一般为 0.65～0.7，轻骨料混凝土为 0.6～0.65。

(6) 最小水泥用量，普通混凝土为 280 kg/m^3，轻骨料混凝土为 300 kg/m^3。

(7) 骨料要求，砂的细度模数为 2.8，最大粗骨料粒径碎石为 20 mm，卵石为 25 mm（人造轻骨料为 15 mm）。

(8) 基体混凝土的外加剂，一般采用 AE 剂或 AE 减水剂。

流态混凝土的简介

在预拌的基体混凝土中，加入流化剂，经过搅拌，使混凝土的坍落度顿时增大至20～22 cm，能像水一样地流动，这种混凝土称为“流态混凝土”。

加入流化剂的作用是能使水泥粒子间互相排斥，防止水泥粒子的凝聚，同时把水分释放出来，降低表面张力和界面张力，因而达到流态化的目的；在保证强度相同情况下，使混凝土坍落度增大，与钢筋粘结强度提高，改善其浇筑性能，对运输、浇筑，特别是泵送非常有利，表面质量好，省人工，而弹性模量、收缩徐变、耐久性等性能与基体混凝土相同。

(1) 流态混凝土的适用范围。

1) 钢筋密集、振捣困难的部位，使用流态混凝土，可以减少振捣，还可以避免为了振捣而将模板开洞。

2) 对于墙壁、楼板、屋面板等构件，可以不用振捣，而高效率地浇筑混凝土。

3) 采用泵送混凝土时。

4）必须均匀致密地抹平混凝土时。

(2) 以下情况不宜采用流态混凝土。

1）用起重机及手推车浇筑混凝土时。

2）混凝土浇筑表面的坡度超过3°时。

3）喷射混凝土时。

4）通过加水能获得高的流动性，而又无不良后果的，如真空混凝土、压轧混凝土及离心制管等。

第二节　特种功能混凝土

一、耐热混凝土施工

1. 耐热混凝土的搅拌和浇捣

耐热混凝土宜采用机械搅拌。在拌制耐热混凝土时，应按下列规定进行：

(1) 拌制水泥耐热混凝土时，水泥和掺和材料必须预先拌和均匀，拌约2 min。拌制水玻璃耐热混凝土时，氟硅酸钠和掺和材料必须预先混合均匀，可用机械或人工搅拌。

(2) 水玻璃耐热混凝土拌制要求与水玻璃耐酸混凝土相同，应遵守下列具体规定。

1）粉状骨料应先与氟硅酸钠拌和，再用筛孔为2.5 mm的筛子过筛两次。

2）干燥材料应在混凝土搅拌机中预先搅拌2 min，然后再加水玻璃。

3）搅拌时间，自全部材料装入搅拌机后算起，应不少于2 min。

4）每次拌制量，应在混凝土初凝前用完，但不得超过30 min。

(3) 耐热混凝土的用水量（或水玻璃用量）在满足施工要求条件下，应尽量少用，其坍落度应比普通混凝土相应地减少1～2 cm。如果采用机械振捣，可控制在2 cm左右；用人工捣固，宜控制在4 cm左右。

(4) 应分层浇筑，每层厚度为25～30 cm。

(5) 耐热混凝土的搅拌时间应比普通混凝土延长1～2 min，使混凝土混合料颜色达到均匀为止。

耐热混凝土的简介

耐热混凝土，是指能够长时间承受200℃～1 300℃温度作用，并在高温下保持所需要的物理力学性质的特种混凝土。耐热混凝土常用于热工设备、工业窑炉和受高温作用的结构物，如炉墙、炉坑、烟囱内衬及基础等。具有生产工艺简单、施工效率高、易满足异形部位施工和热工要求，维修费用少、使用寿命长、成本低廉等优点。

耐热混凝土按其胶凝材料不同，一般可分为水泥耐热混凝土和水玻璃耐热混凝土。

1. 水泥耐热混凝土

(1) 普通硅酸盐水泥耐热混凝土。普通硅酸盐水泥耐热混凝土是由普通硅酸盐水泥、磨细掺和料、粗骨料和水调制而成。这种混凝土的耐热度为700℃～1 200℃，强度等级为C10～C30，高温强度为3.5～20 MPa，最高使用温度达1 200℃或更高。适用于温度较高，但无酸碱侵蚀的工程。

（2）矿渣硅酸盐水泥耐热混凝土。矿渣硅酸盐水泥耐热混凝土是由矿渣硅酸盐水泥、粗细骨料，有时掺加磨细掺和料和水调制而成。这种混凝土耐热度为700℃～900℃，强度等级为C15以上，最高使用温度可达900℃，适用于温度变化剧烈，但无酸碱侵蚀的工程。

（3）高铝水泥耐热混凝土。高铝水泥耐热混凝土是由高铝水泥或低钙铝酸盐水泥、耐热度较高的掺和材料以及耐热骨料和水调制而成的。这种混凝土耐热度为1 300℃～1 400℃，强度等级为C10～C30，高温强度为3.5～10 MPa，最高使用温度可达1 400℃，适用于厚度小于400 mm的结构及无酸、碱、盐侵蚀的工程。

高铝水泥耐热混凝土虽然在300℃～400℃时强度会剧烈降低，但此后，残余部分的强度都能保持不变。而在1 100℃以后，结晶水全部脱出而烧结成陶瓷材料，其强度又重新提高。因高铝水泥的熔化温度高于其极限使用温度，使用时，是不会被熔化而降低强度的。

2. 水玻璃耐热混凝土

水玻璃耐热混凝土是由水玻璃、氟硅酸钠、磨细掺和料及粗细骨料按一定配合比例组成。这种混凝土耐热度为600℃～1 200℃，强度等级为C10～C20，高温强度为9.0～20 MPa，最高使用温度可达1 000℃～1 200℃。

水玻璃耐热混凝土，因掺和材料、粗细骨料及最高使用温度不同，其使用范围集中于两方面：

（1）当设计最高使用温度为600℃～900℃时，采用黏土熟料或黏土砖、安山岩、玄武岩等骨料配制的耐热混凝土，可用于同时受酸（HF除外）作用的工程，但不得用于经常有水蒸气及水作用的部位。

（2）当设计最高使用温度为1 200℃时，采用一等冶金镁砂或镁砖配制的耐热混凝土，可适用于受钠盐溶液作用的工程，但不得用于受酸、水蒸气及水作用的部位。

2. 耐热混凝土的养护

（1）水泥耐热混凝土浇筑后，宜在15℃～25℃的潮湿环境中养护，其中普通水泥耐热混凝土养护不少于7 d，矿渣水泥耐热混凝土不少于14 d，矾土水泥耐热混凝土一定要加强初期养护管理，养护时间不少于3 d。

（2）水玻璃耐热混凝土宜在15℃～30℃的干燥环境中养护3 d，烘干加热，并须防止直接暴晒而脱水快，产生龟裂，一般为10～15 d即可吊装。

（3）水泥耐热混凝土在气温低于7℃和水玻璃耐热混凝土在低于10℃的条件下施工时，均应按冬期施工执行，并应遵守下列规定。

1）水泥耐热混凝土应采用蓄热法或加热法（电流加热、蒸汽加热等），加热时普通水泥耐热混凝土和矿渣水泥耐热混凝土的温度不得超过60℃，矾土水泥耐热混凝土不得超过30℃。

2）水玻璃耐热混凝土的加热只许采用干热方法，不得采用蒸养，加热时混凝土的温度不得超过60℃。

3）耐热混凝土中不应掺用化学促凝剂。

3. 耐热混凝土的热处理

（1）耐热混凝土待其达到设计强度后，即可进行处理，但不应早于下列期限。

1）高铝水泥耐热混凝土和水玻璃耐热混凝土，不早于3 d。

2）硅酸盐类水泥耐热混凝土，不早于7 d。

（2）耐热混凝土的窑炉在热处理时是采取烘炉的方法，在烘烤过程中，应注意保持均匀的升温，升温过快，烘烤后的表面容易干裂，烘烤制度参见表 4-1。

表 4-1　耐热混凝土烘烤制度

烘烤温度（℃）	常温～250（升温）	250～300（恒温）	300～700（升温）	700～使用温度（降温）
升温速度（℃/h）	15～20	—	150～200	—
加热时间占烘烤时间的百分率（%）	45	40	10	5

4. 耐热混凝土的检验项目和技术要求

耐热混凝土的检验项目和技术要求见表 4-2。

表 4-2　耐热混凝土的检验项目和技术要求

<table>
<tr><th>极限使用温度</th><th colspan="3">检验项目</th><th>技术要求</th></tr>
<tr><td rowspan="2">≤700℃</td><td colspan="3">混凝土强度等级</td><td>≥设计强度等级</td></tr>
<tr><td colspan="3">加热至极限使用温度并经冷却后的强度</td><td>≥45%烘干抗压强度</td></tr>
<tr><td rowspan="3">900℃</td><td colspan="3">混凝土强度等级</td><td>≥设计强度等级</td></tr>
<tr><td rowspan="2">残余抗压强度</td><td colspan="2">水泥胶结料耐热混凝土</td><td>≥30%烘干抗压强度，不得出现裂缝</td></tr>
<tr><td colspan="2">水玻璃耐热混凝土</td><td>≥70%烘干抗压强度，不得出现裂缝</td></tr>
<tr><td rowspan="6">1 200℃～1 300℃</td><td colspan="3">混凝土强度等级</td><td>≥设计强度等级</td></tr>
<tr><td rowspan="5">残余抗压强度</td><td colspan="2">水泥胶结料耐热混凝土</td><td>≥30%烘干抗压强度，不得出现裂缝</td></tr>
<tr><td colspan="2">水玻璃耐热混凝土</td><td>≥50%烘干抗压强度，不得出现裂缝</td></tr>
<tr><td rowspan="2">加热至极限使用温度后的线收缩</td><td>极限使用温度为1 200℃时</td><td>≤0.7%</td></tr>
<tr><td>极限使用温度为1 300℃时</td><td>≤0.9%</td></tr>
<tr><td colspan="2">荷重软化温度（变形4%）</td><td>≥极限使用温度</td></tr>
</table>

注：如设计对检验项目及技术要求另有规定时，应按设计规定进行。

二、耐酸混凝土施工

1. 水玻璃耐酸混凝土施工

（1）施工准备。

1）基层要求。耐酸胶泥衬砌块材的基层表面要求平整，以保证砌筑质量。

2）隔离层要求。凡在水泥砂浆、混凝土或钢基层上作耐酸混凝土衬里者，必须设置隔离层，这是由于耐酸混凝土不耐碱的腐蚀（水泥呈碱性），而钢基层不耐水及氟离子腐蚀的原因。为防止耐酸混凝土由于密实性差及开裂造成的渗漏，设置防酸防渗隔离层也是必要的。隔离层可采用树脂玻璃钢、耐酸橡胶板、沥青油毡、铅板或涂层等。无论采用何种隔离层，均要求搭接缝平整、严密、不渗漏，并与基层有较好的粘结强度。

3）钢筋要求。水玻璃耐酸混凝土如需设置钢筋，则宜采用焊接网架，如采用绑扎钢筋，应注意钢丝头不得露出混凝土保护层。钢筋的耐酸混凝土保护层应在 25 mm 以上。为防止渗漏酸液对钢筋的锈蚀，施工前，钢筋应除锈并涂刷耐酸涂层（如环氧涂层、过氯乙烯漆等）作保护。

水玻璃耐酸混凝土的简介

(1) 化工、冶金等工业中的大型设备（贮酸槽、反应塔等）和构筑物的外壳及内衬，常采用水玻璃耐酸混凝土。它的主要组成材料为水玻璃、耐酸粉、耐酸粗细骨料和氟硅酸钠。这是一种能抵抗绝大部分酸类（氟氢酸除外）侵蚀作用的混凝土，特别是对强氧化性的浓酸，如硫酸、硝酸等，有足够的耐酸稳定性，在高温（1 000℃以下）下，水玻璃耐酸混凝土仍具有良好的耐酸性能，并具有较高的机械强度。这种混凝土的材料来源较广，成本低廉，是一种优良的耐酸材料。

(2) 水玻璃耐酸混凝土是防腐蚀领域中的传统材料之一，在我国已有 50 余年的使用历史，在实践中，积累了丰富的经验。水玻璃耐酸混凝土的性能优良，材源广泛，施工简便，价格低廉，加之毒性较小，施工机具易于清洗，因此，它在化工、冶金、石油、轻工、食品等各工业部门得到广泛应用。

(3) 与沥青、硫磺、聚合物耐酸混凝土相比，水玻璃耐酸混凝土的施工工艺简便，可常温操作，机具易清洗，毒性小，因而在防腐工程中用得最多。

(2) 搅拌工艺。

1）机械搅拌水玻璃耐酸混凝土时，按配合比先将填料、粗细骨料与氟硅酸钠加入搅拌机内，干拌均匀，然后加入水玻璃湿拌 1 min 以上，直至均匀为止。搅拌时，宜选用强制式搅拌机，搅拌时间 4～5 min。每次搅拌的混凝土量以不超过 150 L 为宜。

混凝土搅拌机型号的简介

混凝土搅拌机的型号分类及表示方法，见表 4-3。

表 4-3　混凝土搅拌机型号分类及表示方法

型号	特性	代号	代号含义	主参数	
				名称	单位
锥形反转出料式 Z（锥）	—	JZ	锥形反转出料混凝土搅拌机	出料容量	L
	C（齿）	JZC	齿圆锥形反转出料混凝土搅拌机		
	M（摩）	JZM	摩擦锥形反转出料混凝土搅拌机		
锥形倾翻出料式 F（翻）	—	JF	锥形倾翻出料混凝土搅拌机		
	C（齿）	JFC	齿圆锥形倾翻出料混凝土搅拌机		
	M（摩）	JFM	摩擦锥形倾翻出料混凝土搅拌机		
立轴涡浆式 W（涡）	—	JW	立轴涡浆式混凝土搅拌机		
单卧轴式 D（单）	—	JD	单卧轴式混凝土搅拌机		
	Y（液）	JDY	单卧轴式液压上料混凝土搅拌机		
双卧轴式 S（双）	—	JS	双卧轴式混凝土搅拌机		
	Y（液）	JSY	双卧轴式液压上料混凝土搅拌机		

2）人工搅拌时，先将填料和氟硅酸钠混合，过筛两遍后，加入粗细骨料，放在铁板上干拌混合均匀，然后逐渐加入水玻璃湿拌，湿拌不少于 3 次，直至均匀，一般在 5～7 min 内拌制完成。每次拌和量应在 30 min 内用完。

3）改性水玻璃混凝土配制时，应先将改性材料如糠醇单体或糠酮树脂加水玻璃在小搅拌机内搅拌均匀后，直接按上述程序搅拌。

若加木钙及水溶性环氧树脂，应先计算出调整水玻璃密度时所需的总加水量，将木钙溶解后，再与水溶性环氧树脂及水玻璃进行搅拌。

4）拌和好的水玻璃混凝土，严禁加入任何物料，并须在初凝前（一般在加水玻璃起 30 min内）用完。

（3）混凝土浇筑。

1）水玻璃类材料不耐碱，在呈碱性的水泥砂浆或混凝土基层上铺设水玻璃混凝土时，应设置油毡、沥青涂料等隔离层。施工时，应先在隔离层或金属基层上涂刷两道稀胶泥（水玻璃∶氟硅酸钠∶填料＝1∶0.15∶1），两道涂刷之间的间隔时间为 6～12 h。

2）浇筑大面积地面工程时，应作分格处理，分格缝内可嵌入聚氯乙烯胶泥或沥青胶泥。

3）水玻璃耐酸混凝土终凝时间较长，侧压力大，模板应支撑牢固，拼缝严密，表面平整。当池槽的底板与主壁同时施工时，浇筑时宜设封底模板。模板与混凝土接触面应涂以非碱性矿物油脱模剂，钢筋与预埋件必须除锈刷漆。

4）拌和好的水玻璃混凝土应立即浇筑。混凝土的坍落度，采用机械振捣时，不大于 1.0 cm；采用人工振捣时，为 1.0～2.0 cm。混凝土应分层浇筑，每层厚度应不大于 20 mm，并在初凝前振捣密实。耐酸贮槽的浇筑应一次完成，并以一次连续浇筑成型不留施工缝为宜，如必须留施工缝时，须在下次浇筑前将施工缝凿毛，清理干净后涂一层同类型的耐酸稀胶泥，稍干后，再继续浇筑。

5）水玻璃耐酸混凝土的捣实主要采用振动成型见表4－4。

表 4-4　振动机具及适用场合

振动机具	适用场合
振动台	成型耐酸混凝土预制块、构件等
平板振动器	成型耐酸混凝土地面、槽、罐底平面等
附着式振动器	成型整体耐酸混凝土槽罐等设备
插入式振动器	成型侧壁厚度较大的槽罐设备（可与附着式振动器配合使用）

（4）混凝土拆模。

1）混凝土浇筑后，在不同的温度条件下，可以拆模的时间有所不同：在 10℃～15℃时，应不少于 5 d；在 16℃～20℃时，应不少于 3 d；在 21℃～30℃时，应不少于 2 d；在 31℃～35℃时，应不少于 1 d。

2）拆模后，如有蜂窝、麻面、裂纹等缺陷，应将该处混凝土凿去并清理干净，然后，薄涂一层水玻璃胶泥，待稍干后，再用水玻璃胶泥砂浆进行修补。

（5）混凝土养护。耐酸混凝土在成型及养护期间应注意防潮、防冻和防晒。养护温度以 15℃～30℃为宜，一般可采用干热养护，最好有一定湿度，但不允许用蒸汽养护。受冻后的水玻璃，应加热熔化，经过滤后方可使用。

特种混凝土养护温度和湿度的简介

特种混凝土浇捣后，必须保持适当的温度和足够的湿度，使水泥充分水化，以保证混凝土强度的不断发展。一般规定，在自然养护时，对硅酸盐水泥、普通硅酸盐水泥、矿渣硅酸盐水泥配制的混凝土，浇水保湿养护日期不少于7 d；火山灰质硅酸盐水泥、粉煤灰硅酸盐水泥、掺有缓凝型外加剂或有抗渗性要求的混凝土，则不得少于14 d。

（6）混凝土酸化处理。耐酸混凝土硬化后，应进行酸化处理。由于在硬化后，混凝土的内部和表面，常残留一些游离水玻璃，如果不进行酸化处理，它遇水易溶解，致使混凝土密实度降低，影响耐酸、耐水的效果。经酸化处理的水玻璃能转变为硅酸凝胶且填充于混凝土的空隙中，增加了密实度和强度，改善了耐酸、耐水性能。同时，也使有害的氧化钠变成盐类析出，减少碱性腐蚀作用。

2. 硫磺耐酸混凝土施工

（1）施工准备。同水玻璃耐酸混凝土。

（2）混凝土浇筑。

1）浇筑前，先将模板支牢，要求拼缝严密，模板表面刷废机油一遍（施工缝处模板不刷），然后将干燥预热（40℃～60℃）的粗骨料浮铺在模板内，每层厚度不宜超过400 mm，并相隔30～40 cm预先埋入直径50 mm钢管或废瓷管做浇筑口，口底距碎石层底10～20 mm，待粗骨料铺完后，将钢管缓慢抽出，并将预留孔妥加保护，或将瓷管分段埋入作为浇筑孔，浇筑时随时抽出。

2）浇筑时，将刚熬好的硫磺胶泥或砂浆同时向各预留孔的浇筑孔由下而上连续浇筑，不得中断，直至灌入的硫磺胶泥（或砂浆）上升到距碎石层表面约5 mm为止。

3）留下的表面层，待胶泥冷缩并凿除收缩孔中的针状物后，用硫磺胶泥或硫磺砂浆找平。

4）施工应分块进行，每块面积以2～4 m^2为宜，后一块的浇筑工作必须在前一块浇筑的硫磺胶泥冷缩（约2 h）后进行，接槎做成阶梯形。

5）浇筑立面时，垂直缝应互相错开。

6）施工环境温度若低于5℃，施工完后，表面应加覆盖，防止产生裂纹。

7）硫磺耐酸混凝土地面亦可制成预制块，块体底部先浇一层厚约3 mm的硫磺胶泥或硫磺砂浆作为预制块的找平层，然后再按铺设块材方法进行施工。铺好的面层应密实，不得有裂纹、气孔、脱皮、起壳、麻面等现象，用2 m直尺检查，空隙不应大于6 mm。

（3）安全防护措施。施工中要特别注意安全防护。熬制硫磺胶泥和砂浆时会产生有毒气体，熬制地点应设在下风方向，室内熬制时，锅上应有排气罩。熬制硫磺要严格控制温度，防止着火。发现黄烟应立即撤火降温，局部燃烧时，可撒石英粉灭火，工作人员操作要戴口罩、手套等保护用品。

硫磺耐酸混凝土的简介

硫磺耐酸混凝土，是将刚熬制好的硫磺胶泥或砂浆浇筑于耐酸粗骨料中制成。其特点是结构密实、抗渗、耐水、耐稀酸性能好，硬化快、强度高、施工方便，不需养护，故特别适用于抢修工程。但其收缩性大，耐火性差，较脆，不耐磨。硫磺耐酸混凝土常用于浇筑整体地坪面层、设备基础和池槽等。

硫磺耐酸混凝土能耐浓硫酸、盐酸及40%的硝酸，当用石墨或硫酸钡做填料时，可耐氢氟酸和氟硅酸，能耐一般铵盐、氯盐、纯机油及醇类溶剂。但不耐浓硝酸和强碱。不适用于温度高于80℃或冷热交替部位、与明火接触部位或受重物冲击部位。

3. 沥青耐酸混凝土施工

(1) 沥青耐酸混凝土的配制。将沥青碎块加热至160℃～180℃后，搅拌脱水、去渣，使其不再起泡沫，直至沥青升至规定温度时（建筑石油沥青200℃～230℃，普通石油沥青250℃～270℃）为止。当用两种不同软化点的沥青时，应先熔化低软化点的沥青，待其熔融后，再加高软化点的沥青。

沥青耐酸混凝土的简介

沥青耐酸混凝土的特点是整体无缝，有一定弹性，材料来源广，价格低，施工简便，不需养护，冷固后即可使用，能耐中等浓度的无机酸、碱和盐类的腐蚀。缺点是耐热性较差（使用温度不能高于60℃），易老化，强度较低，遇重物易变形，色泽不美观，用于室内影响光线等。

在防腐工程中，沥青耐酸混凝土多用作基础、地坪的垫层或面层。

按施工配合比，将预热至140℃左右的干燥粉料和骨料混合均匀，随即将熬制好并升温至200℃～230℃的沥青逐渐加入，并进行拌和，直至全部粉料和骨料被沥青包匀为止。

拌和温度：当环境温度在5℃以上时为160℃～180℃；当环境温度在－10℃～5℃时为90℃～210℃。

(2) 沥青耐酸混凝土施工要点。

1) 沥青混凝土摊铺前，在已涂有沥青冷底子油的水泥砂浆或混凝土基层上，先涂一层沥青稀胶泥（沥青∶粉料＝100∶30)。一般情况下，沥青混凝土的摊铺温度为150℃～160℃，压实后，温度为110℃；当环境温度在0℃以下时，摊铺温度为170℃～180℃，压实后，温度不低于100℃。摊铺后，应用铁滚压实。为防止铁滚表面粘结，可涂刷防粘液（柴油∶水＝1∶2)。

2) 沥青混凝土应尽量不留施工缝。如工程量大，需留施工缝时，垂直施工缝应留成斜槎，并墩实。继续施工时，应把槎面清理干净，然后覆盖热沥青砂浆或热沥青混凝土进行预热，预热后，将覆盖层除去，涂一层热沥青或沥青稀胶泥后，继续施工。分层施工时，上下层的垂直施工缝要错开，水平施工缝间也应涂一层热沥青或沥青稀胶泥。

3) 细粒式沥青混凝土，每层的压实厚度不宜超过30 mm；中粒式沥青混凝土不应超过60 mm。虚铺厚度应经试压确定。用平板振动器时，一般为压实厚度的1.3倍。

4) 沥青混凝土表层如有起鼓、裂缝、脱落等缺陷，可将缺陷处挖除，清理干净后，涂一层热沥青，然后用沥青砂浆或沥青混凝土趁热填补压实。

三、耐油混凝土施工

耐油（抗油渗）混凝土是在普通混凝土中掺入外加剂氢氧化铁、三氯化铁或三乙醇胺复合剂，经充分搅拌配制而成，具有良好的密实性、抗油渗性能。抗油渗等级可达到P4～P12（抗渗中间体为工业汽油或煤油）。适用于建造贮存轻油类、重油类的油槽、油罐及地坪面层等。

(1) 按配合比称量准确，材料中含水量应在配合比中扣除，外加剂应测定其固体含量和纯度。

(2) 混凝土应用机械拌制，搅拌时间不少于2～3 min，运输应有防离析、分层措施。

(3) 浇筑应分层均匀下料，振捣插点应均匀密实，表面应刮平、压光。

(4) 浇筑完12 h后，表面应覆盖草袋浇水养护不少于14 d，冬期要及时做好保温工作。

(5) 如混凝土结构处于地下，应预先处理好地下水，使混凝土在养护期间不受地下水浸泡。

耐油混凝土对材料要求的简介

(1) 水泥。水泥强度等级为42.5级以上硅酸盐水泥或普通水泥，要求无结块。

(2) 粗细骨料。采用粒径5～40 mm的符合筛分曲线、质地坚硬的碎石，空隙率不大于43%，吸水率小；砂用中砂，平均粒径0.35～0.38 mm，不含泥块杂质。砂石混合后的级配空隙率不大于35%。

(3) 水。一般洁净水。

(4) 外加剂。

1) 氢氧化铁。用1 kg纯三氯化铁溶解于水，再加入0.75 kg纯氢氧化钠（或0.68 kg生石灰）充分中和至pH值为7～8为止，可制得0.66 kg纯氢氧化铁，再用6倍清水分三次清洗沉淀、滤净达到氯化钠含量小于12%制得。

2) 三氯化铁混合剂。三氯化铁溶液掺加含一定量木质素的木糖浆（固体含量为33%～37%）配制而成。三氯化铁溶液配制方法为：将三氯化铁溶于2倍水中，再加入其质量10%的明矾（先溶于5倍水中），徐徐倒入三氯化铁溶液搅匀即成。木糖浆与水按1∶2溶解。使用时三氯化铁与木糖浆分别加入。

四、耐碱混凝土施工

(1) 耐碱混凝土宜用机械搅拌，时间不少于2 min。

(2) 浇筑时必须用振动器仔细捣实，以取得最大密实度。其抗渗等级最少应达到1.5 MPa。因为耐碱混凝土是以高密实度来防止碱性介质的物理或化学侵蚀，所以应按普通高密实度混凝土的施工要求操作。

(3) 要求一次浇筑不留施工缝。楼地面应采用一次找坡抹平、压实、压光。压光工作应在砂浆终凝前完成，禁止铺撒干水泥。

(4) 耐碱混凝土的养护与普通混凝土相同，混凝土应经常处于湿润状态，池壁应挂帘养护，浇水天数不少于14 d。

耐碱混凝土对材料要求的简介

1. 水泥

(1) 应选用硅酸盐水泥或普通硅酸盐水泥；铝酸三钙的含量不应大于9%。

(2) 矿渣硅酸盐水泥虽然耐碱，但泌水性大，密实度难保证，不宜选用。

(3) 火山灰质硅酸盐水泥、粉煤灰硅酸盐水泥不耐碱，不能用。

(4) 水泥。用量不少于300 kg/m³；如加细粉料，水泥与细粉料的总量不小于400 kg/m³；砂率不小于40%。

2. 骨料

(1) 粗骨料应选用石灰岩、白云岩、大理岩等；对碱性不强的腐蚀介质，可以选用花岗岩、辉绿岩、石英岩等。

(2) 骨料粒径视截面尺寸而定，以采用连续级配为好。

(3) 细骨料可选用石英砂或干净无杂质的河砂。

3. 粉状掺和料

粉状掺和料可以提高混凝土的密实度，如需使用，可选磨细的石灰石粉，其细度通过4 900孔/cm^2 的筛余不应大于25%，最大粒径应小于0.15 mm。

五、防水混凝土施工

(1) 防水混凝土施工，尽可能一次浇筑完成，因此，必须根据所选用的机械设备制订周密的施工方案。尤其对于大体积混凝土更应慎重对待，应计算由水化热所能引起的混凝土内部温升，以采取分区浇筑、使用水化热低的水泥或掺外加剂等相应措施；对于圆筒形构筑物，如沉箱、水池、水塔等，应优先采用滑模方案；对于运输通廊等，可按伸缩缝位置划分不同区段，间隔施工。

防水混凝土的简介

防水混凝土，又称抗渗混凝土，是以改进混凝土配合比、掺加外加剂或采用特种水泥等手段提高混凝土密实性、憎水性和抗渗性，使其满足抗渗等级等于或大于P6（抗渗压力0.6 MPa）要求的不透水性混凝土。

1. 防水混凝土的分类

防水混凝土一般分为普通防水混凝土、外加剂防水混凝土和补偿收缩防水混凝土三种。前两种在工程中应用较多。

(1) 普通防水混凝土。普通防水混凝土，是以调整配合比的方法来提高自身密实度和抗渗性的一种混凝土。它是在普通混凝土的基础上发展起来的。它与普通混凝土的不同点：普通混凝土是根据所需的强度进行配制的，在普通混凝土中，石子是骨架，砂填充石子的空隙，水泥浆填充砂的空隙并将骨料粘结在一起；而普通防水混凝土是根据工程所需的抗渗要求配制的，其中，石子的骨架作用减弱，水泥浆除满足填充和粘结作用之外，还要求能在粗骨料周围形成一定厚度的、良好的砂浆包裹层，以提高混凝土的抗渗性。因此，普通防水混凝土与普通混凝土相比，在配合比选择上有所不同，表现为水胶比限制在0.6以内，胶凝材料一般不小于300 kg/m^3，砂率较大，宜为35%～45%。

(2) 外加剂防水混凝土。外加剂防水混凝土是在混凝土拌和物中掺入少量改善混凝土抗渗性能的外加剂，以适应工程防水需要的一系列混凝土。由于普通防水混凝土的水泥用量较多，不经济，因此，工程中广泛使用掺外加剂的方法改善混凝土内部结构，来提高混凝土的抗渗性能。通常使用的外加剂有引气剂、减水剂、防水剂等。

1) 引气剂防水混凝土。是在普通混凝土中掺入微量引气剂配制而成的。这种混凝土具有良好的和易性、抗渗性、抗冻性和耐久性，且具有较好的技术经济效果，国内外应用较普遍。目前，国内常用的是松香热聚物和松香酸钠，此外，还有烷基磺酸钠及烷基苯磺酸钠以及松香皂和氯化钙的复合外加剂。

2）减水剂防水混凝土。以各种减水剂拌制的防水混凝土统称减水剂防水混凝土。减水剂对水泥具有分散作用，可减少混凝土的拌和用水量，从而减少混凝土的孔隙率，增加密实性和提高抗渗性。

3）防水剂（氯化铁）防水混凝土。氯化铁防水混凝土是在混凝土拌和物中加入少量氯化铁防水剂拌制而成的具有高抗渗性、高密实度的混凝土。被大量用于水池、水塔、隧道、油罐等工程。用氯化铁防水剂配制的防水砂浆则广泛用于地下防水工程的砂浆抹面和大面积修补堵漏。但在接触直流电源或预应力混凝土及重要的薄壁结构上不宜使用。

4）早强剂及早强减水剂防水混凝土。用微量早强剂及早强减水剂拌制的混凝土称早强减水剂防水混凝土。早强剂及早强减水剂可提高混凝土的抗渗性，并具有早强、用水量减少的作用。用早强剂及早强减水剂配制的防水混凝土，抗渗效果好，质量稳定，施工方便，特别适用于工期紧，要求早强及抗渗性较高的地下防水工程。采用早强剂及早强减水剂，还可加速模板周转，加快施工进度和提高劳动生产率，因此，已在工程中得到较为广泛的应用。

(3) 膨胀防水混凝土。用膨胀剂配制的防水混凝土，称为膨胀防水混凝土。膨胀剂在水化过程中，形成大量体积增大的钙矾石，产生一定的膨胀能，改善了混凝土的孔结构，使总孔隙率减小，毛细孔径减小，提高了混凝土的抗渗性。同时，它还改变了混凝土的应力状态，使混凝土处于受压状态，提高了混凝土的抗裂性能。

1）施工用补偿收缩混凝土，其性能应满足表4-5的要求。

表4-5 补偿收缩混凝土的性能

项目	限制膨胀率（$\times10^{-4}$）	限制干缩率（$\times10^{-4}$）	抗压强度（MPa）
龄期	水中14 d	水中14 d，空气中28 d	28 d
性能指标	≥2.5	≤3.0	≥30.0

2）膨胀剂的使用目的和适用范围，见表4-6。

表4-6 膨胀剂的使用目的和适用范围

混凝土种类	使用目的	适用范围
补偿收缩混凝土	减少混凝土干缩裂缝，提高抗裂性和抗渗性	基础防水，地下防水，贮罐水池，基础后浇缝，混凝土构件补强、堵漏，预填骨料混凝土，钢筋混凝土，预应力混凝土
填充用膨胀混凝土	提高机械设备、构件的安装质量，加快安装速度	机械设备的底座灌浆，地脚螺栓的灌浆固定，梁柱接头的浇筑，管道接头的填充，防水堵漏
自应力混凝土	提高抗裂性及抗渗性	仅用于常温下的自应力钢筋混凝土压力水管

注：1. 本表适用的膨胀剂有硫铝酸钙类、氧化钙类、氧化钙硫铝酸钙类、氧化镁类等四类。
2. 掺硫铝酸钙膨胀剂的膨胀混凝土，不得用于长期处于环境温度为80℃以上的工程中。

与采用油毡卷材防水相比，防水混凝土具有以下优点：①简化施工，缩短工期，兼有防水和承重两种功能；②节约材料，成本低廉；③渗漏时，容易检查，便于施工修补；④耐久性好。

2. 防水混凝土的适用范围

(1) 防水混凝土适用于水池、水塔等贮水构筑物；江心、河心取水构筑物；沉井、沉箱、水泵房等地下构筑物及一般性地下建筑。并广泛用于干、湿交替作用或冻、融交替作用的工程中，如海港码头、桥墩建筑等。

(2) 防水混凝土结构不宜承受剧烈振动和冲击作用，更不宜直接承受高温作用或侵蚀作用。当结构表面温度超过100℃或混凝土耐蚀系数（混凝土试块分别在侵蚀性介质中与在饮用水中养护6个月的抗折强度比）小于0.8时，必须采取隔热保护措施或防腐蚀措施。

(2) 施工所用水泥、砂、石子等原材料必须符合质量要求。水泥如有受潮、变质或过期现象，不能降格使用。砂、石的含泥量影响混凝土的收缩和抗渗性，因此，限制砂的含泥量在3%以内，石子的含泥量在1%以内。

砂和石子质量要求的简介

1. 砂的质量要求

配制混凝土的砂子，要求颗粒坚硬、洁净，砂中各种有害杂质的含量必须控制在一定范围之内。所谓有害杂质是指黏土、云母片、轻物质、硫化物、硫酸盐及有机质等。

砂中黏土、云母片、轻物质、有机质含量超过允许量，则会降低混凝土的强度；硫化物、硫酸盐含量超过允许值会影响混凝土的耐久性，并引起钢筋的锈蚀。所以砂应采用天然砂，砂的质量要求可参见表4-7。

表4-7　砂的质量要求

项　目		混凝土强度等级		
		C≥60	C55～C30	≤C25
含泥量（按质量计）(%)		≤2.0	≤3.0	≤5.0
泥块含量（按质量计）(%)		≤0.5	≤1.0	≤2.0
有害物质限量	云母含量（按质量计）(%)	≤2.0		
	轻物质含量（按质量计）(%)	≤1.0		
	硫化物及硫酸含量（折算成 SO_3 按质量计）(%)	≤1.0		
	有机质含量（用比色法试验）	颜色不应深于标准色，如深于标准色，则应按水泥胶砂强度试验方法，进行强度对比试验，抗压强度比不应低于0.95		

2. 石子的质量要求

(1) 对针、片状颗粒的限制。所谓针状颗粒是指颗粒的长度大于该颗粒粒级的平均粒径2.4倍的石子；而石子的厚度小于平均粒径的40%时，称为片状石子。平均粒径是指该粒级的上下限粒径的平均值，如5～40 mm，其平均粒径为22.5 mm。由于针、片状石子在混凝土骨料结合中不利于配合，所以根据混凝土强度的高低，含量有所限制。碎石或卵石中针、片状颗粒含量应符合表4-8的规定。

表 4-8　石中针、片状颗粒含量

混凝土强度等级	C≥60	C55～C30	≤C25
针、片状颗粒含量（按质量计）(%)	≤8	≤15	≤25

（2）碎石或卵石中含泥量、泥块含量限值应符合表 4-9 的规定。

表 4-9　石中含泥量、泥块含量限值

混凝土强度等级	C≥60	C55～C30	≤C25
含泥量（按质量计）(%)	≤0.5	≤1.0	≤2.0
泥块含量（按质量计）(%)	≤0.2	≤0.5	≤0.7

（3）对有害物质含量的限制 碎石或卵石中有害物质含量限值应符合表 4-10 的规定。

表 4-10　石中有害物质含量限值

项　　目	质量指标
硫化物及硫酸盐含量（折算成 SO_3，按重量计）(%)	≤1.0
卵石中有机质含量（用比色法试验）	颜色应不深于标准色，如深于标准色，则应配制成混凝土进行强度对比试验，抗压强度比应不低于 0.95

（4）对无定形二氧化硅含量的限制。当怀疑碎石或卵石中因含有无定形二氧化硅而可能引起碱—骨料反应时，应根据混凝土结构或构件的使用条件，进行专门试验，以确定是否可用。

（3）防水混凝土工程的模板要求严密不漏浆，内外模之间不得用螺栓或钢丝穿透，以免造成透水通路。

（4）钢筋骨架不能用铁钉或钢丝固定在模板上，必须用相同配合比的细石混凝土或砂浆制作垫层，以确保钢筋保护层厚度。防水混凝土的保护层不允许有负误差。此外，若混凝土配有上、下两排钢筋时，最好用吊挂方法固定上排钢筋，若不可能而必须采用铁马架时，则铁马架应在施工过程中及时取掉，否则，就需在铁马架上加焊止水钢板，以增加阻水能力，防止地下水沿铁马架渗入。

（5）为保证防水混凝土的均匀性，其搅拌时间应较普通混凝土稍长，尤其是对于引气剂防水混凝土，要求搅拌 2～3 min。外加剂防水混凝土所使用的各种外加剂，都需预溶成较稀溶液加入搅拌机内，严禁将外加剂干粉和高浓度溶液直接加入搅拌机，以防外加剂或气泡集中，影响混凝土的质量。引气剂防水混凝土还需按时抽查其含气量。

引气剂和防水剂的简介

1. 引气剂

引气剂是在混凝土搅拌过程中能引入大量分布均匀的微小气泡，可减少混凝土拌和物泌水离析，改善和易性，并能显著提高硬化混凝土抗冻融耐久性的外加剂。引气剂主要品种有松香树脂类，如松香热聚物、松香皂等；烷基苯磺酸盐类，如烷基苯磺酸盐、烷基苯酚聚氧乙烯醚等；脂肪醇磺酸盐类，如脂肪醇聚氧乙烯醚、脂肪酸聚氧乙烯磺酸钠等；其他，如蛋白质盐、石油磺酸盐。

引气减水剂主要品种有：改性木质素磺酸盐类；烷基芳香基磺酸盐类，如萘磺酸盐甲醛缩合物；由各类引气剂与减水剂组成的复合剂。

引气剂及引气减水剂，可用于抗冻混凝土、防渗混凝土、抗硫酸盐混凝土、泌水严重的混凝土、贫混凝土、轻骨料混凝土以及对饰面有要求的混凝土。

引气剂不宜用于蒸养混凝土及预应力混凝土。抗冻性要求高的混凝土，必须掺用引气剂或引气减水剂，其掺量应根据混凝土的含气量要求，通过试验加以确定。掺引气剂及引气减水剂混凝土的含气量，不宜超过表4-11的规定。

表4-11　掺引气剂或引气减水剂混凝土的含气量

粗骨料最大粒径（mm）	混凝土的含气量（%）	粗骨料最大粒径（mm）	混凝土的含气量（%）
10	7.0	40	4.5
15	6.0	50	4.0
20	5.5	80	3.5
25	5.0	100	3.0

2. 防水剂

（1）防水剂的主要功能。

1）防水剂本身或同水泥反应生成的微细颗粒，填充到混凝土的空隙中去。

2）防水剂本身或可生成憎水性物质，同样填充到混凝土的空隙中。

3）改善混凝土的和易性，使其减少用水量。

4）促进水化。

（2）防水剂的适用范围。

1）防水剂可用于工业与民用建筑的屋面、地下室、隧道、巷道、给水排水池、水泵站等有防水抗渗要求的混凝土工程。

2）含氯盐的防水剂不得用于钢筋混凝土工程。

（6）光滑的混凝土泛浆面层，对防止压力水渗透有一定作用，所以模板面要光滑，钢模板要及时清除模板上的水泥浆。

（7）为保证混凝土的抗渗性，防水混凝土不允许用人工捣实，必须用机械振捣。振捣要仔细。对于引气剂防水混凝土和减水剂防水混凝土，宜用高频振动器排除大气泡，以提高混凝土的抗渗性和抗冻性。

（8）施工缝应尽可能不留或少留。如因浇筑设备等条件限制不能连续进行浇筑时，则可按变形缝划分浇筑段。每一浇筑段应争取一次浇筑完毕。如确有困难，则底板必须连接浇筑完，墙板可留设水平施工缝，不得留设垂直施工缝，如必须留设垂直施工缝时，应尽量与变形缝相结合，按变形缝处理。水平缝位置应避开剪力和弯矩最大处或底板与侧墙交接处，而应留在距底板表面200 mm以上，如图4-2所示，距离墙孔洞边缘不小于300 mm。并采取相应措施，做到接缝处不渗不漏。

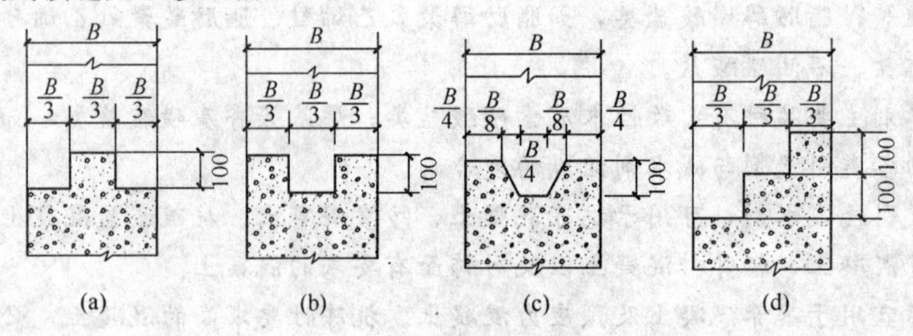

图 4-2 施工缝留设距离

防水混凝土工程常用的施工缝有平口、企口和竖插钢板止水片等几种形式。为了使接缝紧密结合，无论采用哪种接缝形式，浇筑前均需将接缝表面凿毛，清理浮粒和杂质，用水清洗干净并保持持湿润，再铺上 20～25 mm 厚的砂浆，所用材料和灰砂比应与浇筑墙体混凝土所用的一致，捣实后再继续浇筑上部墙体。

(9) 在厚度大于 1 m 的少筋防水混凝土结构中，可填充粒径为 150～250 mm 的块石，其掺加量不应超过混凝土体积的 20%，块石必须分层直立埋置，间距不小于 150 mm，与模板的间距不小于 200 mm，并使结构顶面及底面均有 150 mm 以上的混凝土层。

(10) 防水混凝土必须振捣密实，采用机械振捣时，插入式振动器插入间距不应超过有效半径 1.5 倍，要注意避免欠振、漏振和过振，在施工缝和埋设件部位尤需注意振捣密实。要注意避免振动器触及模板、止水带及埋设件等。

(11) 防水混凝土的养护对其抗渗性能影响极大，混凝土早期脱水或养护过程中缺少必要的水分和温度，则抗渗性大幅度降低，甚至完全丧失。因此，当混凝土进入终凝（浇筑后 4～6 h）即应开始浇水养护，养护时间不少于 14 d。防水混凝土不宜采用蒸汽养护，冬期施工时可采取保温措施。

(12) 防水混凝土因对养护要求较严，因此不宜过早拆模，拆模时混凝土表面温度与周围气温温差不得超过 15℃～20℃，以防混凝土表面出现裂缝。

第五章　泵送混凝土施工

第一节　混凝土的拌制和运输

一、混凝土的拌制

泵送混凝土的拌制，在各种材料的计量精度、搅拌延续时间等方面与普通混凝土相同。但对泵送混凝土所用的骨料粒径和级配应严格控制，防止骨料中混入粒径过大的颗粒和异物。当使用具有吸水性的骨料时，应事先进行充分吸水，预吸水量由试验确定。

二、混凝土的运输

1. 搅拌运输车需用数量的确定

混凝土输送泵连续泵送时，所需配备混凝土搅拌运输车的数量可按下式确定：

$$N_1=\frac{Q_1}{60V_1\eta_v}\left(\frac{60L_1}{S_0}+T_1\right)$$

式中　N_1——混凝土搅拌运输车台数，按计算结果取整数，小数点以后的部分应进位；

Q_1——每台混凝土泵的实际平均输出量（m^3/h）；

V_1——每台混凝土搅拌运输车容量（m^3）；

η_v——搅拌运输车容量折减系数，可取0.90～0.95；

S_0——混凝土搅拌运输车平均行车速度（km/h）；

L_1——混凝土搅拌运输车往返距离（km）；

T_1——每台混凝土搅拌运输车总计停歇时间（min）。

2. 现场道路要求

（1）混凝土搅拌运输车行车的线路宜设置成环行车道，并应满足重车行驶的要求。

（2）车辆出入口处，宜设置交通安全指挥人员。

（3）夜间施工时，在交通出入口的运输道路上，应有良好照明。危险区域，应设警戒标志。

3. 泵送混凝土的运输

（1）混凝土的运送时间是指混凝土由搅拌机卸入运输车开始至该运输车开始卸料为止。具体运送时间应满足合同规定，若合同未作规定，可按表5-1执行。

（2）混凝土输送管最小内径要求，见表5-2。

（3）混凝土在运输、输送和浇筑过程中，不得加水。

表5-1　泵送混凝土运输延续时间

温度	采用搅拌运输车运送	采用翻斗车运送
≥25℃	1.5 h	1 h
<25℃	2 h	1.5 h

表 5-2 泵送混凝土输送管最小内径要求

粗骨料最大粒径（mm）	输送管最小内径（mm）
25	125
40	150

4. 喂料要求

（1）喂料前，应用中、高速旋转拌筒，使混凝土拌和均匀，避免出料的混凝土的分层离析。

（2）喂料时，反转卸料应配合泵送均匀进行，且应使混凝土保持在骨料斗内高度标志线以上。

（3）暂时中断泵送作业时，应使拌筒低转速搅拌混凝土。

（4）混凝土泵进料斗上，应安置网筛并设专人监视喂料，以防粒径过大的骨料或异物进入混凝土泵造成堵塞。

（5）使用混凝土泵输送混凝土时，严禁将质量不符合泵送要求的混凝土入泵。混凝土搅拌运输车喂料完毕后，应及时清洗拌筒并排净积水。

5. 注意事项

泵送混凝土运输车辆的调配，应保证混凝土输送泵泵送时混凝土供应不中断，并且应使混凝土运输车辆的停歇时间最短。运输车装料前，要排净滚筒中多余洗润水，并且运输过程不得随意增加水。为保证混凝土的均质性，搅拌运输车在卸料前应先高速运转20～30 s，然后反转卸料。连续泵送时，先后两台混凝土搅拌运输车的卸料，应有 5 min 的搭接时间。

第二节 混凝土泵送及浇筑

一、施工准备

（1）输送泵在泵送混凝土时，有脉冲式振动。为防止泵体因振动引起滑移，施工中无论采用什么形式的混凝土输送泵，都应设置在坚实的平地上，并进行适当的固定。

（2）操作人员除要做好与机械有关的准备工作外，还应做好直接与混凝土泵送有关的准备工作，如检查受料斗与输送管，清除堵塞物；对泵体与混凝土直接接触的部位、泵室、受料斗、管路等用水洗净或湿润。

（3）为防止初次泵送时混凝土配合比的改变，在正式泵送前应用砂浆或水泥进行预泵送，以润滑泵和输送管内壁。润滑用的水泥浆和砂浆的配合比按表 5-3 选用，也可根据输送管的管径，按表 5-4 配制水泥浆。

表 5-3 润滑用水泥浆和砂浆配合比

<table>
<tr><th rowspan="2">输送管长度（m）</th><th rowspan="2">水（L）</th><th colspan="2">水泥浆</th><th colspan="2">水泥砂浆</th></tr>
<tr><th>水泥用量（kg）</th><th>稠度</th><th>水泥用量（kg）</th><th>配合比（水泥：砂）</th></tr>
<tr><td><100</td><td>30</td><td>100</td><td>—</td><td>0.5</td><td>1∶2</td></tr>
</table>

续上表

输送管长度（m）	水（L）	水泥浆		水泥砂浆	
		水泥用量（kg）	稠度	水泥用量（kg）	配合比（水泥：砂）
100～200	30	100	粥状	1.0	1：1
＞200	30	100	粥状	1.0	1：1

表 5-4　输送管内壁水泥浆附着量

输送管管径（mm）	每 1 m 管壁附着水泥浆量（g）	每 10 m 管所需水泥浆量（kg）
100	400	4
125	500	5
150	600	6
175	700	7

二、试　　泵

(1) 混凝土泵的操作是一项专业技术工作，安全使用及操作应严格执行使用说明书和其他有关规定。同时应根据使用说明书制订专门操作要点。操作人员必须经过专门培训合格后，方可上岗独立操作。

(2) 在安置混凝土泵时，应根据要求将其支腿完全伸出，并插好安全销，在场地较软时应采取措施在支腿下垫枕木等，以防混凝土泵的移动或倾翻。

(3) 在正式泵送前进行试泵送，启动泵机的程序：启动料斗搅拌叶片→将润滑浆（水泥素浆）注入料斗→打开截止阀→开动混凝土泵→将润滑浆泵送到输送管道→然后再经料斗装入混凝土进行试泵送。

(4) 在泵送时，施工人员要时刻注意泵车各项仪表指示，如液压油的工作压力、工作温度和仪表上的“超载”指示灯，如果仪表上“超载”指示灯亮，就要把泵的输出量调向“减”的方向，如果油温超过 60%，就要打开冷却器冷却，并检查是否有故障，及时排除。

另外，还要注意料斗的充盈情况，不允许出现完全泵空现象，以免空气进入泵内，使活塞出现干磨状态。时刻要注意水箱中水位、液压系统密封性，拧紧有泄漏的接头。

三、混凝土的泵送

混凝土输送泵的操作方法是否正确，不仅直接影响混凝土的泵送，而且也影响混凝土输送泵的使用寿命。所以，泵送混凝土时，混凝土输送泵的操作应注意以下几点：

(1) 开始泵送时，混凝土泵应处于慢速、匀速并随时可能反泵的状态。泵送的速度应先慢后快，逐步加速。同时，应观察混凝土泵的压力和各系统的工作情况，待各系统运转顺利后，再按正常速度进行泵送。混凝土泵送应连续进行。如必须中断时，其中断时间不得超过混凝土从搅拌至浇筑完毕所允许的延续时间。

(2) 混凝土的泵送要连续进行，尽量避免泵送中断。混凝土在输送管连续泵送时处于运动状态，匀质性好；泵送中断时，输送管内混凝土处于静止状态，混凝土就会泌水，混凝土中的骨料也会按密度不同而下沉分层，停歇时间愈长，愈容易使混凝土离析，还可能引起输送管路的堵塞。所以泵送混凝土时，宁可降低泵送速度，也要保证泵送的连续进行。但慢速泵送时，应保证混凝土从搅拌出机至浇筑的时间不超过 1.5 h。

如果由于技术或组织上的原因，迫使混凝土泵停车，则应每隔数分钟开泵一次；如果泵送时间超过 45 min，或混凝土出现离析现象，应及时用压力水或其他方法冲洗输送管，去除管内残留的混凝土。

（3）混凝土泵送过程中，有计划的停歇应事先确定中断浇筑的位置。中断浇筑的位置必须是允许留置施工缝的位置。一般情况下，停歇的时间不宜超过 1 h。并且，在停歇时间内，为防止混凝土在输送管内离析，应作间歇推动。尤其在夏季高温季节浇筑、冬季低温季节浇筑或混凝土的析水量较多以及泵送困难时，更要特别注意进行间歇推动，每 4～5 min 应进行不少于四次正反推动。

（4）在混凝土泵送过程中，如果需要接长输送管长于 3 m 时，应按照前述要求仍应预先用水和水泥浆或水泥砂浆，进行湿润和润滑管道内壁。混凝土泵送中，不得把拆下的输送管内的混凝土撒落在未浇筑的地方。

（5）泵送时，应使料斗内持续保持一定量的混凝土，如料斗内剩余的混凝土降低到 20 cm以下，则易吸入空气，致使转换开关阀间造成混凝土逆流，形成堵塞，因此需将泵机反转，把混凝土退回料斗，除去空气后再正转泵送。

（6）在泵送时，应每 2 h 换一次水洗槽里的水，并检查泵缸的行程，如有变化应及时调整。活塞的行程可根据力学性能按需要予以确定。为了减少缸内壁不均匀磨损和闸阀磨损，一般以开动长行程为宜。只有在启动和混凝土坍落度较小时，才使用短行程泵送混凝土。

（7）垂直向上输送混凝土时，由于水锤作用，使混凝土产生逆流，输送效率下降，这种现象随着垂直高度的增加更明显。为此应在泵机与垂直管之间设置一段 10～15 m 的水平管，以抵消混凝土下坠冲力影响。

水平管铺设及垂直管位置的简介

1. 水平管铺设

楼下地面水平管，选用特制固定卡具，在管道连接处固定牢固，如图5—1所示。

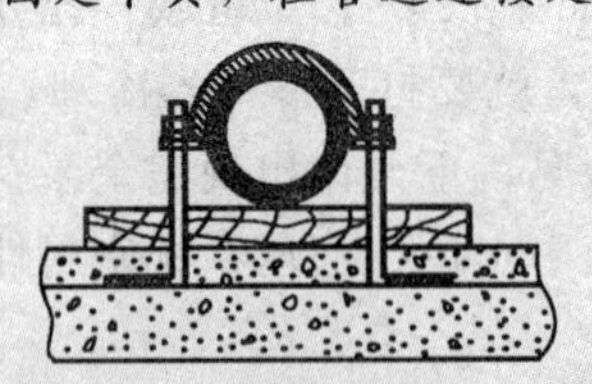

图 5-1　水平管铺设

弯管一般采用半径大的弯管。楼上水平管可放在钢筋网片上，但下部要垫 10 cm×10 cm方木，并绑牢，以防止输送管在泵送中前后左右移动；浇捣移动方向与泵送方向相反。

2. 垂直管位置

垂直管必须与建筑物固定牢固，如钢结构工程，垂直管可走电梯井内，用 20 号槽钢与钢桩焊接，每层加固一点，每隔 5 层用钢丝绳把立管吊起来与楼层加固，以减轻垂直管过大的受力。地面水平管与主管交接处 90°弯管受冲击最大，必须牢固固定，如图 5-2、图 5-3所示。

在向高层建筑泵送混凝土时，为防止泵送中断而产生由于混凝土自重所引起的反向压力，必须安装逆止阀。

图 5-2 垂直管固定

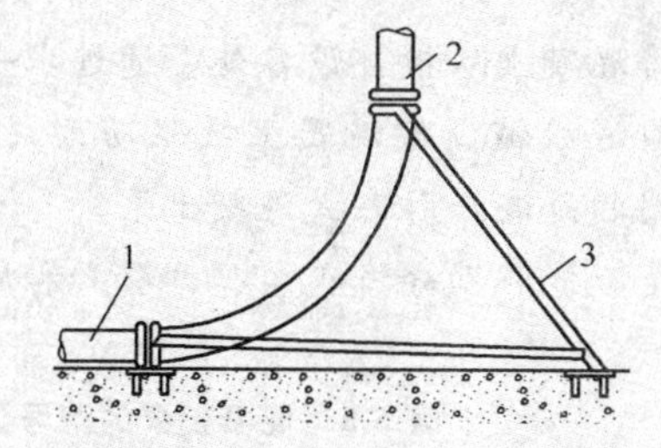

图 5-3 水平管与垂直管交接处的固定

1—水平管；2—垂直管；3—钢支架

(8) 当混凝土泵出现压力升高且不稳定、油温升高、输送管有明显振动等现象而泵送困难时，不得强行泵送，并应立即查明原因，采取措施排除。一般可先用木槌敲击输送管弯管、锥形管等部位，并进行慢速泵送或反泵，防止堵塞。当输送管被堵塞时，应采取下列方法排除。

1) 反复进行反泵和正泵，逐步吸出混凝土至料斗中，重新搅拌后再进行泵送。

2) 可用木槌敲击等方法，查明堵塞部位，若确实查明了堵管部位，可在管外击松混凝土后，重复进行反泵和正泵，排除堵塞。

3) 当上述两种方法无效时，应在混凝土卸压后，拆除堵塞部位的输送管，排出混凝土堵塞物后，再接通管道。重新泵送前，应先排除管内空气，拧紧接头。

(9) 泵送时，应随时观察泵送效果，若喷出混凝土像一根柔软的柱子，直径微微放粗，石子不露出，更不散开，证明泵送效果尚佳；若喷出一半就散开，说明和易性不好；喷到地面时砂浆飞溅严重，说明坍落度应再小些。

(10) 在高温条件下施工，应在水平输送管上覆盖两层湿草帘，以防止直接日照，并要求每隔一定时间洒水润湿，这样能使管道内的混凝土不至于吸收大量热量而失水，导致管道堵塞，影响泵送。

(11) 在混凝土泵送过程中，如经常发生泵送困难或输送管路堵塞时，施工管理人员应检查混凝土的配合比、和易性、匀质性以及配管方法、泵送操作方法是否妥当，如有问题，应及时解决，当然，这也不能排除其他原因引起的堵塞。

(12) 混凝土泵送接近结束时，应计算还需多少数量的混凝土，协调供需关系，避免停工待料或多余混凝土的浪费。

(13) 泵送过程中被废弃的和泵送终止时多余的混凝土，应按预先确定的处理方法和场所及时进行妥善处理。

(14) 泵送完毕，应将混凝土泵和输送管清洗干净。在排除堵物，重新泵送或清洗混凝土泵时，布料设备的出口应朝安全方向，以防堵塞物或废浆高速飞出伤人。

(15) 当多台混凝土泵同时泵送施工或与其他输送方法组合输送混凝土时，应预先规定各自的输送能力、浇筑区域和浇筑顺序，并应分工明确、互相配合、统一指挥。

四、泵送混凝土的浇筑

泵送混凝土的浇筑应根据工程结构特点、平面几何尺寸、混凝土供应和泵送设备能力、劳动力和管理能力，以及周围场地大小等条件，预先划分好混凝土浇筑区域。

泵送设备的简介

1. 混凝土泵

混凝土泵是将混凝土从搅拌设备处，通过水平或垂直管道，连续不断地泵送到浇筑地点的一种混凝土输送机械。按混凝土泵驱动方式可分为挤压式混凝土泵、柱塞式混凝土泵。目前一般采用的是液压柱塞式混凝土泵。

混凝土泵按是否能移动分汽车式、牵引式和固定式三种，其型号分类及表示方法，见表 5-5。

表 5-5　混凝土泵的型号分类及表示方法

设备	型号	特性	代号	代号含义	主参数	
					名称	单位
混凝土泵 HB（混泵）	固定式 G（固） 拖式 T（拖） 车载式 C（车）	— — —	HBG HBT HBC	固定式混凝土泵 拖式混凝土泵 车载式混凝土泵	理论输送量	m^3/h
臂架混凝土泵车 BC（泵车）	整体式 半挂式 B（半） 全挂式 Q（全）	— — —	BC BCB BCQ	整体式臂架混凝土泵车 半挂式臂架混凝土泵车 全挂式臂架混凝土泵车	理论输送量，布料高度	m^3/h，m

2. 混凝土泵车

为提高混凝土泵的机动性和灵活性，在混凝土泵的基础上，将液压活塞式混凝土泵固定安装在汽车底盘上，使用时开至需要施工的地点，进行混凝土泵送作业，称为泵车或混凝土泵车。一般情况下，此种泵车都附带装有全回转三段折叠臂架式的布料杆。整个泵车主要由混凝土推送机构、分配闸阀机构、料斗搅拌装置、悬臂布料装置、操作系统、清洗系统、传动系统、汽车底盘等部分组成。这种泵车使用方便，适用范围广，它既可以利用工地配置装接的管道将混凝土输送到较远、较高的浇筑部位，也可以发挥随车附带的布料杆的作用，把混凝土直接输送到需要浇筑的地点。

施工时，现场规划要合理布置混凝土泵车的安放位置。一般混凝土泵应尽量靠近浇筑地点，并要满足两台混凝土搅拌输送车能同时就位，使混凝土泵能不间断地得到混凝土供应，进行连续泵送，以充分发挥混凝土泵的有效能力。

1. 混凝土的浇筑顺序

(1) 当采用输送管输送混凝土时，应由远而近浇筑。

(2) 同一区域的混凝土，应按先竖向结构后水平结构的顺序，分层连续浇筑。

(3) 当不允许留施工缝时，区域之间、上下层之间的混凝土浇筑间歇时间，不得超过混凝土初凝时间。

(4) 当下层混凝土初凝后，浇筑上层混凝土时，应先按留施工缝的规定处理。

2. 混凝土的布料方法

(1) 在浇筑竖向结构混凝土时，布料设备的出口离模板内侧面不应小于 50 mm，且不得向模板内侧面直冲布料，也不得直冲钢筋骨架。

（2）浇筑水平结构混凝土时，不得在同一处连续布料，应在2～3 m范围内水平移动布料，且宜垂直于模板布料。

3. 混凝土浇筑分层厚度

分层厚度宜为300～500 mm。当水平结构的混凝土浇筑厚度超过500 mm时，可按（1∶6）～（1∶10）坡度分层浇筑，且上层混凝土应超前覆盖下层混凝土500 mm以上。

4. 振捣

（1）振捣泵送混凝土时，振动棒移动间距宜为400 mm左右，振捣时间宜为15～30 s，且隔20～30 min后，进行第二次复振。

（2）对于有预留洞、预埋件和钢筋太密的部位，应预先制订技术措施，确保顺利布料和振捣密实。在浇筑混凝土时，应经常观察，当发现混凝土有不密实等现象，应立即采取措予以纠正。

5. 表面处理

水平结构的混凝土表面，应适时用木抹子磨平搓毛两遍以上。必要时，还应先用铁滚筒压两遍以上，以防止产生收缩裂缝。

五、混凝土输送泵及管道的清洗

混凝土泵送完毕后，输送管道应及时用水清洗，对带有布料杆的混凝土输送泵可采用压力水或压缩空气清洗。一般用压力水清洗较为方便。清洗时，应注意下列事项：

（1）首先装入水洗辅助物（海绵球等），水洗辅助物与混凝土之间不得留有空隙。

（2）清洗水不得掺入混凝土内，否则，未经适当处理前不得使用。

（3）应采取排水措施，防止清水流入混凝土或模板内。

（4）清洗时，操作人员必须离开出料口，安全距离半径为5 m。

第三节　质量与安全措施

（1）泵送混凝土宜用搅拌运输车运输，混凝土搅拌运输车出料前，应以12 r/min左右速度转动1 min，然后反转出料，保证混凝土拌和物的均匀。

（2）在混凝土运送过程中，要求混凝土从搅拌后90 min内泵送完毕，气温较低时可以适当延长。

（3）混凝土搅拌运输车卸料时，先低速出一点料，观察质量，如大石子夹着水泥浆先流出，说明发生沉淀，应立即停止出料，再顺转搅拌2～3 min，方可出料。

（4）泵送开始时，要注意泵机和管道的情况，一旦发现问题，随时处理。

（5）如遇混凝土泵运转不正常或混凝土供应脱节，可放慢泵送速度，或每隔4～5 min使泵正、反转两个冲程，防止管路中混凝土阻塞。同时开动料斗中搅拌器，搅拌3～4转，防止混凝土离析。

（6）泵送混凝土时，应使料斗内保持足够的混凝土。

（7）严禁向混凝土料斗内加水，但允许向搅拌运输车内加入与混凝土相同水胶比的砂浆，经充分搅拌后卸入料斗。对坍落度偏差过大，品质变坏的混凝土，不能卸入料斗。

（8）夏期施工时，对输送管道要用草帘覆盖，并加水湿润，防止形成阻塞；冬期施工时，要对管道覆盖保暖，避免混凝土在管内受冻。

(9) 送结束后，应立即清洗泵机和输送管，清洗后的水不得排入所浇筑的混凝土内。

(10) 应严格按混凝土配合比采用自动计量装置配料。应派专人做试块，加强试块养护管理工作。

(11) 泵送混凝土施工安全措施见表5-6。

表5-6　泵送混凝土施工安全措施

序号	项目	内　容
1	泵司机	必须经过严格培训，并经考试取得合格证后才能上岗操作
2	安全要求	严格执行施工现场安全操作规程，施工前要安全交底，施工中要安全检查
3	泵机就位	混凝土泵机支设要保持水平，泵机基础坚固可靠，无塌方，泵机就位后不要移动，防止偏移造成翻车
4	布料杆的使用	布料杆工作时风力应小于8级，风力大于8级时应停工；布料杆采用风洗时，管端附近不许站人，以防混凝土残渣伤人
5	输送管道	混凝土泵机出口处管道压力较大，管道由于磨损易发生爆裂事故，应经常检查；输送管道内有压力时，接头部分严禁拆卸，因拆卸时容易伤人，应先反泵回吸，再拆卸

第四节　泵送混凝土施工常见质量问题及防治

泵送混凝土施工常见质量问题及防治措施，见表5-7。

表5-7　泵送混凝土施工常见质量问题及防治措施

表现	原因分析	防治措施
蜂窝麻面	(1) 模板漏浆。 (2) 布料不匀。 (3) 高落差下料。 (4) 气泡。 (5) 局部积水和砂浆堆积	(1) 模板拼缝必须严密，木模在浇筑混凝土前应浇水焖透。钢模在拼缝处应贴胶条密封。 (2) 合理组织操作人员，确保布料均匀。 (3) 布料死角区，采用人工二次倒运，严禁采用振捣棒赶布料摊平混凝土。 (4) 认真限制落料高度，可在适当高度预留下料和振捣口
胀模及支撑系统失稳	泵送大坍落度混凝土，浇筑速度快，如模板刚度不够，支撑不牢，会出现鼓肚、变形爆开等事故	(1) 应采取分层浇筑，严禁集中浇筑。 (2) 根据浇筑计划，必须突击施工，应预先加固模板。 (3) 输送管道严禁靠近支撑，防止泵管脉冲振动造成支架倒塌。 (4) 竖向模板，应做侧压力计算，确保模板和支撑的安全度

续上表

表现	原因分析	防治措施
混凝土质量波动	(1) 商品混凝土施工现场任意加水。 (2) 在浇筑柱、墙、梁时，在模板上残留很多混凝土未清理，浇筑楼板时易出质量事故。 (3) 泵送开始和结束时压力水或压力砂浆积存在混凝土中，影响强度	(1) 加强混凝土施工各环节的管理。 (2) 做到坍落度波动范围小于 2 cm。 (3) 现场严禁对混凝土随便加水。 (4) 对残存的混凝土，不准放入新浇筑的混凝土中
混凝土接槎不良	(1) 模板漏浆，造成新旧混凝土接槎烂脖子。 (2) 输送管道堵塞时间过长，造成混凝土冷接头	(1) 新旧混凝土接槎处模板要求支撑牢固，接合严密。 (2) 从混凝土配合比、配管、操作技术和管理上找泵送混凝土堵管故障，研究改进措施。 (3) 控制混凝土浇筑时间，可掺入缓凝剂，延长初凝时间
碰动钢筋和埋件，造成位移	泵送人员踩钢筋和预埋件	设备管支架和铺设临时马道，预防脚踩和钢筋位移
预留孔洞坍陷变形	(1) 泵送混凝土坍落度大。 (2) 掺缓凝剂和粉煤灰，混凝土早期强度低	(1) 合理控制拆模时间。 (2) 应根据混凝土试验强度要求拆模
裂缝	(1) 泵送混凝土坍落度大，水泥用量和用水量多，容易产生收缩裂缝。 (2) 混凝土温度裂缝	(1) 控制混凝土入模温度和水分蒸发速度，注意加强养护。 (2) 大体积混凝土，混凝土内部与表面、表面与环境的温度差均应小于25℃。措施是控制入模温度，加强保温养护，控制降温速度

第六章　构筑物混凝土施工

第一节　筒仓混凝土施工

一、混凝土施工方法

1. 支模浇筑混凝土施工

(1) 铺砂浆。筒壁浇筑混凝土前，应在底板上均匀浇筑 5～10 cm 厚与筒壁相同强度等级的减石子砂浆。砂浆应用铁锹入模，不应用料斗直接入模内。

(2) 混凝土搅拌。加料时，按先石子，其次水泥、砂，最后加水的顺序倒入斗中。各种材料应计量准确，严格控制坍落度，搅拌时间不得少于 1 min。雨季时，应测定砂石含水量，保证水胶比准确。

(3) 分层浇筑。浇筑混凝土应分层进行，第一层浇筑厚度为 50 cm，然后均匀振捣。最上一层混凝土应适当降低水胶比，坍落度以3 cm为宜。浇筑时应及时清理落地混凝土。

(4) 洞口处浇筑。混凝土应从洞口正中下料，使洞口两侧混凝土高度一致，振捣时，振捣棒应距洞口30 cm以上，最好采取两侧同时振捣，以防洞口变形。

(5) 壁柱浇筑。先将振捣棒插放到柱根部并使其振动，再灌入混凝土，边下料边振捣，连续作业，浇筑到顶。

(6) 筒壁混凝土振捣。振捣棒移动间距一般应小于 50 cm，要振捣密实，以不冒气泡为宜。要注意不碰撞各种埋件，并注意保护空腔防水构造，各有关专业工种应相互配合。

(7) 拆模强度及养护。常温下混凝土强度大于 1 MPa，冬季施工时大于 5 MPa 时即可拆模。若有可靠冬期施工措施保证混凝土达到 5 MPa 以前不受冻时，可于强度达到 4 MPa 时拆模，并及时修整壁柱边角和壁面。常温施工时，浇水养护不少于 3 d，每天浇水次数以保持混凝土具有足够的湿润状态为宜。

2. 滑模混凝土施工

(1) 施工准备。

1) 确定混凝土的垂直、水平运输方式和现场平面布置，如图 6-1 所示。

2) 施工的机具、材料、设备的准备，施工前都要做周密的检查和检修。

3) 对钢模板、油管、千斤顶要清洗和修整，并做空滑试验。

4) 对操作人员及有关人员进行技术交底。

(2) 施工要点。

1) 混凝土浇筑要点。

①筒仓滑模施工混凝土浇筑应分层布料、分层振捣，水平上升，每次浇筑高度为 300 mm。

②混凝土的浇筑方向、振捣方法同筒仓移置模板法施工。

③模板安装完，第一次浇筑混凝土，当浇筑到模板的2/3高度时，即应进行试滑升。先滑升 1～2 个行程，滑升 30～60 mm高。混凝土出模强度达到 0.1～0.3 MPa，即可正常滑升。

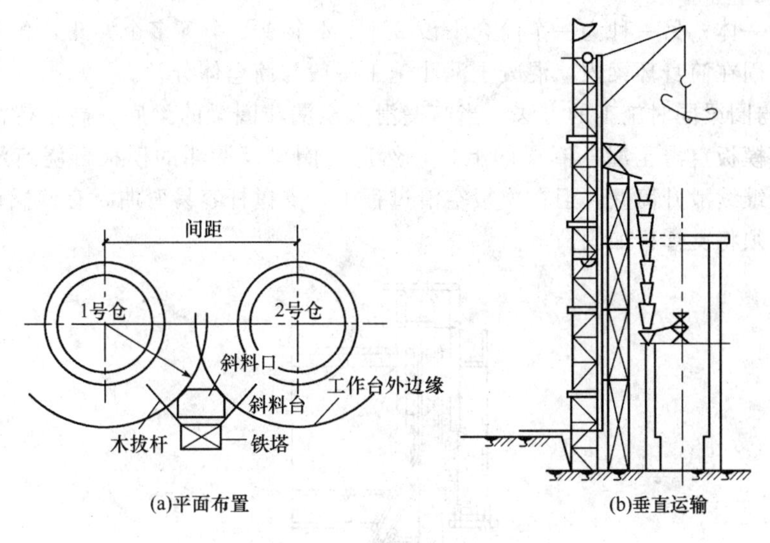

图 6-1　混凝土运送平面布置与垂直运输

筒仓结构的简介

筒仓结构一般由基础、仓体下支撑结构（筒壁或柱）、仓体底部漏斗、顶部的顶板及附属楼梯间、仓顶操纵室等组成。筒仓平面形状有圆形、矩形，以圆形筒仓为多。筒仓的高度较高，一般为 15～45 m，特殊的大型贮仓，高度更高一些。圆形筒仓直径为 10～20 m，筒壁厚度为 250～350 mm，筒壁配置的环状钢筋为主要受力钢筋。仓体底部漏斗有混凝土漏斗与钢板漏斗加内衬板。仓顶板为梁板结构或肋形梁板结构。筒仓多为独立构筑物，与主体建筑可分开施工。筒仓通过上料皮带通廊实现生产流程连接。适宜钢管竖井架、移置模板法（亦称“倒模法”）施工。

2）钢筋绑扎要点。

①钢筋绑扎与混凝土浇筑交替进行。钢筋绑扎时，环形钢筋应先绑扎。环向钢筋接头应错开。

②竖向钢筋接头应错开，同一高度截面接头数量应少于全部接头数量的 50%。

③环向钢筋为主要受力钢筋，接头宜采用焊接接头。

④预埋铁件安装位置应准确，埋件固定焊接在竖向钢筋上，施焊时防止烧伤钢筋。

3）质量要求。

①每滑升 300 mm 的高度即检查一次模板的标高。模板的标高偏差控制在±15 mm 以内。

②相邻两个千斤顶的升差不超过 5 mm。

③筒仓中心线的控制采用大线坠吊中心点方法，每班次检查不少于两次。

4）混凝土养护及修补要点。

①筒壁混凝土养护采用浇水养护，每天至少 4 次，经常保持湿润。养护日期不少于 7 d。

②脱模后如发现筒壁表面有麻面、露筋等缺陷，应及时用 1∶2 水泥砂浆修补抹平。

（3）漏斗施工。筒仓混凝土漏斗设计有两种形式，一种为一个筒仓设一个漏斗，漏斗环梁与筒身融为一体；另一种为一个筒仓下设 2 个、4 个或 9 个等多个漏斗，各漏斗之间设纵横梁，各梁锚固在筒身环梁内。混凝土漏斗施工一般与筒仓体分开。

1）筒壁与圈梁同时施工的方法。当筒壁滑升至漏斗圈梁的梁底标高，待混凝土达到脱模强度后，将模板空滑至漏斗圈梁的上口，然后支圈梁及漏斗的模板再浇筑混凝土，如图 6－2所示，再继续滑升筒壁。但在模板空滑过程中，支撑杆容易弯曲，有使操作平台倾斜的危险，因此必须将支撑杆加固。

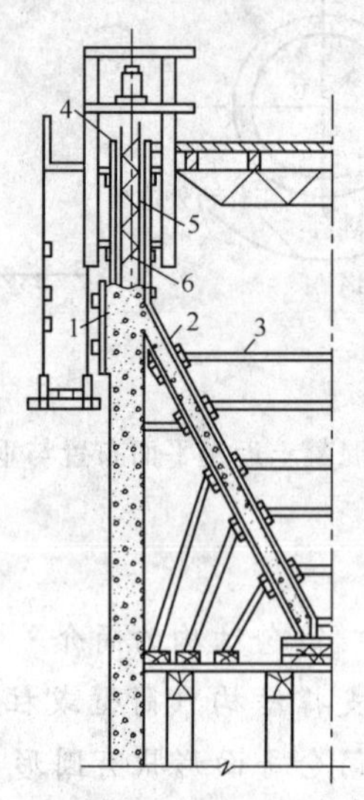

图 6-2　漏斗施工示意图

1—漏斗梁模板；2—漏斗模板；3—支撑；
4—受力钢筋；5—环向加固筋；6—斜短钢筋

2）漏斗与圈梁分开施工的方法。在漏斗圈梁支模浇筑混凝土时预留出漏斗的接槎钢筋。在筒壁滑升施工全部完毕后，再进行漏斗支模、绑扎钢筋及浇筑混凝土。

二、混凝土施工要求

1. 基础工程

(1) 基础大体积混凝土施工应编制专项技术方案。

(2) 基础大体积混凝土施工宜采用低水化热的水泥和粒径较大、级配良好的粗骨料，宜采取掺加粉煤灰、磨细矿渣粉和高效减水剂等降低水化热的措施。

(3) 大型筒仓基础宜合理设置混凝土加强带。

(4) 基础大体积混凝土施工应采取综合温控措施进行养护，对混凝土的内外温差进行连续监测，混凝土内外温差不宜超过 25℃。

(5) 基础混凝土应连续浇筑，浇筑过程中应及时排除泌水和浮浆，混凝土浇筑宜进行二次振捣。

基础混凝土应贴附薄膜养护。当在混凝土终凝前进行二次抹面时，应采取覆盖或洒水养护。

2. 筒体工程

(1) 筒体结构混凝土应严格控制水灰比，并采取增加密实性的措施，严禁掺加含氯盐的外加剂。

(2) 筒体结构的混凝土应分层浇筑。采用滑模工艺施工时，混凝土每次浇筑高度不宜大于250 mm；采用倒模等其他模板施工工艺时，每层浇筑高度不宜大于500 mm；混凝土浇筑应连续进行。预留孔洞、门窗口等两侧的混凝土应对称均衡浇筑。

(3) 滑模工艺施工，应在现场操作面随机抽取试样检查混凝土出模强度，每一工作班不少于一次；气温有骤变或混凝土配合比有调整时，应相应增加检查次数。

(4) 采用滑模工艺施工筒体结构时，出模混凝土应原浆压光。

(5) 筒体混凝土表面应密实平整、外形平顺、外观清洁、颜色均匀无明显色差，施工中应及时消除混凝土流坠、挂浆等。

(6) 筒体混凝土出模后应及时进行养护。养护宜采用连续喷雾方式保持混凝土表面处于湿润状态，或涂刷养护液。正温条件下养护时间不应少于7 d。

(7) 模板加固螺栓及穿墙孔洞处理应符合下列规定。

1) 模板加固螺栓的端头宜安放锲形垫块，拆模后用同强度的细石混凝土封堵锲形槽口。

2) 筒壁和仓壁上穿墙孔、洞应填塞密实并做防渗处理。

(8) 筒体结构的混凝土取样和试件留置应符合国家现行标准《混凝土结构工程施工质量验收规范》(GB 50204—2011) 和《建筑工程冬期施工规程》(JGJ 104—2011) 的有关规定。当工程设计有耐久性指标要求时，应按不同配合比留置混凝土耐久性检验试件。

3. 仓顶工程

(1) 仓顶混凝土梁板结构宜采用桁架吊模、承重钢梁支撑等施工工艺，模板体系承重构件和构造节点应进行设计验算。

(2) 桁架吊模施工，如图6-3所示，应符合下列规定。

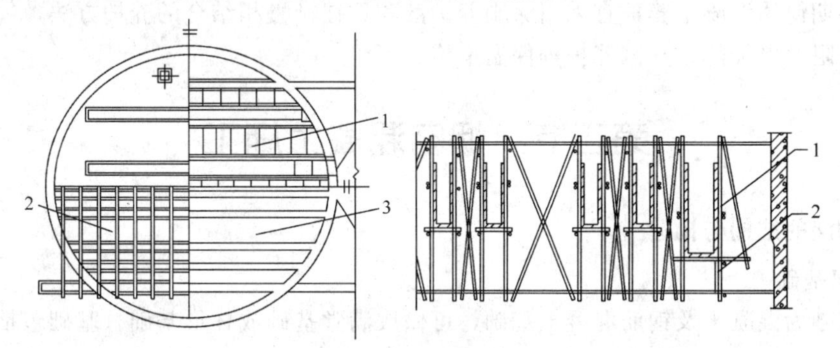

图6-3 桁架吊模施工

1—模板及仓顶结构构件；2—桁架布置方式；3—仓顶结构布置

1) 钢筋骨架应按施工计算增设腰筋、架立筋等，并焊接成加固钢筋骨架。

2) 桁架网片与钢筋骨架应连成一体，整体受力。

(3) 承重钢梁支撑施工，如图6-4所示，应符合下列规定。

1) 承重钢梁宜优先选用H形钢或工字钢。

2) 承重钢梁（或桁架）宜采用在仓壁上预留梁口或钢牛腿的方法安装，仓顶结构和承重钢梁之间应留适当操作空间。

3) 承重钢梁上应满铺脚手板。

(4) 仓顶混凝土锥壳结构施工应编制模板支架搭设、拆除和混凝土浇筑专项方案。倾斜面混凝土施工宜采取双侧模板，混凝土应分层、分步对称浇筑。

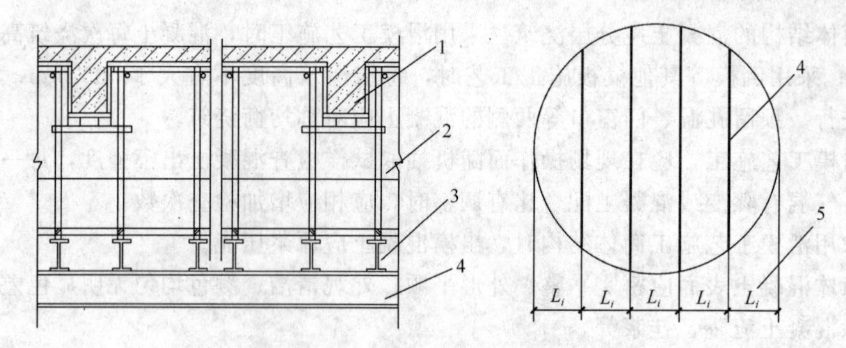

图 6-4　承重钢梁支撑施工

1—仓顶次梁结构；2—仓顶主梁结构；3—承重次构件；

4—承重钢梁（桁架）；5—承重钢梁布置间距

4. 季节性施工

(1) 季节性施工应结合工程进度、施工布置、气象条件等制定专项施工方案。

(2) 季节性施工期间，应进行气象信息的收集、监测，根据气象状况合理安排施工作业。

(3) 沿海地区施工应制订防台风预案和措施。

(4) 筒体和施工设施应设置临时避雷接地装置，接地电阻值不得大于 10 Ω。

(5) 冬期进行筒仓工程滑模施工，必须具备可靠保温防冻措施和保证混凝土结构质量的技术措施，否则不宜进行滑模作业。环境温度低于－20℃不应施工。

(6) 冬期筒体混凝土养护宜采用涂刷养护液和悬挂帷幔相结合的养护方法，气温较低时应采取热电阻、电加热、蒸汽养护等保温措施。

第二节　烟囱混凝土施工

一、烟囱的结构与构造

1. 烟囱基础

烟囱基础为混凝土及钢筋混凝土基础，可做成满堂基础或杯形基础。基础包括基础板与筒座，筒座以上部分为筒身，如图 6-5 所示。

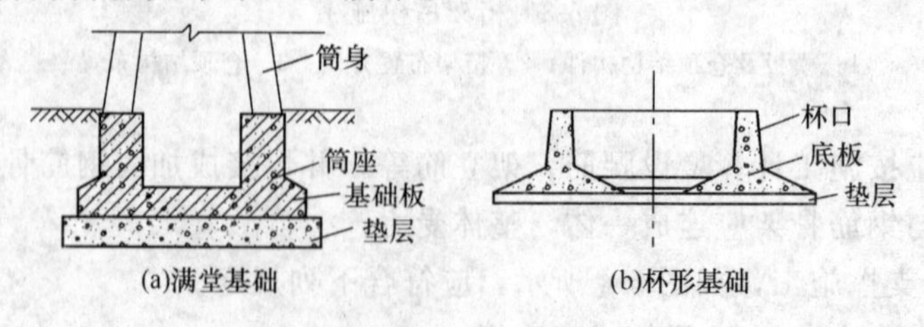

图 6-5　烟囱基础

2. 烟囱筒身构造

砖砌和钢筋混凝土烟囱筒身一般为圆锥形，筒壁厚度一般由下而上逐段减小。钢筋混凝土烟囱上部壁厚不小于120 mm，当上口内径超过 4 m 时，应适当加厚。为了支撑内衬，在筒身内侧每隔一段挑出悬臂（牛腿），挑出的宽度为内衬和隔热层的总厚度。为减少混凝土的内应力，挑出悬臂沿圆周方向，每隔500 mm左右设一道宽度 25 mm 的垂直温度缝，如图 6-6（a)所示。

3. 烟道

烟道连接炉体和筒身，以利烟气的及时排出。烟道一般砌成拱形通道，如图 6-6（b）所示。

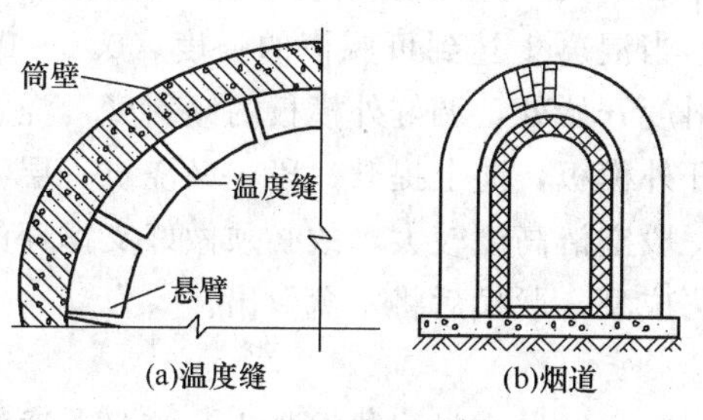

图 6-6　烟囱的构造

二、混凝土施工准备

1. 混凝土配合比

(1) 滑模施工用混凝土配合比应满足滑模施工工艺要求，滑升速度与混凝土早期强度增长速度相协调。混凝土的脱模强度不低于 0.2 MPa。混凝土的初凝时间控制在 2～4 h 左右，终凝时间控制在 6～10 h。

(2) 筒壁混凝土应用同一品种、同一等级的普通硅酸盐或矿渣硅酸盐水泥配制。当施工环境气温在 10℃以下时，不应使用矿渣硅酸盐水泥。

(3) 每立方米的混凝土最大水泥用量不超过 450 kg，水胶比不宜大于 0.5。

(4) 混凝土粗骨料的粒径不应超过筒壁厚度的 1/5 和钢筋净距的 3/4，同时最大粒径不应超过 60 mm。

(5) 单筒式烟囱筒壁顶部 10 m 高度范围内和采用双滑或内砌外滑方法施工的环形悬臂不宜采用石灰石做粗骨料。

2. 混凝土施工

(1) 采用滑模工艺施工时，浇筑混凝土应沿筒壁圆周均匀地分层进行，每层厚度宜为 250～300 mm。在浇筑上层混凝土时，应对称地变换浇筑方向。

(2) 采用滑模工艺施工时，用于振捣混凝土的振动棒不得触动支承杆、钢筋和模板。振动棒的插入深度不应超过前一层混凝土内 50 mm。在提升模板时，不得振捣混凝土。

三、混凝土施工

1. 筒身施工

模板每提升一个混凝土浇筑层高度，都应对中心线进行一次检查，测定内、外模板的半径是否准确，并利用调径装置调整一次半径，使提升架向内移动一个收分距离（可根据筒身的坡度和一次的提升高度计算得出，但一次收分量不宜大于10 mm)，然后再收紧导索，继续上料，开始下一层混凝土的浇筑工作。

2. 牛腿施工

牛腿一般采用预埋钢筋后浇混凝土法。它是当浇筑牛腿标高处的筒身混凝土时，在牛腿位置上部和下部的筒身混凝土中预埋与牛腿钢筋连接的连接筋，待模板滑升过后，将预埋钢筋的一端从筒身混凝土中理出扳直，与牛腿钢筋焊接后，再支牛腿模板，浇筑混凝土。为了加强牛腿断面的抗剪能力，筒身与牛腿接槎处应予凿毛，必要时，在预埋钢筋的同时，沿筒壁环向再预埋胶管，待模板滑出后取出形成凹槽齿口。

3. 筒首施工

由于筒首的截面厚度逐步增大，外模板须由正倾斜度变为反倾斜度，故当模板上口滑到反倾斜度处，即停止上升，当混凝土达到可脱模的强度（0.1～0.3 MPa）时，将外模板松开，把模板下口提到反倾斜度开始处，调好外模板的倾斜度，浇筑混凝土，待新浇筑的混凝土达到脱模强度后，再松开外模板，向上提升一段，又浇筑一层混凝土，如此循环直至施工完毕。由于反倾斜度开始一段空滑高度较大，故必须做好支撑杆的空滑加固措施。筒首的花格，可采用预埋木盒的方法成型，脱模后将木盒取出。

4. 内衬施工

当烟囱内衬采用耐热混凝土时，内衬耐热混凝土和筒身普通混凝土可同时采用滑升模板施工，在模板滑升过程中，同时浇筑两种不同的混凝土，双层壁体同时连续成型，不断滑升到所需高度，这种施工工艺称为烟囱的“双滑”工艺。它简化了烟囱的施工程序，省去了繁重的内衬砌筑工作，因而施工工期大为缩短。采用“双滑”施工的烟囱，由于两种混凝土中间的夹层材料的不同，其施工方法也有差异。如果在两种混凝土之间是以空气作夹层，则施工时，可在提升架下横梁上安设支架，悬吊双面为斜面的上宽下窄的模盒（长 60～100 cm，厚度为空气层宽度），当混凝土浇筑完后，模盒随着模板的提升而上升，从而在两种混凝土之间形成所需要的空气隔热层。

5. 混凝土养护

较高的烟囱需要安装一台高压水泵，用 $\phi50$～$\phi60$ 水管将水送到井架顶部，并随井架的增高而接高，自管顶用胶管向下引水到围设在外吊梯周围的 25 mm 橡胶喷水管内，喷水胶管上钻有间距 120～150 mm、直径 3～5 mm 的喷水孔，进行喷水养护。

四、质量标准

（1）钢筋混凝土烟囱筒壁模板安装质量标准及检验方法应符合表 6-1 的规定。一般项目抽查数量均不应少于 10 处。

表 6-1　烟囱筒壁模板安装质量标准及检验方法

类别	序号	项目	质量标准/允许偏差	单位	检验方法
主控项目	1	模板的外观	应四角方正要、板面平整，无卷边、翘曲、孔洞及毛刺等	—	观察检查
	2	钢模板几何尺寸	应符合现行国家标准《组合钢模板技术规范》（GB 50214—2001）的要求	—	尺量检查
	3	烟囱中心引测点与基准点的偏差	5	mm	激光经纬仪或吊线锤
	4	任何截面上的半径	±20	mm	尺量检查

续上表

<table>
<tr><th>类别</th><th>序号</th><th colspan="2">项目</th><th>质量标准/允许偏差</th><th>单位</th><th>检验方法</th></tr>
<tr><td rowspan="14">一般项目</td><td>1</td><td colspan="2">模板内部清理</td><td>干净无杂物</td><td>—</td><td rowspan="2">观察检查</td></tr>
<tr><td>2</td><td colspan="2">模板与混凝土接触面</td><td>无粘浆，隔离剂涂刷均匀</td><td>—</td></tr>
<tr><td>3</td><td colspan="2">内外模板半径差</td><td>10</td><td rowspan="12">mm</td><td>尺量检查</td></tr>
<tr><td>4</td><td colspan="2">相邻模板高低差</td><td>3</td><td>直尺和楔形塞尺检查</td></tr>
<tr><td>5</td><td colspan="2">同层模板上口标高差</td><td>20</td><td>水准仪和尺量检查</td></tr>
<tr><td>6</td><td colspan="2">预留洞口起拱度（$L \geqslant 4$ m）</td><td>应符合设计要求或全跨长的1%～3%</td><td>尺量检查</td></tr>
<tr><td>7</td><td colspan="2">围圈安装的水平度</td><td>1%</td><td>水平直尺</td></tr>
<tr><td rowspan="3">8</td><td rowspan="3">预留孔洞、烟道口</td><td>中心线</td><td>10</td><td>经纬仪和尺量检查</td></tr>
<tr><td>标高</td><td>±15</td><td>水准仪和尺量检查</td></tr>
<tr><td>截面尺寸</td><td>$^{+15}_{0}$</td><td>尺量检查</td></tr>
<tr><td>9</td><td colspan="2">预埋铁件中心</td><td>10</td><td>水准仪和尺量检查</td></tr>
<tr><td>10</td><td colspan="2">预埋暗榫中心</td><td>20</td><td rowspan="2">经纬仪和尺量检查</td></tr>
<tr><td>11</td><td colspan="2">预埋螺栓中心</td><td>3</td></tr>
<tr><td>12</td><td colspan="2">预埋螺栓外露长度</td><td>$^{+20}_{0}$</td><td>尺量检查</td></tr>
</table>

（2）钢筋混凝土烟囱筒壁钢筋安装质量标准及检验方法应符合表 6-2 的规定。

表 6-2 烟囱筒壁钢筋安装质量标准及检验方法

<table>
<tr><th>类别</th><th>序号</th><th>项目</th><th>质量标准/允许偏差</th><th>单位</th><th>检验方法</th></tr>
<tr><td rowspan="3">主控项目</td><td>1</td><td>钢筋的品种、级别、规格、数量和质量</td><td>应符合设计要求和现行国家标准《混凝土结构工程施工质量验收规范》（GB 50204—2002）（2011 版）的规定</td><td>—</td><td>检查质量合格证明文件、标识及检验报告</td></tr>
<tr><td>2</td><td>竖向受力钢筋的连接方式</td><td>应符合设计要求</td><td>—</td><td>观察</td></tr>
<tr><td>3</td><td>钢筋焊接质量</td><td>应符合国家现行标准《钢筋焊接及验收规程》（JGJ 18—2012）的规定</td><td>—</td><td>检查外观及接头力学性能试验报告</td></tr>
</table>

续上表

类别	序号	项目	质量标准/允许偏差	单位	检验方法
主控项目	4	接头试件	应做力学性能检验，其质量应符合国家现行标准《钢筋焊接及验收规范》（JGJ 18—2012）和《钢筋机械连接通用技术规程》（JGJ 107—2010）的规定	—	检查接头力学性能试验报告
一般项目	1	钢筋表面质量	应平直、洁净，不应有操作、油渍、漆污、片状老锈和麻点，不应有变形	—	观察
	2	钢筋机械连接或焊接接头位置	接头应相互错开；在同一连接区段内接头的报数不应多于钢筋总数的50％	—	观察，钢尺检查
	3	钢筋绑扎搭接接头位置	相邻受力钢筋的绑扎搭接接头应相互错开。在同一连接区段内绑扎接头的根数不应多于钢筋总数的25％，搭接长度应符合设计和现行国家标准《混凝土结构工程施工质量验收规范》（2011版）（GB 50204—2002）的规定		
	4	钢筋间距	±20	mm	尺量检查，抽查数量不少于10处
	5	钢筋保护层	+10 −5		
	6	预留插筋 中心位移	10		
		预留插筋 外露长度	+30 0		

第三节　水塔混凝土施工

一、施工准备

1. 水塔混凝土施工材料

（1）水泥。按混凝土配合比要求的水泥品种和强度等级选用。

通用硅酸盐水泥的简介

（1）通用硅酸盐水泥是指以硅酸盐水泥熟料和适量的石膏，及规定的混合材料制成的水硬性胶凝材料。

（2）通用硅酸盐水泥的组分应符合表6-3的规定。

（3）通用硅酸盐水泥的化学成分应符合表6-4的规定。

（4）硅酸盐水泥的强度等级分为42.5、42.5R、52.5、52.5R、62.5、62.5R六个等级。

(5) 普通硅酸盐水泥的强度等级分为42.5、42.5R、52.5、52.5R四个等级。

(6) 矿渣硅酸盐水泥、火山灰质硅酸盐水泥、粉煤灰硅酸盐水泥、复合硅酸盐水泥的强度等级分为32.5、32.5R、42.5、42.5R、52.5、52.5R六个等级。

表6-3　通用硅酸盐水泥的组分　　（%）

品　种	代号	组分（质量分数）				
		熟料＋石膏	粒化高炉矿渣	火山灰质混合材料	粉煤灰	石灰石
硅酸盐水泥	P·Ⅰ	100	—	—	—	—
	P·Ⅱ	≥95	≤5	—	—	—
		≥95	—	—	—	≤5
普通硅酸盐水泥	P·O	≥80且<95	>5且≤20①			—
矿渣硅酸盐水泥	P·S·A	≥50且<80	>20且≤50②	—	—	—
	P·S·B	≥30且<50	>50且≤70②	—	—	—
火山灰质硅酸盐水泥	P·P	≥60且<80	—	>20且≤40③	—	—
粉煤灰硅酸盐水泥	P·F	≥60且<80	—	—	>20且≤40④	—
复合硅酸盐水泥	P·C	≥50且<80	>20且≤50⑤			

注：①本组分材料为符合《通用硅酸盐水泥》(GB 175—2007/XG 1—2009) 5.2.3的活性混合材料，其中允许用不超过水泥质量8%且符合《通用硅酸盐水泥》(GB 175—2007/XG 1—2009) 5.2.4的非活性混合材料或不超过水泥质量5%且符合《通用硅酸盐水泥》(GB 175—2007/XG 1—2009) 5.2.5的窑灰代替。

②本组分材料为符合《用于水泥中的粒化高炉矿渣》(GB/T 203—2008)或《用于水泥和混凝土中的粒化高炉矿渣粉》(GB 18046—2008)的活性混合材料，其中允许用不超过水泥质量8%且符合《通用硅酸盐水泥》(GB 175—2007/XG 1—2009)第5.2.3条的活性混合材料或符合《通用硅酸盐水泥》(GB 175—2007/XG 1—2009)第5.2.4条的非活性混合材料或符合《通用硅酸盐水泥》(GB 175—2007/XG 1—2009)第5.2.5条的窑灰中的任一种材料代替。

③本组分材料为符合《用于水泥中的火山灰质混合材料》(GB/T 2847—2005)的活性混合材料。

④本组分材料为符合《用于水泥和混凝土中的粉煤灰》(GB/T 1596—2005)的活性混合材料。

⑤本组分材料为由两种(含)以上符合《通用硅酸盐水泥》(GB 175—2007/XG 1—2009)第5.2.3条的活性混合材料或符合《通用硅酸盐水泥》(GB 175—2007/XG 1—2009)第5.2.4条的非活性混合材料组成，其中允许用不超过水泥质量8%且符合《通用硅酸盐水泥》(GB 175—2007/XG1—2009)第5.2.5条的窑灰代替。掺矿渣时混合材料掺量不得与矿渣硅酸盐水泥重复。

表 6-4　通用硅酸盐水泥的化学成分　　(%)

<table>
<tr><th>品种</th><th>代号</th><th>不溶物
（质量分数）</th><th>烧失量
（质量分数）</th><th>三氧化硫
（质量分数）</th><th>氧化镁
（质量分数）</th><th>氯离子
（质量分数）</th></tr>
<tr><td rowspan="2">硅酸盐水泥</td><td>P·Ⅰ</td><td>≤0.75</td><td>≤3.0</td><td rowspan="3">≤3.5</td><td rowspan="3">≤5.0①</td><td rowspan="8">≤0.06③</td></tr>
<tr><td>P·Ⅱ</td><td>≤1.50</td><td>≤3.5</td></tr>
<tr><td>普通硅酸盐水泥</td><td>P·O</td><td>—</td><td>≤5.0</td></tr>
<tr><td rowspan="2">矿渣硅酸盐水泥</td><td>P·S·A</td><td>—</td><td>—</td><td rowspan="2">≤4.0</td><td>≤6.0②</td></tr>
<tr><td>P·S·B</td><td>—</td><td>—</td><td>—</td></tr>
<tr><td>火山灰质硅酸盐水泥</td><td>P·P</td><td>—</td><td>—</td><td rowspan="3">≤3.5</td><td rowspan="3">≤6.0②</td></tr>
<tr><td>粉煤灰硅酸盐水泥</td><td>P·E</td><td>—</td><td>—</td></tr>
<tr><td>复合硅酸盐水泥</td><td>P·C</td><td>—</td><td>—</td></tr>
</table>

注：①如果水泥压蒸试验合格，则水泥中氧化镁的含量（质量分数）允许放宽至6.0%。
②如果水泥中氧化镁的含量（质量分数）大于6.0%时，需进行水泥压蒸安定性试验并合格。
③当有更低要求时，该指标由买卖双方确定。

（2）砂。粗砂或中粗砂，其含泥量不大于3%。

（3）石。粒径2.5～100.0 mm，其含泥量不大于1%。

（4）混凝土外加剂。其品种及掺量应根据施工要求通过试验确定。

2. 混凝土搅拌

施工中严格掌握配合比及坍落度，开盘时应先做鉴定，施工中严禁加水。

二、水塔混凝土施工

1. 筒壁混凝土浇筑

从一点开始分左右两路沿圆周浇筑混凝土，两路会合后，再反向浇筑，这样不断分层进行。遇洞口处应由正上方下料，两侧浇筑时间相差不超过2 h，采用长棒插入式振动器，间距不超过50 cm。

2. 水柜壁混凝土浇筑

（1）水柜壁混凝土要连续施工，一次浇筑完成，不留施工缝。

（2）混凝土下料要均匀，最好由水柜壁上的两个对称点同时、同方向（顺时针或逆时针方向）下料，以防模板变形。

（3）水柜壁混凝土每层浇筑高度以300 mm左右为宜。

（4）必须用插入式振动器仔细振捣密实。并做好混凝土的养护工作。

3. 各种管道穿过柜壁处混凝土浇筑

（1）水柜壁混凝土浇筑到距离管道下面20～30 mm时，将管下混凝土振实、振平。

（2）由管道两侧呈三角形均匀、对称地浇筑混凝土，并逐步扩大三角区，此时振捣棒要斜振。

（3）将混凝土继续填平至管道上皮30～50 mm。

（4）浇筑混凝土时，不得在管道穿过池壁处停工或接头。

三、水箱底与壁接槎处理

（1）筒壁环梁处与水箱底连接预留的钢筋，最好在混凝土强度较低时及时拉出混凝土表面。

（2）筒壁环梁处与水柜底接槎处的混凝土槎口，宜留毛槎或入口凿毛。

（3）浇筑水柜底混凝土前，须先将环梁上预留的混凝土槎口用水清洗于净，并使其湿润。

（4）旧槎先用与混凝土同强度等级的砂浆扫一遍，然后再铺新混凝土。

（5）接槎处要仔细振捣，使新浇的混凝土与旧槎结合密实。

（6）加强混凝土的养护工作，使其经常保持湿润状态。

四、安全措施

浇筑混凝土前，要检查脚手架是否牢靠，模板是否支撑结实，较大的缝隙是否已经处理等。

（1）倒混凝土时，不得猛烈冲击脚手架和模板。

（2）入模高度要保持基本均匀，禁止堆集一处而将模板压偏。

第七章　大模板、滑升模板、永久性模板混凝土施工

第一节　大模板混凝土施工

一、内墙大模板

内墙大模板有整体式、组合式、拼装式和筒形几种。

大模板的简介

大模板主要用于剪力墙结构或框架一剪力墙结构中的剪力墙的施工，也可用于筒体结构中竖向结构的施工。

大模板由面板、骨架、支撑系统、操作平台及附件组成（图 7-1）。

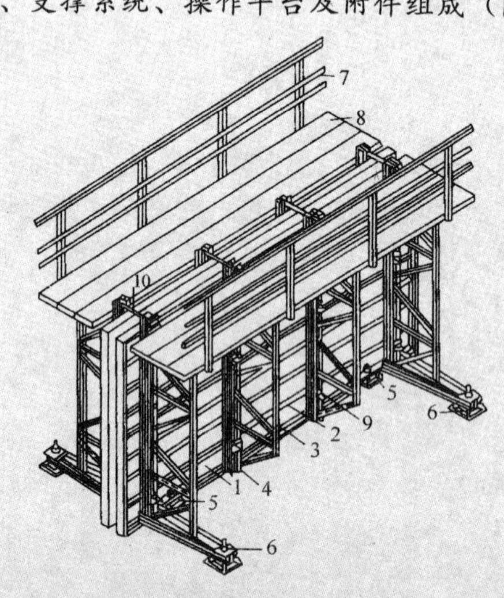

图 7-1　大模板构造示意

1—面板；2—水平肋；3—支撑桁架；4—竖肋；5—水平调整装置；6—垂直调整装置；7—栏杆；8—脚手板；9—穿墙螺栓；10—固定卡具

1. 整体式大模板

这类模板是按每面墙的大小，将面板、骨架、支撑系统和操作平台组拼焊成整体。其特点是：每一层结构的横墙与纵墙混凝土必须要分两次浇筑，工序多，工期长，且横、纵墙间存在垂直施工缝。另外，这类模板只适用于大面积标准化剪力墙结构施工，如果结构的开间、进深尺寸改变，则需另配制模板施工。其构造如图 7-2 所示。这类大模板多采用钢板作面板，具有板面平整光洁、易于清理、耐磨性好等特点，且强度和刚度良好，可周转使用200 次以上，比较经济。

2. 组合式大模板

由板面、支撑系统、操作平台等部分组成。它是目前常用的一种模板形式。这种模板是

在横墙平模的两端分别附加一个小角模和连接钢板，即横墙平模的一端焊扁钢做连接件与内纵墙模板连接，如图 7-3 节点 A 所示；另一端采用长销孔固定角钢与外墙模板连接，如图 7-3节点 B 所示，以使内、外纵墙模板组合在一起，实现能现时浇筑纵横墙混凝土的一种新型模板。为了适应开间、进深尺寸的变化，除了以常用的轴线尺寸为基数作为基本模板外，还另配以 30 cm、60 cm 的竖条模板，与基本模板端部用螺栓连接，做到能使大模板的尺寸扩展，因而能适应不同开间、进深尺寸的变化。

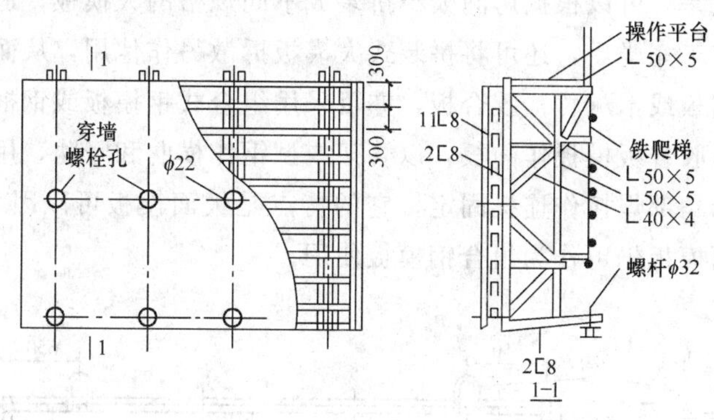

图 7-2　整体式大模板

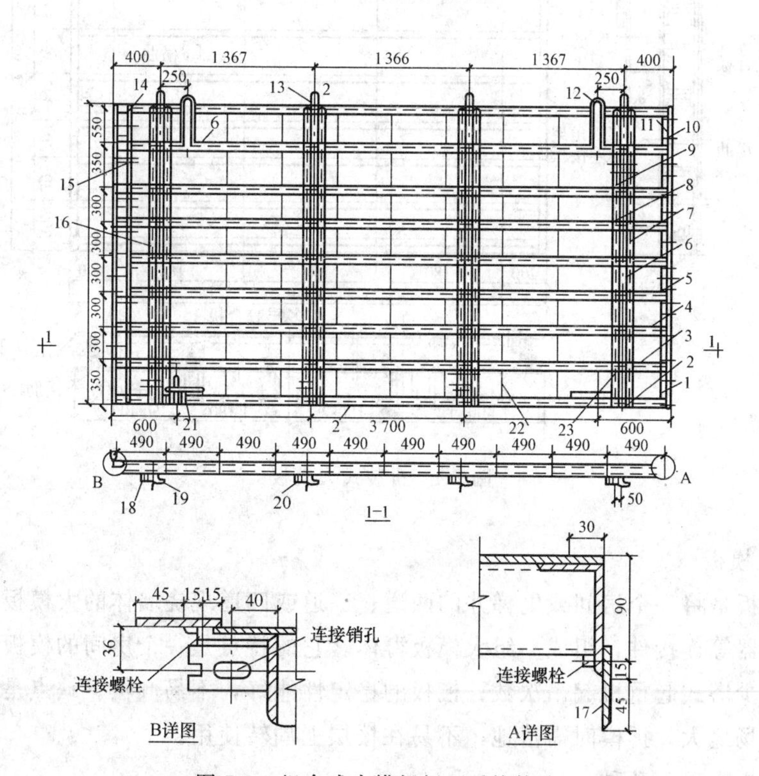

图 7-3　组合式大模板板面系统构造

1—面板；2—底横肋（横龙骨）；3～5—横肋（横龙骨）；6，7—竖肋（竖龙骨）；
8，9，22，23—小肋（扁钢竖肋）；10，17—拼缝扁钢；11，15—角龙骨；
12—吊环；13—上卡板；14—顶横龙骨；16—撑板钢管；18—螺母；19—垫圈；
20—沉头螺钉；21—地脚螺栓面板通常采用 4～6 mm 的钢板，也可选用胶合板等材料；横肋一般采用[8（槽钢），间距 280～350 mm；竖肋一般采用 6 mm 扁钢，间距 400～500 mm，使板面能双向受力组合式大模板板面系统由面板、横肋和竖肋以及竖向（或横向）龙骨所组成，如图 7-3 所示。

3. 拼装式大模板

拼装式大模板是将面板、骨架、支撑系统以及操作平台全部采用螺栓或销钉连接固定组装成的大模板（图 7-4），这种大模板比组合式大模板拆改方便，也可减少因焊接而产生的模板变形问题，其特点是：可以根据房间大小拼装成不同规格的大模板，适应开间、轴线尺寸变化的要求；结构施工完毕后，还可将拼装式大模板拆散另作他用，从而减少工程费用的开支。面板可以采用钢板或木（竹）胶合板，亦可采用组合式钢模板或钢框胶合板模板。采用组合钢模板或者钢框胶合板模板作面板，以管架或型钢作横肋和竖肋，用角钢（或槽钢）作上下封底，用螺栓和角部焊接作连接固定。它的特点是板面模板可以因地制宜，就地取材。大模板拆散后，板面模板仍可作为组合钢模板使用。

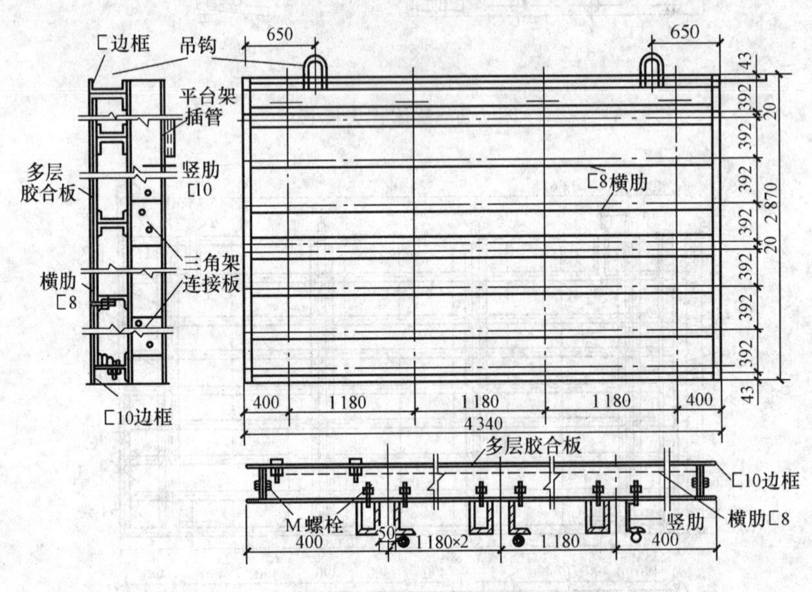

图 7-4　拼装式大模板

4. 筒形大模板

筒形大模板是将一个房间或电梯井的两道、三道或四道现浇墙体的大模板，通过固定架和铰链、脱模器等连接件，组成一组大模板群体。它的特点是一个房间的模板整体吊装和拆除，因而能减少塔式起重机起吊次数；模板的稳定性能好，不易倾覆。缺点是自重较大，堆放时占用施工场地大，拆模时需落地，不易在楼层上周转使用。

筒形大模板有以下几种：

（1）模架式筒形模（图 7-5），这是较早使用的一种筒（形）模，通用性较差。

（2）组合式铰接筒模（图 7-6），在筒模四角采用铰接式角模与大模板相连，利用脱模器开启，完成模板支拆。

（3）电梯井筒模（图 7-7），是将模板与提升机及支架结合为一体，可用于进深为 2～2.5 m、开间为 3 m 的电梯井施工。

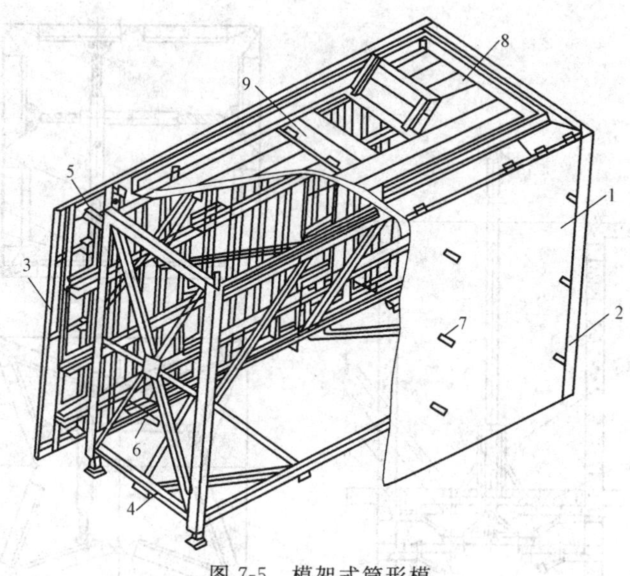

图 7-5　模架式筒形模

1—模板；2—内角模；3—外角模；4—刚架；5—挂轴；
6—支杆；7—穿墙螺栓；8—操作平台；9—进出口

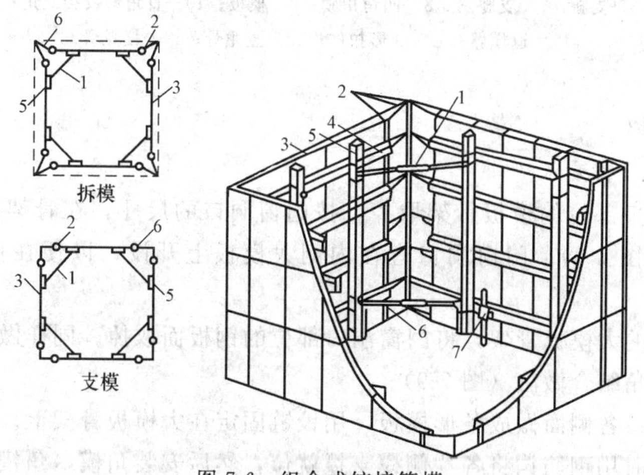

图 7-6　组合式铰接筒模

1—脱模器；2—铰链；3—模板；4—横龙骨；
5—竖龙骨；6—三角铰；7—支脚

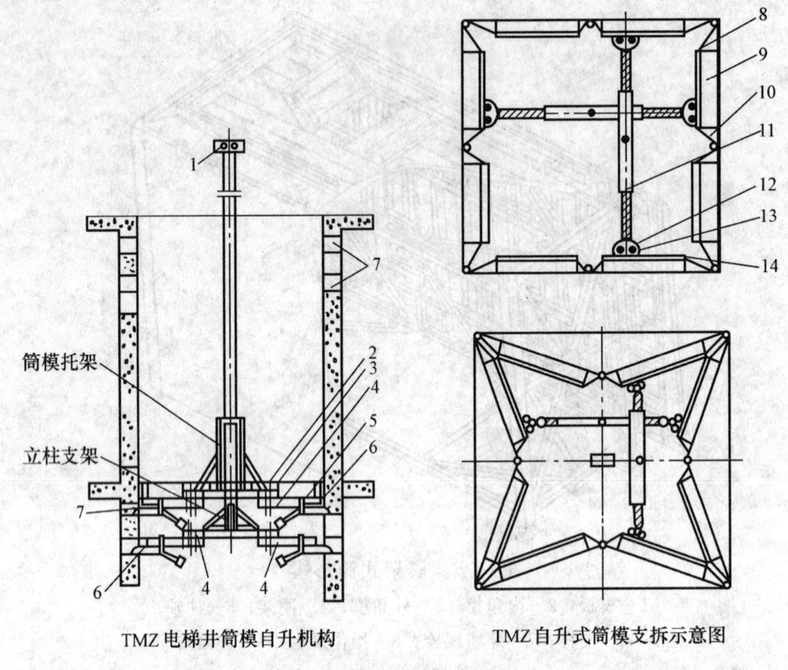

图7-7 电梯井筒模

1—吊具；2—面板；3—方木；4—托架调节梁；5—调节丝杠；
6—支腿；7—支腿洞；8—四角角膜；9—模板；10—直角形铰接式角；
11—退模器；12—3形扣件；13—竖龙骨；14—横龙骨

二、外墙大模板

1. 门窗洞口的设置要求

(1) 将门窗洞口部位的模板骨架取掉，按门窗洞口的尺寸，在骨架上做一边框，与大模板焊接为一体（图7-8)。门窗洞口宜在内侧大模板上开设，以便在振捣混凝土时进行观察。

(2) 保存原有的大模板骨架，将门窗洞口部位的钢板面取掉。同样做一个型钢边框，并采取散支散拆或板角结合做法（图7-9)。

做法是门窗洞口各侧面做成条形模板，用铰链固定在大模板骨架上。各个角部用钢材做成专用角模。支模时用钢筋钩将各片侧模支撑就位，然后安装角模，角模与侧模采用企口缝搭接。

2. 外墙外侧大模板支设平台

外墙外侧大模板在有阳台的部位，可以支设在阳台上，但要注意调整好水平标高。在没有阳台的部位，要搭设支模平台架，将大模板搭设在支模平台架上。支模平台架由三角挂架、平台板、安全护身栏和安全网组成。三角挂架是承受大模板和施工荷载的部件，其杆件用2L50×5焊接而成。每个开间设置两个，用螺栓挂钩固定在下层的外墙上，如图7-10所示。

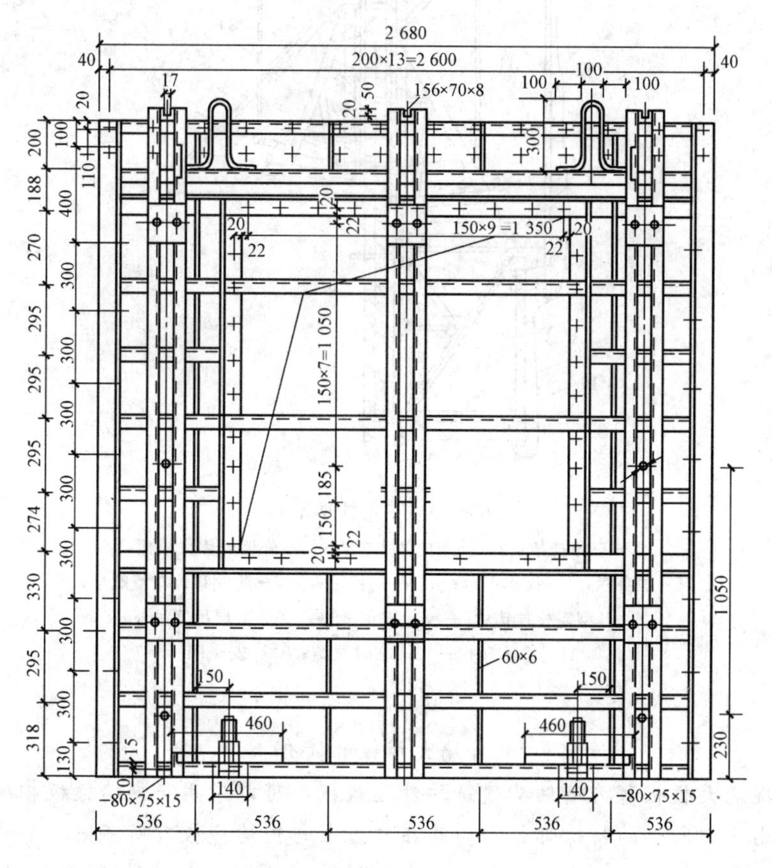

图 7-8　外墙大模板门窗洞口做法

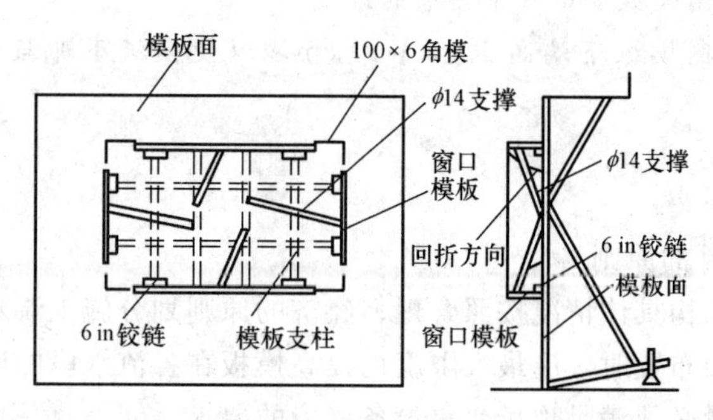

图 7-9　外墙窗洞口模板固定方法（1 in＝0.025 4 m）

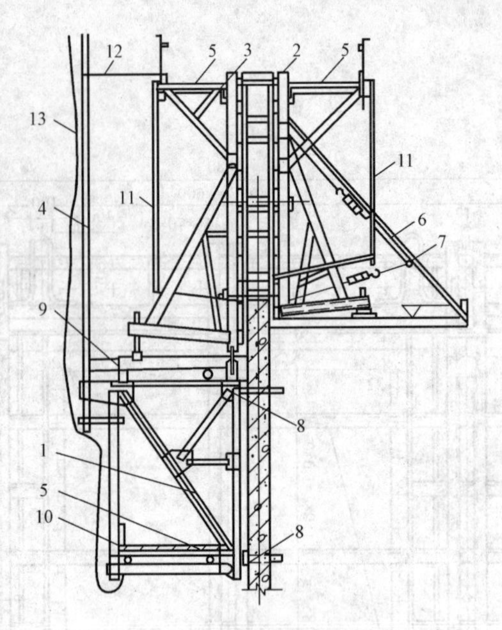

图 7-10　三角挂架平台

1—三角挂架；2—外墙内侧大模板；3—外墙外侧大模板；
4—护身栏；5—操作平台；6—防侧移撑杆；7—防侧移位花篮螺栓；
8—L 型螺栓挂钩；9—模板支撑滑道；10—下层吊笼吊杆；
11—上人爬梯；12—临时拉结；13—安全网

外墙大模板的简介

用于全现浇大模板剪力墙结构建筑的外墙模板，可以采用与内墙模板相同的材料和形式加工，但由于它所处的特殊部位，因此在构造上与内墙模板有所不同。全现浇剪力墙结构工程的外墙大模板，一般由内侧和外侧两片模板组成，其内侧大模板可采用与内墙模板相同的做法。外侧模板的构造则不同。

外墙模板尺寸规定：

(1) 宽度。比内侧模板多出一个内墙的厚度。

(2) 高度。比内侧模板下端高出 10～15 cm，以使模板下部与外墙面贴紧，形成导墙，防止漏浆。

三、大模板设计

1. 大模板配板设计的原则

(1) 应根据工程结构具体情况按照合理、经济的原则划分施工流水段。

(2) 模板施工平面布置时，应最大限度地提高模板在各流水段的通用性。

(3) 大模板的重量必须满足现场起重设备能力的要求。

(4) 清水混凝土工程及装饰混凝土工程大模板体系的设计应满足工程效果要求。

2. 大模板配板设计的内容

(1) 绘制配板平面布置图。

(2) 绘制施工节点设计、构造设计和特殊部位模板支、拆设计图。

(3) 绘制大模板拼板设计图、拼装节点图。

（4）编制大模板构配件明细表，绘制构配件设计图。

（5）编写大模板施工说明书。

3. 大模板配板设计方法的要求

（1）配板设计应优先采用计算机辅助设计方法。

（2）拼装式大模板配板设计时，应优先选用大规格模板为主板。

（3）配板设计宜优先选用减少角模规格的设计方法。

（4）采取齐缝接高排板设计方法时，应在拼缝外进行刚度补偿。

（5）大模板吊环位置应保证大模板吊装时的平衡，宜设置在模板长度的（0.2～0.25）L 处。

4. 大模板配板设计公式

（1）大模板配板设计高度尺寸可按下列公式计算，如图 7-11 所示。

$$H_n = h_c - h_1 + a$$

$$H_w = h_c + a$$

式中　H_n——内墙模板配板设计高度（mm）；

H_w——外墙模板配板设计高度（mm）；

h_c——建筑结构层高（mm）；

h_1——楼板厚度（mm）；

a——搭接尺寸（mm）（内模设计：取 a=10～30 mm；外模设计：取 a>50 mm）。

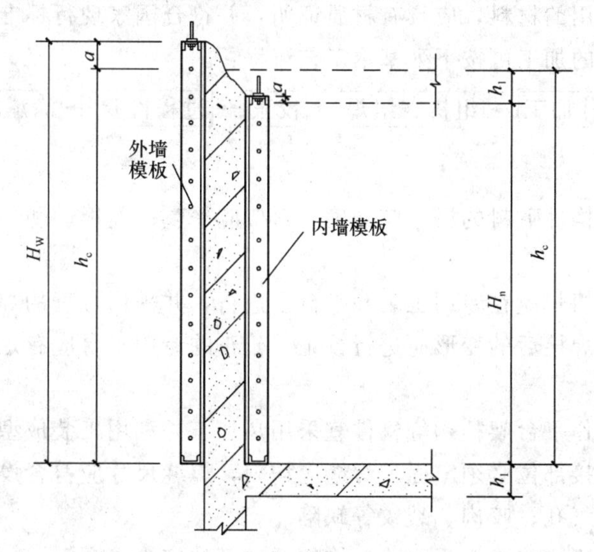

图 7-11　配板设计高度尺寸示意图

（2）大模板配板设计长度尺寸可按下列公式计算，如图 7-12 所示。

$$L_a = L_z + (a+d) - B_i$$

$$L_b = L_z - (b+c) - B_i - \Delta$$

$$L_c = L_z - c + a - B_i - 0.5\Delta$$

$$L_d = L_z - b + d - B_i - 0.5\Delta$$

式中　L_a、L_b、L_c、L_d——模板配板设计长度（mm）；

L_z——轴线尺寸（mm）；

B_i——每一模位角模尺寸总和（mm）；

Δ——每一模位阴角模预留支拆余量总和，取3～5（mm）；

a、b、c、d——墙体轴线定位尺寸（mm）。

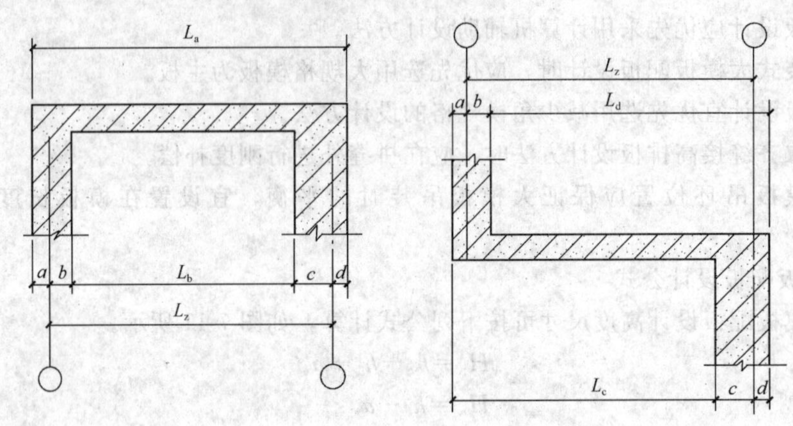

图7-12　配板设计长度尺寸示意图

四、大模板的制作与检验

（1）大模板应按照设计图和工艺文件加工制作。

（2）大模板所使用的材料，应具有材质证明，并符合国家现行标准的有关规定。

（3）大模板主体的加工可按下列基本工艺流程：

下料→零、构件加工→组拼、组焊→校正→过程检验→涂漆→标识→最终检验→入库

（4）大模板零、构件下料的尺寸应准确，料口应平整；面板、肋、背楞等部件组拼组焊前应调平、调直。

（5）大模板组拼组焊应在专用工装和平台上进行，并采用合理的焊接顺序和方法。

（6）大模板组拼焊接后的变形应进行校正。校正的专用平台应有足够的强度、刚度，并应配有调平装置。

（7）钢吊环、操作平台架挂钩等构件宜采用热加工并利用工装成型。

（8）大模板的焊接部位必须牢固，焊缝应均匀，焊缝尺寸应符合设计要求，焊渣应清除干净，不得有夹渣、气孔、咬肉、裂纹等缺陷。

（9）防锈漆应涂刷均匀，标识明确，构件活动部位应涂油润滑。

（10）整体式大模板的制作允许偏差与检验方法应符合表7-1的要求。

表7-1　整体式大模板制作允许偏差与检验方法

项次	项目	允许偏差（mm）	检验方法
1	模板高度	±3	卷尺量检查
2	模板长度	−2	卷尺量检查
3	模板板面对角线差	≤3	卷尺量检查
4	板面平整度	2	2 m靠尺及塞尺检查
5	相邻面板拼缝高低差	≤0.5	平尺及塞尺量检查

续上表

项次	项目	允许偏差（mm）	检验方法
6	相邻面板拼缝间隙	≤0.8	塞尺量检查

(11) 拼装式大模板的组拼允许偏差与检验方法应符合表 7-2 的要求。

表 7-2 拼装式大模板的组拼允许偏差与检验方法

项次	项目	允许偏差（mm）	检验方法
1	模板高度	±3	卷尺量检查
2	模板长度	−2	卷尺量检查
3	模板板面对角线差	≤3	卷尺量检查
4	板面平整度	2	2 m 靠尺及塞尺检查
5	相邻面板拼缝高低差	≤1	平尺及塞尺量检查
6	相邻面板拼缝间隙	≤1	塞尺量检查

五、大模板的验收

1. 大模板安装质量要求

(1) 大模板安装后应保证整体的稳定性，确保施工中模板不变形、不错位、不胀模。

(2) 模板间的拼缝要平整、严密，不得漏浆。

(3) 模板板面应清理干净，隔离剂涂刷应均匀，不得漏刷。

2. 大模板安装允许偏差及检验方法

大模板安装允许偏差及检验方法应符合表 7-3 的规定。

表 7-3 大模板安装允许偏差及检验方法

<table>
<tr><th colspan="2">项目</th><th>允许偏差（mm）</th><th>检验方法</th></tr>
<tr><td colspan="2">轴线位置</td><td>4</td><td>尺量检查</td></tr>
<tr><td colspan="2">截面内部尺寸</td><td>±2</td><td>尺量检查</td></tr>
<tr><td rowspan="2">层高垂直度</td><td>全高≤5 m</td><td>3</td><td>线坠及尺量检查</td></tr>
<tr><td>全高>5 m</td><td>5</td><td>线坠及尺量检查</td></tr>
<tr><td colspan="2">相邻模板板面高低差</td><td>2</td><td>平尺及塞尺量检查</td></tr>
<tr><td colspan="2">表面平整度</td><td><4</td><td>20 m 内上口拉直线尺量检查下口按模板定位线为基准检查</td></tr>
</table>

第二节 滑升模板混凝土施工

一、滑模装置组成部件

滑模装置主要由模板系统、操作平台系统、液压提升系统以及施工精度控制系统等部分组成，如图 7-13 所示。

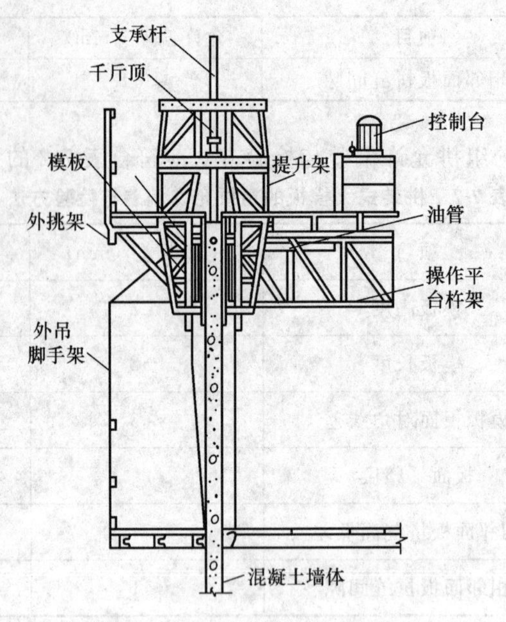

图 7-13　滑升模板装置组成示意图

1. 模板系统

（1）模板。模板又称作围板，依赖围圈带动其沿混凝土的表面向上滑动。模板的主要作用是使混凝土按设计要求的截面形状成型。模板用材一般以钢材为主，如采用定型组合钢模板，则需在边框增加与围圈固定相适应的连接孔。

模板按其所在部位和作用的不同，可分为内模板、外模板、堵头模板、角模以及变截面处的衬模板等。为了防止混凝土在浇筑时外溅，外模板的上端比内模板可高出 100～200 mm。钢模板可采用厚 2～3 mm 的钢板冷压成型，或用厚 2～3 mm 钢板与∟30～∟50 角钢制成（图 7-14）。模板高度宜采用 900～1 200 mm，对筒体结构宜采用 1 200～1 500 mm；滑框倒模的滑轨高度宜为 1 200～1 500 mm，单块模板宽度宜为 300 mm。当施工对象的墙体尺寸变化不大时，亦可根据施工条件将模板宽度加大，以节约组装和拆卸用工；另外，亦可配以少量的 200 mm、150 mm 宽的模板，个别小于50 mm的空隙，可配以木条包薄钢板补严。模板宽度的实际尺寸应比公称尺寸小 2 mm。

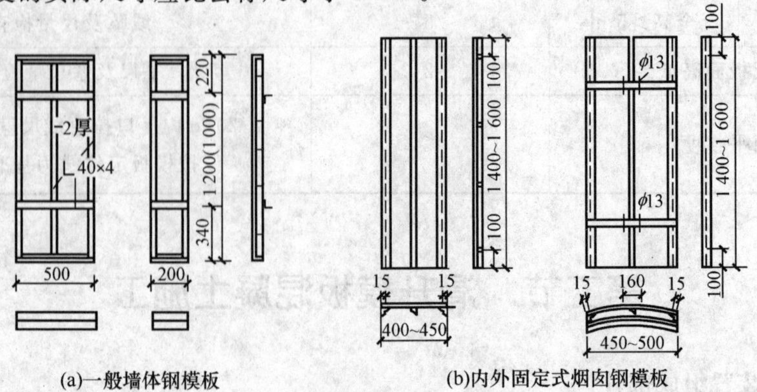

图 7-14　钢模板示意图

墙板结构与框架结构柱的阴阳角处宜采用同样材料制成的角模（图 7-15）。角模的上下口倾斜度应与墙体模板相同。阴阳角处可做成小圆弧形。

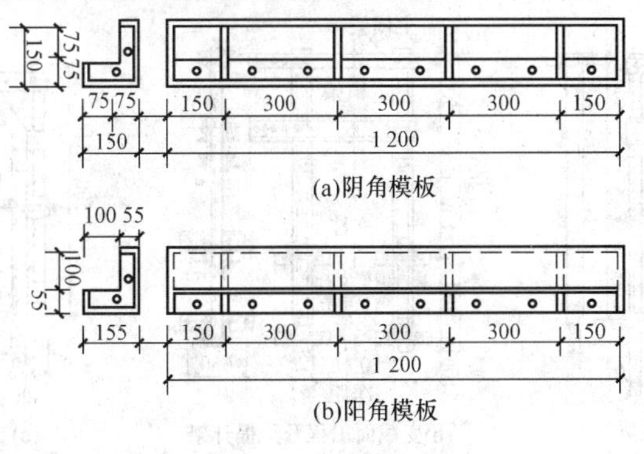

图 7-15 角模

（2）围圈。围圈又称作围檩，其主要作用是使模板保持组装的平面形状并将模板与提升架连接成一个整体。围圈承受由模板传递来的混凝土侧压力、冲击力和风荷载等水平荷载，同时还承受滑升时的摩阻力、作用于操作平台上的静荷载和施工荷载等竖向荷载，并将其传递到提升架、千斤顶和支撑杆上。围圈承受的荷载包括的内容：垂直荷载应包括模板的重量和模板滑动时的摩阻力，当操作平台直接支承在围圈上时，并应包括操作平台的自重和操作平台上的施工荷载；水平荷载应包括混凝土的侧压力，当操作平台直接支承在围圈上时，还应包括操作平台的重量和操作平台上的施工荷载所产生的水平分力。

围圈的构造应符合的规定：围圈截面尺寸应根据计算确定，上、下围圈的间距一般为450～750 mm，上围圈距模板上口的距离不宜大于 250 mm；当提升架间距大于 2.5 m 或操作平台的承重骨架直接支承在围圈上时，围圈宜设计成桁架式；围圈在转角处应设计成刚性节点；固定式围圈接头应用等刚度型钢连接，连接螺栓每边不得少于 2 个；在使用荷载作用下，两个提升架之间围圈的垂直与水平方向的变形不应大于跨度的 1/500；连续变截面筒体结构的围圈宜采用分段伸缩式；设计滑框倒模的围圈时，应在围圈内挂竖向滑轨，滑轨的断面尺寸及安放间距应与模板的刚度相适应；高耸烟囱筒壁结构上、下直径变化较大时，应按优化原则配置多套不同曲率的围圈。

（3）提升架。提升架又称作千斤顶架。它是安装千斤顶并与围圈、模板连接成整体的主要构件。提升架的主要作用是控制模板、围圈由于混凝土的侧压力和冲击力而产生的位移变形；同时承受作用于整个模板上的竖向荷载，并将上述荷载传递给千斤顶和支撑杆。当提升机具工作时，通过它带动围圈、模板及操作平台等一起向上滑动。提升架的立面构造形式，一般可分为单横梁“Π”形，双横梁的“开”形或单立柱的“Γ”形等（图 7-16）。提升架的平面构造形式，一般可分为“I”形、“Y”形、“X”形、“Π”形和“□”形等几种（图 7-17）。

对于变形缝双墙、圆弧形墙壁交叉处或厚墙壁等摩阻力及局部荷载较大的部位，可采用双千斤顶提升架。双千斤顶提升架可沿横梁布置，如图 7-18（a）、（b）、（c）所示；也可垂直于横梁布置，如图 7-18（d）所示。

墙体转角和十字交接处，提升架立柱可采用 100 mm×100 mm×（4～6）mm 方钢管制作（图 7-19）。

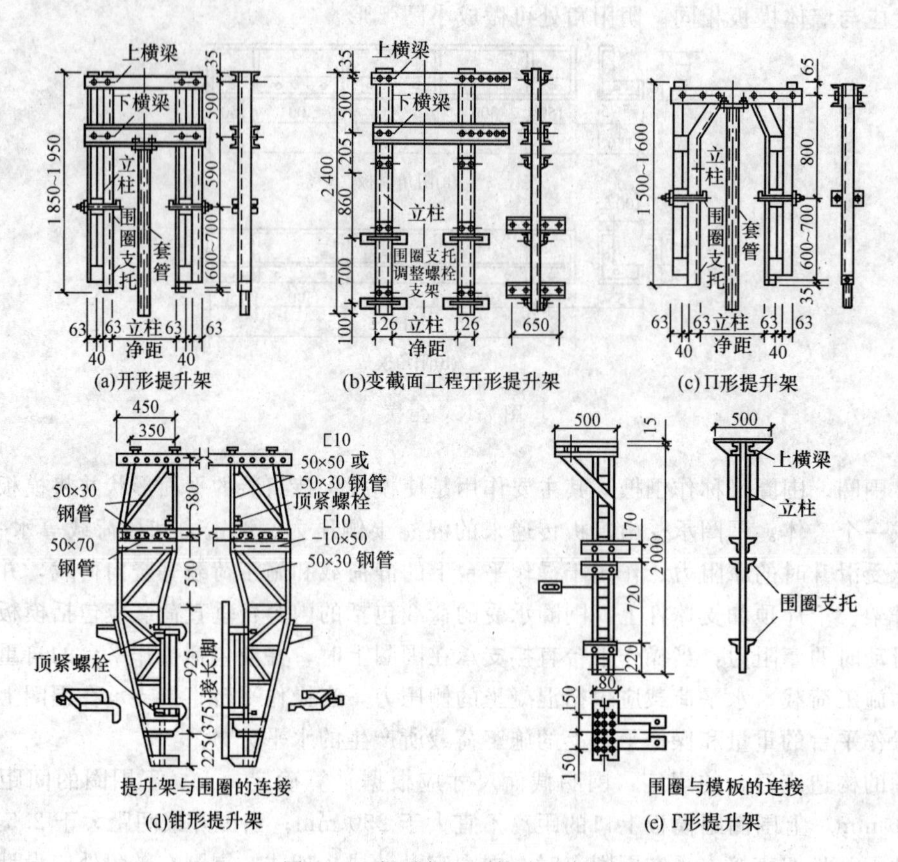

图 7-16　提升架立面构造示意图

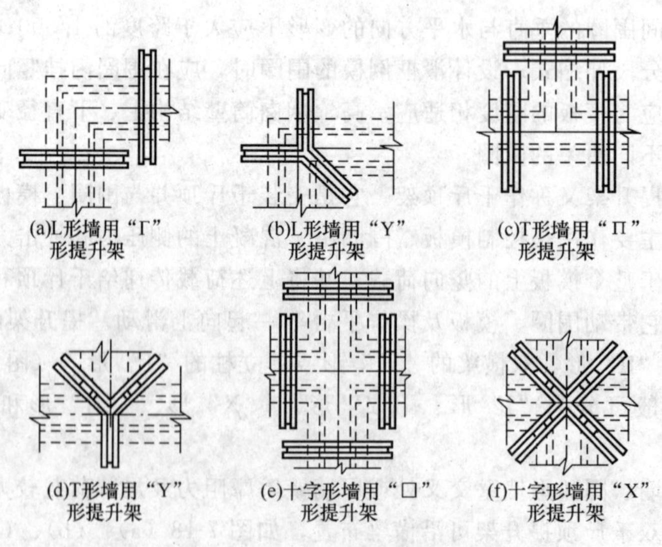

图 7-17　提升架平面构造示意图

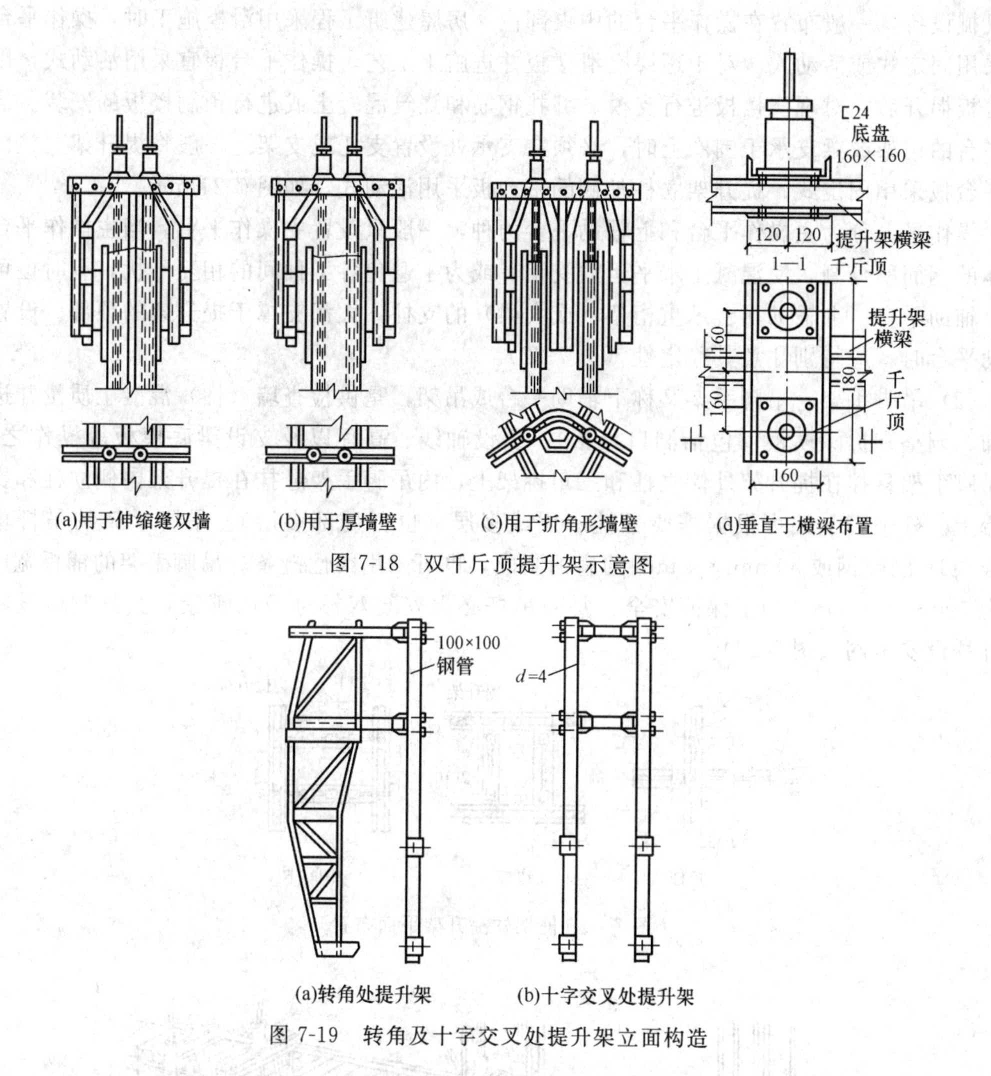

图 7-18　双千斤顶提升架示意图

图 7-19　转角及十字交叉处提升架立面构造

提升架应具有足够的刚度，设计时应按实际的受力荷载验算，其构造应符合的规定：提升架宜用钢材制作，可采用单横梁“П”形架、双横梁的“开”形架或单立柱的“Γ”形架；横梁与立柱必须刚性连接，两者的轴线应在同一平面内。在施工荷载作用下，立柱下端的侧向变形应不大于 2 mm；模板上口至提升架横梁底部的净高度：采用 ϕ25 圆钢支承杆时宜为 400～500 mm，采用 ϕ48×3.5 钢管支承杆时宜为 500～900 mm；提升架立柱上应设有调整内外模板间距和倾斜度的调节装置；当采用工具式支承杆设在结构体内时，应在提升架横梁下设置内径比支承杆直径大 2～5 mm 的套管，其长度应达到模板下缘；当采用工具式支承杆设在结构体外时，提升架横梁相应加长，支承杆中心线距模板距离应大于 50 mm。

在框架结构框架柱部位的提升架，可采取纵横梁“井”字式布置，在提升架上可布置几台千斤顶，其荷载应均匀分布（图 7-20）。

2. 操作平台系统

操作平台系统由操作平台和吊脚手架等组成。

（1）操作平台。滑模的操作平台是绑扎钢筋、浇筑混凝土、提升模板等的操作场所；也是钢筋、混凝土、埋设件等材料和千斤顶、振动器等小型备用机具的暂时存放场地。液压控制机械设备，一般布置在操作平台的中央部位。房屋建筑工程采用滑模施工时，操作平台板可采用固定式或活动式。对于逐层空滑楼板并进施工工艺，操作平台板宜采用活动式，以便平台板揭开后，对现浇楼板进行支模、绑扎钢筋和浇筑混凝土或进行预制楼板的安装。当操作平台的桁架或梁支承于围圈上时，必须在支承处设置支托或支架。一般将提升架立柱内侧的平台板采用固定式；提升架立柱外侧的平台板采用活动式，如图 7-21所示。

操作平台分为主操作平台和上辅助平台两种，一般只设置主操作平台。当主操作平台被墙体的钢筋所分割，使混凝土水平运输受阻，或为了避免各工种间的相互干扰，有时也可设置上辅助平台。上辅助平台承重桁架（或大梁）的支柱，大都支撑于提升架的顶部。设置上辅助平台时，应特别注意其稳定性（图 7-22）。

（2）吊脚手架。吊脚手架又称下辅助平台或吊架，是供检查墙（柱）混凝土质量并进行修饰、调整和拆除模板（包括洞口模板），引设轴线、高程以及支设梁底模板等操作之用。外吊脚手架悬挂在提升架外侧立柱和三角挑架上，内吊脚手架悬挂在提升架内侧立柱和操作平台上。外吊脚手架可根据需要悬挂一层或多层（也可局部多层）。吊脚手架的吊杆可用 $\phi16\sim\phi18$ 的圆钢或 50 mm×4 mm 的扁钢制成，也可采用柔性链条。吊脚手架的铺板宽度一般为 500～800 mm。为了保证安全，每根吊杆必须安装双螺母予以锁紧，其外侧应设防护栏杆挂设安全网（图 7-23）。

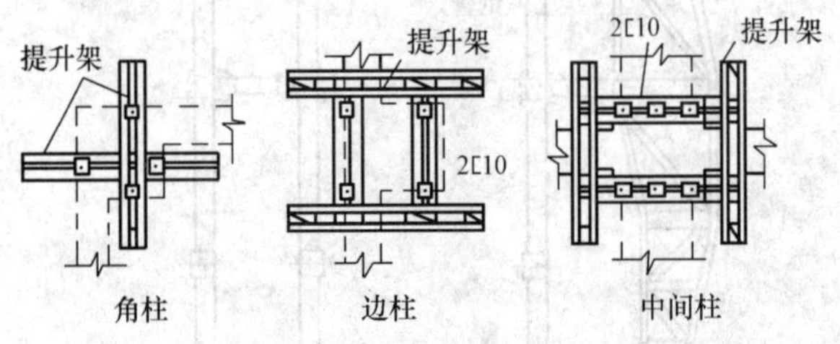

图 7-20　框架柱提升架平面布置

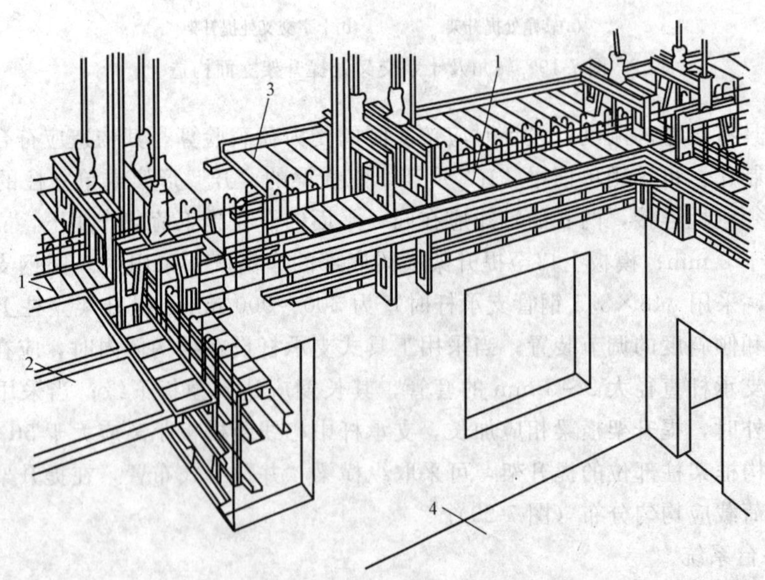

图 7-21　活动平台板操作平台

1—固定平台板；2—活动平台板；3—外挑操作平台；

4—下一层已施工完的现浇楼板

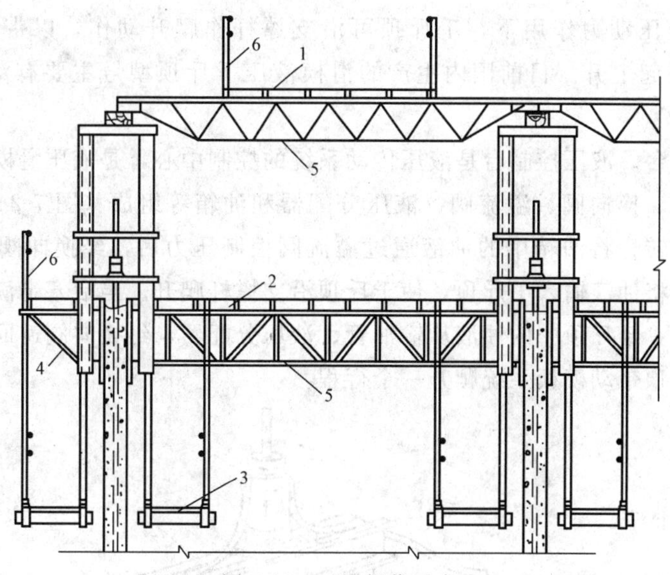

图 7-22　双层操作平台

1—上辅助平台；2—主操作平台；3—吊脚手架；
4—三角挑架；5—承重桁架；6—防护栏杆

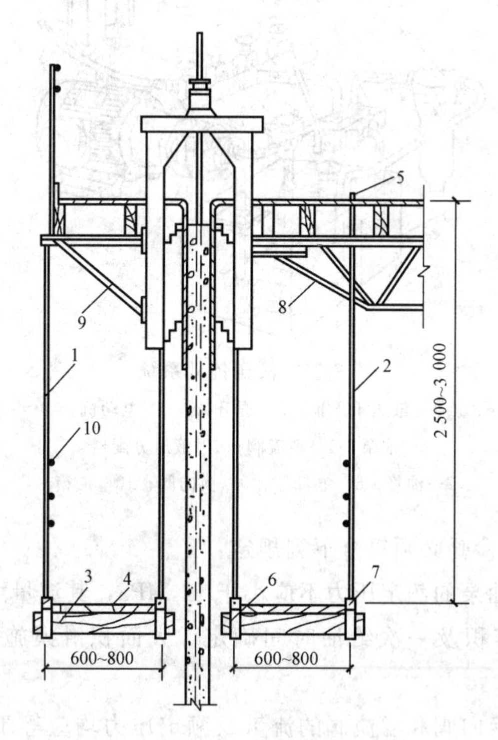

图 7-23　吊脚手架

1—外吊脚手杆；2—内吊脚手杆；3—木楞；4—脚手板；5—固定吊杆的卡棍；
6—套靴；7—连接螺栓；8—平台承重桁架；9—三角挑架；10—防护栏杆

3. 液压提升系统

液压提升系统主要由液压千斤顶、液压控制台、油路系统和支撑杆等部分组成。

(1) 液压千斤顶。液压千斤顶又称为穿心式液压千斤顶或爬升器。其中心穿过支撑杆，在周期式的液压动力作用下，千斤顶可沿支撑杆作爬升动作，以带动提升架、操作平台和模板随之一起上升。目前国内生产的滑模液压千斤顶型号主要有滚珠式、楔块式、松卡式等。

(2) 液压控制台。液压控制台是液压传动系统的控制中心，是液压滑模的心脏。主要由电动机、齿轮油泵、换向阀、溢流阀、液压分配器和油箱等组成（图 7-24）。其工作过程：电动机带动油泵运转，将油箱中的油液通过溢流阀控制压力后，经换向阀输送到液压分配器，然后，经油管将油液输入千斤顶，使千斤顶沿支撑杆爬升。当活塞走满行程之后，换向阀变换油液的流向，千斤顶中的油液从输油管、液压分配器，经换向阀返回油箱。每一个工作循环，可使千斤顶带动模板系统爬升一个行程。

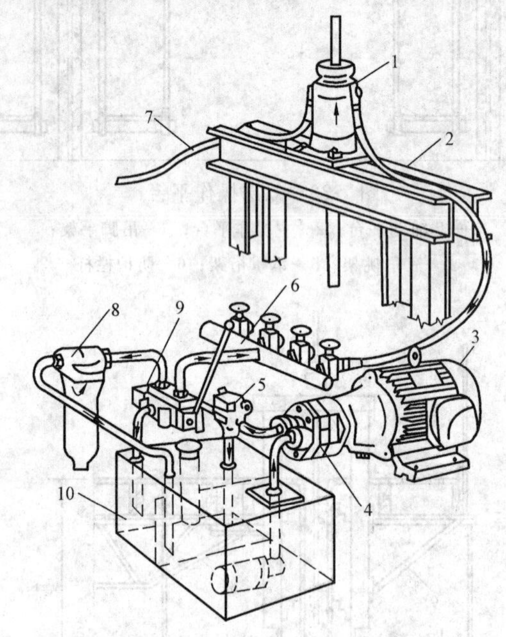

图 7-24 液压传动系统

1—液压千斤顶；2—提升架；3—电动机；
4—油泵；5—溢流阀；6—液压分配器；
7—油管；8—滤油器；9—换向阀；10—油箱

液压控制台的选用与检验必须符合下列规定：

1) 液压控制台内，油泵的额定压力不应小于 12 MPa，其流量可根据所带动的千斤顶数量、每只千斤顶油缸内容积及一次给油时间确定。大面积滑模施工时可多个控制台并联使用。

2) 液压控制台内，换向阀和溢流阀的流量及额定压力均应等于或大于油泵的流量和液压系统最大工作压力，阀的公称内径不应小于 10 mm，宜采用通流能力大、动作速度快、密封性能好、工作可靠的三通逻辑换向阀。

3) 液压控制台的油箱应易散热、排污，并应有油液过滤的装置，油箱的有效容量应为油泵排油量的 2 倍以上。

4) 液压控制台供电方式应采用三相五线制，电气控制系统应保证电动机、换向阀等按滑模千斤顶爬升的要求正常工作，并应加设多个备用插座。

5）液压控制台应设有油压表、漏电保护装置、电压及电流表、工作信号灯和控制加压、回油、停滑报警、滑升次数时间继电器等。

(3) 油路系统。油路系统是连接控制台到千斤顶的液压通路，主要由油管、管接头、液压分配器和截止阀等元器件组成。油管一般采用高压无缝钢管及高压橡胶管两种。根据滑模工程面积大小决定液压千斤顶的数量及编组形式。油路的设计与检验应符合下列规定：输油管应采用高压耐油胶管或金属管，其耐压力不得低于 25 MPa。主油管内径不得小于 16 mm，二级分油管内径宜为 10～16 mm，连接千斤顶的油管内径宜为 6～10 mm；油管接头、针形阀的耐压力和通径应与输油管相适应；液压油应定期进行过滤，并应有良好的润滑性和稳定性。

(4) 支撑杆。支撑杆又称爬杆、千斤顶杆或钢筋轴等。它支撑着作用于千斤顶的全部荷载。目前使用的额定起重量为 30 kN 的珠式卡具液压千斤顶，其支撑杆一般采用 25 mm 的 HPB235 级圆钢制作。如使用额定起重量为 30 kN 的楔块式卡具液压千斤顶时，亦可采用 25～28 mm的螺纹钢筋作支撑杆。对于框架柱等结构，可直接以受力钢筋作支撑杆使用。为了节约钢材用量，应尽可能采用工具式支撑杆（ϕ25 mm 圆钢支撑杆）的连接方法，常用的有以下三种：螺纹扣连接、榫接和坡口焊接（图 7-25）。支撑杆的焊接，一般在液压千斤顶上升到接近支撑杆顶部时进行，接口处若有偏斜或凸痕，要用手提砂轮机处理平整。也可在千斤顶底部超过支撑杆后进行，但由于该千斤顶处于脱空卸荷状态，将荷载转移至相邻的千斤顶承担，因而在进行滑模装置设计时，即应考虑到这一因素。采用工具式支撑杆时，应在安装千斤顶的提升架横梁下部，悬吊一般内径稍大于支撑杆外径的钢套管，套管可上下移动和自由移动，套管上提后的长度与横板下口相平，其下端外径最好做成上大下小的锥度，以减少滑升时摩阻力。套管随千斤顶和提升架同时滑升，在混凝土内形成管孔，以防支撑杆与混凝土粘结。工具式支撑杆可以在滑升到顶后一次抽拔，也可在滑升过程中分层抽拔；但分层抽拔时，应间隔进行，每层抽拔数量不应超过支撑杆总数的 1/4，并应对抽拔过程中卸荷的千斤顶采取必要的支顶安全措施。

工具式支撑杆的抽拔，一般可采用管钳、倒链和倒置滑模千斤顶或杠杆式拔杆器等器具。杠杆式拔杆器，如图 7-26 所示。

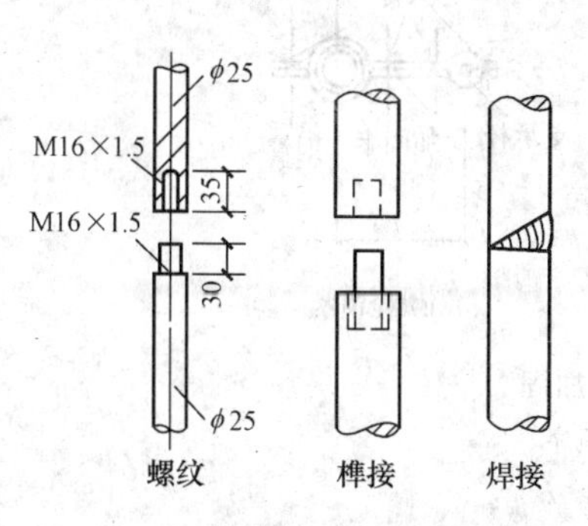

图 7-25 ϕ25 圆钢支撑杆的连接

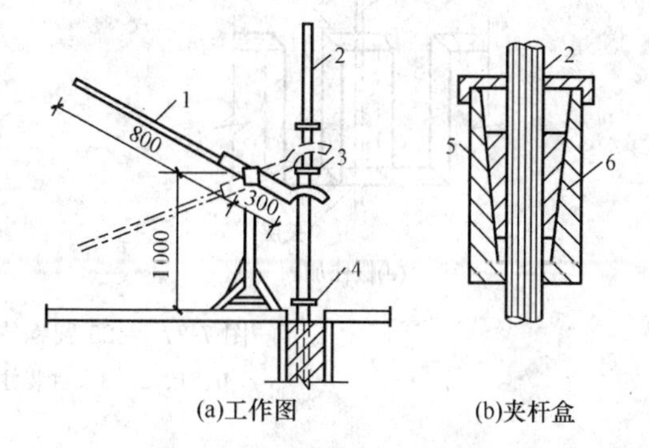

图 7-26 杠杆式拔杆器

1—杠杆；2—工具式支撑杆；3—上夹杆盒（拔杆用）
4—下夹杆盒（保险用）；5—夹块；6—夹杆盒外壳

为了防止支撑杆失稳，ϕ25 圆钢支撑杆的允许脱空长度，建议不超过表 7-4 所示数值。

表 7-4　ϕ25 圆钢支撑杆允许脱空长度

支撑杆荷载 P（kN）	允许脱空长度 L（cm）	支撑杆荷载 P（kN）	允许脱空长度 L（cm）
10	152	15	115
12	134	20	94

注：允许脱空长度 L，系指千斤顶下卡头至混凝土上表面的允许距离，它等于千斤顶下卡头至模板上口距离加模板的一次提升高度。

当施工中超过表 7-4 所示脱空长度时，应对支撑杆采取有效的加固措施。支撑杆的加固，一般可采用方木、钢管、拼装柱盒及假柱等加固方法（图 7-27）。

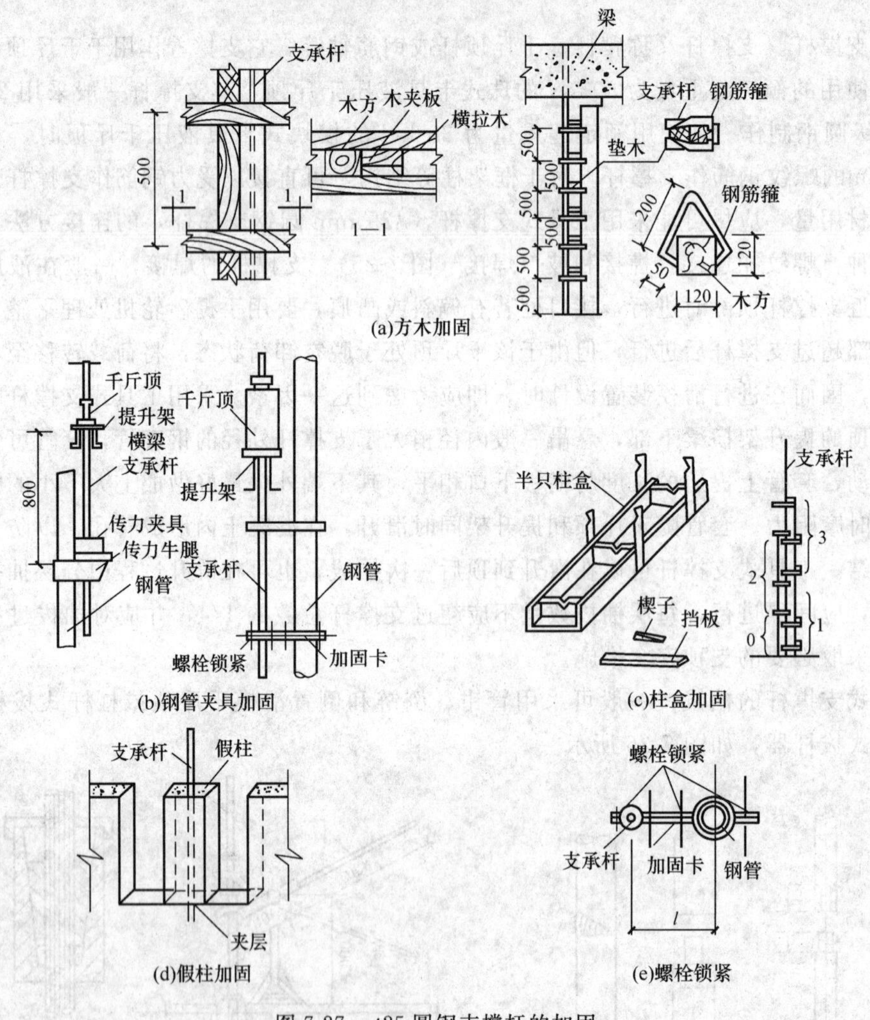

图 7-27　ϕ25 圆钢支撑杆的加固

0、1、2、3—拼装柱盒先后顺序

近年来，我国各地相继研制了一批额定起重量为 60～100 kN 的大吨位千斤顶，与之配套的支撑杆采用 ϕ48×3.5 的钢管。在滑模施工中，当采用 ϕ48×3.5 钢管作支撑杆且处于混凝土体外时，其最大脱空长度（额定起重量为 60 kN 的千斤顶工作起重量为 30 kN 时）应控制在 2.5 m 以内，支撑杆的稳定性是可靠的。

$\phi 48\times 3.5$ 支撑杆的接头，可采用螺纹连接、焊接和销钉连接。采用螺纹连接时，钢管两端分别焊接 M30 螺母和螺杆，螺纹长度不宜小于 40 mm。采用焊接方法时，应先加工一段长度为 200 mm 的 $\phi 38\times 3$ 衬管，并在支撑杆两端各钻 3 个小孔，当千斤顶上部的支撑杆还有 400 mm 时，将衬管插进支撑杆内 1/2，通过 3 个小孔点焊后，表面磨平。随后在衬管上插接上一根支撑杆，同样点焊磨平。当千斤顶通过接头后，再用帮条焊接。采用销钉连接时，需加工一段连接件（衬管和管箍），在连接件及支撑杆端部对应位置分别钻销孔，当千斤顶通过接头后，用销钉将支撑杆和连接件销在一起。连接件的衬管与管箍亦通过 3 个小孔点焊而成。

二、混凝土浇筑施工

1. 混凝土的配制

用于滑模施工的混凝土，应事先做好混凝土配比的试配工作，除应满足设计所规定的强度、抗渗性、耐久性等要求外，尚应满足下列规定。

（1）混凝土早期强度的增长速度，必须满足模板滑升速度的要求。

（2）混凝土宜用硅酸盐水泥或普通硅酸盐水泥配制。

（3）混凝土浇筑入模时坍落度，应符合表 7-5 的规定。

表 7-5　混凝土浇筑入模时的坍落度

结构种类	坍落度（mm）	
	非泵送混凝土	泵送混凝土
墙板、梁、柱	50～70	100～160
配筋密肋的结构（筒壁结构及细柱）	60～90	120～180
配筋特密结构	90～120	140～200

注：采用人工捣实时，非泵送混凝土的坍落度可适当增加。

（4）在混凝土中掺入的外加剂或掺和料，其品种和掺量应通过试验确定。

颗粒级配和高效减水剂的简介

1. 颗粒级配

（1）砂的颗粒级配。颗粒级配是指砂子中不同粒径颗粒之间的搭配比例关系。采用同一粒径的砂子，空隙最大，因此要用粗、细及中间颗粒的砂子合理组合在一起时，才能互相填充使空隙率最小，这种情况就称为良好级配。良好的级配空隙小，可以降低水泥用量，且提高混凝土的密实度。

为保证混凝土的施工和易性，并节约水泥，较经济地配制质量合格的混凝土，应选择颗粒级配好，而且粗细程度适宜的骨料。在砂子用量一定的情况下，最好采用空隙率小而总表面积也小的砂。砂的空隙率小，则混凝土骨架较密实，填充砂子空隙的水泥浆则少；砂总表面积小，包裹砂子表面的水泥浆用量则减少，也就可节约水泥用量。砂的空隙率大小取决于颗粒级配的好坏，而总表面积的大小又取决于砂的粗细程度。当采用同一粒径砂时，其空隙率较大；两种不同粒径砂搭配得当，则空隙率减小；采用多种（粗、中、细或更细）粒径混合时，空隙率会更小。这样一级一级颗粒互相填充搭配，若比例适当，就会使砂子空隙达到最小。砂子级配好，就是指砂子空隙率较小。砂子的粗细程度影响砂的总表面积，在相同用量条件下，细砂总表面积大，粗砂总表面积小。为了获得比较小的总表面积，并节约混凝土中水泥用量，应尽量多采用较粗的颗粒。但颗粒过粗，易使混凝土拌和物产生泌水，影响和易性。若砂中粗颗粒过多，中小颗粒搭配又不好，会使砂空隙率增大。因此，砂子粗细程度要与砂的颗粒级配同时考虑。

混凝土用砂按 0.630 mm 筛孔的累计筛余量可分为三个级配区，见表 7-6。砂的颗粒级配应处于表中的任何一个区域内。

表 7-6　建设用砂颗粒级配

砂的分类	天然砂			机制砂		
级配区	Ⅰ区	Ⅱ区	Ⅲ区	Ⅰ区	Ⅱ区	Ⅲ区
方筛孔	累计筛余（%）					
4.75 mm	10～0	10～0	10～0	10～0	10～0	10～0
2.36 mm	35～5	25～0	15～0	35～5	25～0	15～0
1.18 mm	65～35	50～10	25～0	65～35	50～10	25～0
600 μm	85～71	70～41	40～16	85～71	70～41	40～16
300 μm	95～80	92～70	85～55	95～80	92～70	85～55
150 μm	100～90	100～90	100～90	97～85	94～80	94～75

配制混凝土时宜优先选用Ⅱ区砂。当采用Ⅰ区砂时，应提高砂率，并保持足够的水泥用量，满足混凝土和易性；当采用Ⅲ区砂时，宜适当降低砂率；当采用特细砂时，应符合相应的规定。

对于泵送混凝土用砂，宜选用中砂。

(2) 石子的颗粒级配。碎石应为由天然岩石或卵石经破碎、筛分而得的粒径大于5 mm的岩石颗粒；混凝土用的卵石或碎石粒径的上限，称为该粒径的最大粒径。石子粒径大，其表面积随之减少。因此保证一定厚度的润滑层所需的水泥砂浆的数量也相应减少，所以石子最大粒径在条件许可下，应尽量选用大一些的。但石子粒径的选用，取决于构件截面尺寸和配筋的疏密。石子最大颗粒尺寸不得超过结构截面最小尺寸的 1/4，同时不得大于钢筋最小净距的 3/4，对板类构件不得超过板厚的 1/2。

石子在混凝土中使用，也要有较好的级配。一般在工程上使用，要求连续粒级为 5～40 mm。

2. 高效减水剂

(1) 高效减水剂的主要功能。

1) 能大大提高水泥拌和物流动性和混凝土坍落度，同时大幅度降低用水量，显著改善混凝土工作性；提高混凝土各龄期强度。

2) 高效减水剂基本不改变混凝土凝结时间，掺量大时（超剂量掺入）稍有缓凝作用，但并不延缓硬化混凝土早期强度的增长。在保持强度恒定值时，则能节约水泥 10%或更多。

3) 不含氯离子，对钢筋不产生锈蚀作用。提高混凝土的抗渗、抗冻及耐腐蚀性，增强耐久性。掺量过大时会产生泌水。

（2）高效减水剂的适用范围。

1）适用于各类工业与民用建筑、水利、交通、港口、市政等工程建设中的预制和现浇钢筋混凝土、预应力钢筋混凝土工程。

2）适用于高强、超高强、中等强度混凝土，早强、浅度抗冻、大流动混凝土。

3）适宜作为各类复合型外加剂的减水组分。

2. 混凝土运输

混凝土的运输，一般可采用井架吊斗或塔式起重机吊罐，也可直接吊混凝土小车等，将混凝土吊至操作平台上，再利用人工入模浇筑。这种方法需用人工较多，而且运输时间亦较长，不利于滑模的快速施工。有些施工单位应用混凝土输送泵配合布料杆，来解决混凝土的运输和直接入模问题，取得了较好的成果。

3. 布料方法

当采用布料机布送混凝土时应进行专项设计，并符合下列规定：

（1）布料机的活动半径宜能覆盖全部待浇混凝土的部位。

（2）布料机的活动高度应能满足模板系统和钢筋的高度。

（3）布料机不宜直接支承在滑模平台上，当必须支承在平台上时，支承系统必须专门设计，并有大于2.0的安全储备。

（4）布料机和泵送系统之间应有可靠的通信联系，混凝土宜先布料在操作平台上，再送入模板，并应严格控制每一区域的布料数量。

（5）平台上的混凝土残渣应及时清出，严禁铲入模板内或掺入新混凝土中使用。

（6）夜间作业时应有足够的照明。

混凝土布料设备的简介

1. 混凝土泵车布料杆

混凝土泵车布料杆，是在混凝土泵车上附装的既可伸缩也可曲折的混凝土布料装置。混凝土输送管道就设在布料杆内，末端是一段软管，用于混凝土浇筑时的布料工作。这种装置的布料范围广，在一般情况下不需再另行配管。

2. 独立式混凝土布料器

独立式混凝土布料器是与混凝土泵配套工作的独立布料设备。在操作半径内，能比较灵活自如地浇筑混凝土。其工作半径一般为10 m左右，最大的可达40 m。由于其自身较为轻便，能在施工楼层上灵活移动，所以，实际的浇筑范围较广，适用于高层建筑的楼层混凝土布料。

3. 固定式布料杆

固定式布料杆又称塔式布料杆，可分为两种：附着式布料杆和内爬式布料杆。这两种布料杆除布料臂架外，其他部件如转台、回转支撑、回转机构、操作平台、爬梯、底架均采用批量生产的相应的塔式起重机部件，其顶升接高系统、楼层爬升系统亦取自相应的附着式自升塔式起重机和内爬式塔式起重机。附着式布料杆和内爬式布料杆的塔架有两种不同结构，一种是钢管立柱塔架，另一种是格桁结构方形断面构架。布料臂架大多采用低合金高强钢组焊薄壁箱形断面结构，一般由三节组成。薄壁泵送管则附装在箱形断面梁上，两节泵管之间用90°弯管相连通。这种布料臂架的俯、仰、曲、伸悉由液压系统操纵。为了减小布料臂架负荷对塔架的压弯作用，布料杆多装有平衡臂并配有平衡重。

目前有些内爬式布料杆如 HG17～HG25 型，装用另一种布料臂架，臂架为轻量型钢格桁结构，由两节组成，泵管附装于此臂架上，采用绳轮变幅系统进行臂架的折叠和俯仰变幅。这种布料臂的最大工作幅度为 17～28 m，最小工作幅度为 1～2 m。

固定式布料杆装用的泵管有三种规格：ϕ100、ϕ112、ϕ125，管壁厚一般为 6 mm。布料臂架上的末端泵管的管端还都套装有 4 m 长的橡胶软管，以有利于布料。

4. 起重布料两用机

该机亦称起重布料两用塔式起重机，多以重型塔式起重机为基础改制而成，主要用于造型复杂、混凝土浇筑量大的工程。布料系统可附装在特制的爬升套架上，亦可安装在塔顶部经过加固改装的转台上。所谓特制爬升套架乃是带有悬挑支座的特制转台与普通爬升套架的集合体。布料系统及顶部塔身装设于此特制转台上。

5. 混凝土浇筑斗

(1) 混凝土浇筑布料斗为混凝土水平与垂直运输的一种转运工具。混凝土装进浇筑斗内，由起重机吊送至浇筑地点直接布料。浇筑斗是用钢板拼焊成簸箕式，容量一般为 1 m^3。两边焊有耳环，便于挂钩起吊。上部开口，下部有门，门出口为 40 cm×40 cm，采用自动闸门，以便打开和关闭。

(2) 混凝土吊斗。有圆锥形、高架方形、双向出料形等，斗容量 0.7～1.4 m^3。混凝土由搅拌机直接装入后，用起重机吊至浇筑地点。

4. 混凝土出模强度控制

由于滑模施工时，模板是随着混凝土的连续浇筑不断滑升的，混凝土对模板的滑升产生摩阻力。为减少滑升阻力，保证混凝土的质量，必须根据滑升速度适当控制混凝土凝结时间，使出模的混凝土能达到最优的出模强度。混凝土的最优出模强度就是混凝土凝结的程度应使滑升时的摩阻力为最小，出模的混凝土表面易于抹光，不会被拉裂或带起，而又足以支撑上部混凝土的自重，不会出现流淌、坍落或变形。

为此应将混凝土的出模强度控制在 0.2～0.4 MPa 范围内。在此种出模强度下，不易发生混凝土坍落、拉裂现象，出模后的混凝土表面容易修饰，而且混凝土后期强度损失较少。

5. 混凝土初凝时间控制

由于高层建筑的混凝土浇筑面与浇筑量大，混凝土的初凝时间必须与混凝土的浇筑速度和滑升速度相协调。滑模施工中的混凝土配合比及水泥品种的选择应根据施工时的气温、滑升速度和工程对象而定。夏季施工一般宜选用矿渣水泥，也可以采用普通水泥或掺入适量的粉煤灰。设计配合比时，还应进行试配，找出几种在不同的气温条件下混凝土的初凝、终凝时间和强度随时间增长的关系曲线，以供施工时选用。

6. 浇筑阶段的划分

滑升模板施工中浇筑混凝土和提升模板是相互交替地进行的，根据其施工工艺的特点，整个过程可以分为初浇初升、随浇随升和末浇末升三个施工阶段。

(1) 混凝土的初浇阶段是指在滑升模板组装检查完毕后，从开始浇筑混凝土时至模板开始试升时为止。此阶段混凝土的浇筑高度一般为 600～700 mm，分 2～3 层浇筑，必须在混凝土初凝之前完成。

(2) 模板初升后，即进入随浇随升阶段。此时，混凝土的浇筑与绑扎钢筋、提升模板两道工序紧密衔接，相互交替进行，以正常浇筑速度分层浇筑。

(3) 当混凝土浇筑至距设计标高尚差 1 m 左右时，即达末浇阶段。

7. 混凝土振捣

混凝土的振捣应满足下列要求：

(1) 振捣混凝土时，振捣器不得直接触及支承杆、钢筋或模板。

(2) 振捣器应插入前一层混凝土内，但深度不应超过 50 mm。

8. 混凝土的养护

混凝土的养护应符合下列规定：

(1) 混凝土出模后应及时进行检查修整，且应及时进行养护。

(2) 养护期间，应保持混凝土表面湿润，除冬季施工外，养护时间不少于 7 d。

(3) 养护方法宜选用连续均匀喷雾养护或喷涂养护液。

9. 混凝土的浇筑

正常滑升时，混凝土的浇灌应满足下列规定：

(1) 必须均匀对称交圈浇灌，每一浇灌层的混凝土表面应在一个水平面上，并应有计划、均匀地变换浇灌方向。

(2) 每次浇灌的厚度不宜大于 200 mm。

(3) 上层混凝土覆盖下层混凝土的时间间隔不得大于混凝土的凝结时间（相当于混凝土贯入阻力值为 0.35 kN/cm^2 时的时间），当间隔时间超过规定时，接茬处应按施工缝的要求处理。

(4) 在气温高的季节，宜先浇灌内墙，后浇灌阳光直射的外墙；先浇灌墙角、墙垛及门窗洞口等的两侧，后浇灌直墙；先浇灌较厚的墙，后浇灌较薄的墙；预留孔洞、门窗口、烟道口、变形缝及通风管道等两侧的混凝土应对称均衡浇灌。

注：当采用滑框倒模施工时，可不受（2）条的限制。

浇筑时应注意以下问题：

(1) 浇筑混凝土时，应划分区段，由固定工人班组负责施工，每区段的浇筑数量和时间应大致相等，并严格执行分层交圈会合，均匀浇筑的浇筑制度。不应自一端开始向单方向浇筑。每层混凝土的浇筑厚度，一般建筑物以 200～300 mm 为宜；框架结构的柱和面积较小的烟囱等，可适当加大至400 mm。每浇筑完一层，交圈会合后，应使混凝土表面基本保持在同一水平面上。否则，当浇筑的混凝土表面高低不一时，各处混凝土出模后，原浇筑层表面低处的混凝土可能会发生坍落，高处的混凝土会出现拉裂的情况。

(2) 各层混凝土的浇筑方向应有计划、匀称地交替变换，防止结构发生倾斜或扭转。

(3) 混凝土的浇筑顺序，应考虑各种因素对混凝土摩阻力的影响。当气温较高时，宜先浇筑内墙，后浇筑受阳光直射混凝土凝结速度较快的外墙；先浇筑直墙，后浇筑墙角和墙垛；先浇筑较厚的墙，后浇筑薄墙。

(4) 混凝土入模时，预留孔洞、门窗口，变形缝及通风管道等两侧的混凝土，应对称均衡浇筑，以防止挤动。

(5) 混凝土的捣实，可采用机械振捣或人工捣实。采用振动器捣实时，宜采用小型振动器。振捣时，振动器应避免接触钢筋、支撑杆和模板，振动器插入下一层混凝土中的深度不宜超过 50 mm。

(6) 正常滑升时，新浇筑混凝土的表面与模板上口之间，宜保持有 50～100 mm 的距离，以免模板提升时将混凝土带起。同时还应留出一层已绑好的水平钢筋，作为继续绑扎钢筋时的依据，以免发生错漏绑钢筋事故。

(7) 在浇筑混凝土的同时，应随时清理粘在模板内表面的砂浆或混凝土，以免结硬，而增加滑升的摩阻力，影响表面光滑，造成质量事故。浇筑混凝土的停留时间如超过混凝土的初凝时间，应按施工缝处理。其处理方法与一般混凝土工程施工相同。

10. 混凝土表面的修补

滑模施工混凝土出模以后的表面整修是关系到建筑物的外观和结构质量的重要工序。混凝土出模后应立即进行混凝土表面的修整工作。高层建筑外墙一般都有装饰要求，滑模施工时，外吊脚一般挂一排，特殊情况也可挂两排，当混凝土出模后应立即用木抹子搓平，如表面有蜂窝、麻面时，应清除疏松混凝土并用同一配合比的砂浆进行修补。

三、混凝土养护

滑模施工中混凝土的养护有以下两种：

(1) 浇水养护。先用高压泵将水送至滑模平台上的贮水箱，而后经过挂在操作平台下面沿建筑物四周一圈开有小孔的喷水管喷洒。洒水次数可根据施工时气候条件确定。

(2) 气温低于 5℃时，不必浇水养护，可用草帘、草包等遮挡保温，必要时可采用冬季施工技术措施以保证混凝土强度的增长，保证工程质量。

四、常见质量问题

1. 混凝土出现水平裂缝或断裂

造成这种现象的原因很多，如：模板没有倾斜度或产生反倾斜度（单面或双面）；滑升速度慢，混凝土与模板粘在一起；模板表面不洁，摩阻力太大；纠正垂直度偏差过急，模板严重倾斜等。

防止的办法：纠正模板倾斜度不够或反倾斜度的现象；经常清除粘在模板表面的杂物及混凝土；纠正垂直度偏差时不要操之过急。如果由于气温过高，混凝土凝结速度快，滑升速度不能再提高时，应调整混凝土的配合比或加入缓凝剂，以控制混凝土的凝结速度。

对混凝土表面出现的细小裂纹，可用铁抹子压实。对出现的轻微裂缝，可剔除裂缝部分的混凝土，补上较原混凝土强度等级高一级的减半石混凝土或水泥砂浆。情况严重者，应用压力喷浆法补强。

缓凝剂的简介

(1) 缓凝剂是一种能延缓混凝土凝结时间，并对混凝土后期强度发展没有不利影响的外加剂。兼有缓凝和减水作用的外加剂，称为缓凝减水剂。缓凝剂与缓凝减水剂在净浆及混凝土中均有不同的缓凝效果。缓凝效果随掺量增加而增加，超量掺加会引起水泥水化完全停止。

(2) 随着气温升高，羧基羧酸及其盐类的缓凝效果明显降低，而在气温降低时，缓凝时间会延长，早期强度降低也更加明显。羧基羧酸盐缓凝剂会增大混凝土的泌水，尤其会使大水灰比低水泥用量的贫混凝土产生离析。

(3) 各种缓凝剂和缓凝减水剂主要是延缓、抑制 C3A 矿物和 C3S 矿物组分的水化，对 C2S 影响相对小得多，因此不影响对水泥浆的后期水化和长龄期强度增长。

(4) 缓凝剂分为有机物和无机物两大类。许多有机缓凝剂兼有减水、塑化作用，两类性能不可能截然分开。

(5) 缓凝剂按材料成分可分为以下几种：

1) 糖类及碳水化合物：葡萄糖、糖蜜、蔗糖、己糖酸钙等；

2) 多元醇及其衍生物：多元醇、胺类衍生物、纤维素、纤维素醚等；

3) 羧基羧酸盐类：酒石酸、乳酸、柠檬酸、酒石酸钾钠、水杨酸、醋酸等；

4) 木质素磺酸盐类：有较强减水增强作用，而缓凝性能较温和，故一般列入普通减水剂；

5) 无机盐类：硼酸盐、磷酸盐、氟硅酸钠、亚硫酸钠、硫酸亚铁、锌盐等。

(6) 缓凝减水剂主要有糖蜜减水剂、低聚糖减水剂等。

(7) 缓凝剂及缓凝减水剂的品种及其掺量，应根据混凝土的凝结时间、运输距离、停放时间、强度等要求来确定。常用掺量可按表 7-7 的规定采用，也可参照有关产品说明书。

表 7-7　缓凝剂及缓凝减水剂常用掺量

类别	掺量（占水泥质量）(%)
糖类	0.1～0.3
羧基羧酸盐类	0.03～0.1
木质素磺酸盐类	0.2～0.3
无机盐类	0.1～0.2

缓凝剂及缓凝减水剂，应以溶液形式掺加，使用时加入拌和水中，溶液中的水量应从拌和水量中扣除。难溶或不溶物较多的缓凝剂和缓凝减水剂，使用时必须充分搅拌均匀。

缓凝剂和缓凝减水剂可以与其他外加剂复合使用，配制溶液时，如产生絮凝或沉淀等现象，应分别配制溶液并分别加入搅拌机内。

2. 蜂窝、麻面及露筋

主要是由于局部钢筋过密，石子粒径过大，混凝土坍落度选择不当，混凝土捣固不密实及模板漏浆等原因所造成。施工时，必须选择适当的混凝土配合比和坍落度，选用粒径较小的石子，注意混凝土捣实质量，防止漏振。

对出现蜂窝、麻面、露筋的部位，应将松动的混凝土清除，用与混凝土同强度等级的水泥砂浆压实修补。

3. 混凝土表面出现鱼鳞状外凸

当模板一次滑升过高，混凝土浇筑层每层厚度过大，模板倾斜度太大，或由于振捣混凝土的侧压力过大，而模板刚度又不够时，都易使混凝土表面产生鱼鳞状外凸现象。防止的办法是加强模板的刚度，调整模板的倾斜度，控制模板每次提升的高度不要太高。

4. 墙、柱缺棱掉角

这是由于墙、柱转角处摩阻力较大，模板倾斜度过小，滑升间隔时间过长致使混凝土与模板粘在一起，操作平台上升不均衡及保护层过厚等原因造成。防止的方法是将转角处的模板做成圆角或八字形，调整模板的倾斜度，使操作平台水平上升，提高滑升速度，加强捣实等措施即可避免这种现象。对棱角残缺处，可用与混凝土同强度等级的水泥砂浆修补。

5. 混凝土局部坍落

这主要是由于在模板开始提升时，混凝土尚未达到出模强度即进行滑升；或在滑升过程中，滑升速度太快，与混凝土的强度增长速度不相称等原因引起。如出现这种现象，应暂停滑升或降低滑升速度。如果混凝土强度增长速度太慢，应加入早强剂。已坍落的混凝土应及时清除干净，补上比原混凝土强度等级高一级的减半石混凝土。

五、滑模施工质量标准

滑模工程的验收应按现行《混凝土结构工程施工质量验收规范》（GB 50204—2002）（2011 版）和《滑动模板工程技术规范》（GB 50113—2005）等规范要求进行。其工程结构允许偏差应符合表 7-8 的规定。

表 7-8　滑模施工工程结构的允许偏差

<table>
<tr><th colspan="3">项目</th><th>允许偏差（mm）</th></tr>
<tr><td colspan="3">轴线间的相对位移</td><td>5</td></tr>
<tr><td rowspan="2">圆形筒壁结构</td><td rowspan="2">半径</td><td>≤5 m</td><td>5</td></tr>
<tr><td>>5 m</td><td>半径的 0.1%，不得大于 10</td></tr>
<tr><td rowspan="3">标高</td><td rowspan="2">每层</td><td>高层</td><td>±5</td></tr>
<tr><td>多层</td><td>±10</td></tr>
<tr><td colspan="2">全高</td><td>±30</td></tr>
<tr><td rowspan="4">垂直度</td><td rowspan="2">每层</td><td>层高≤5 m</td><td>5</td></tr>
<tr><td>层高>5 m</td><td>层高的 0.1%</td></tr>
<tr><td rowspan="2">全高</td><td>高度<10 m</td><td>10</td></tr>
<tr><td>高度≥10 m</td><td>高度的 0.1%，不得大于 30</td></tr>
<tr><td colspan="3">槽、柱、梁、壁截面尺寸</td><td>+8
−5</td></tr>
<tr><td colspan="2" rowspan="2">表面平稳（2 m 靠尺检查）</td><td>抹灰</td><td>8</td></tr>
<tr><td>不抹灰</td><td>5</td></tr>
<tr><td colspan="3">门窗洞口及预留洞口位置</td><td>15</td></tr>
<tr><td colspan="3">预埋件位置</td><td>20</td></tr>
</table>

第三节　永久性模板安装

一、压型钢板模板

1. 安装准备

（1）组合板或非组合板的压型钢板，在施工阶段均须进行强度和变形验算。

压型钢板跨中变形应控制在 $\delta = L/200 \leqslant 20$ mm（L 为板的跨度），如超出变形控制量时，应在铺设后于板底采取加设临时支撑措施。

压型钢板模板的简介

1. 应用范围

压型钢板一般应用在现浇密肋楼板工程。压型钢板安装后，在肋底内面铺设受拉钢筋，在肋的顶面焊接横向钢筋或在其上部受压区铺设网状钢筋，楼板混凝土浇筑后，压型钢板不再拆除，并成为密肋楼板结构的组成部分。如无吊顶设置要求时，压型钢板下表面便可直接喷、刷装饰涂层，可获得具有较好装饰效果的密肋式顶棚。压型钢板组合楼板系统如图 7-28 所示。压型钢板可做成开敞式和封闭式截面，如图 7-29 所示。

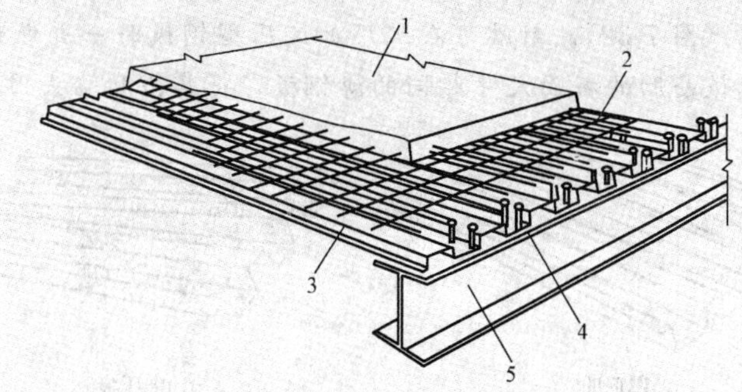

图 7-28　压型钢板组合楼板系统

1—现浇混凝土层；2—楼板配筋；

3—压型钢板；4—锚固栓钉；5—钢梁

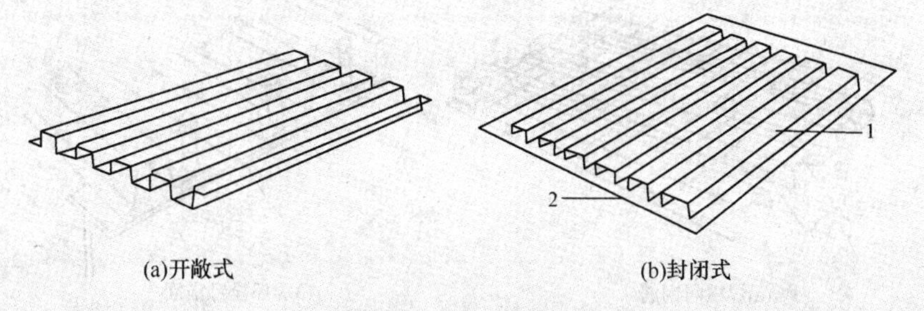

图 7-29　压型钢板模板

1—开敞式压型钢板；2—附加钢板

2. 分类

压型钢板模板，主要从其结构功能分为组合板的压型钢板和非组合板的压型钢板。

(1) 组合板的压型钢板。既是模板又用作现浇楼板底面受拉钢筋。压型钢板，不但在施工阶段承受施工荷载和现浇层钢筋和混凝土的自重，而且在楼板使用阶段还承受使用荷载，从而构成楼板结构受力的组成部分。

(2) 非组合板的压型钢板。只作模板使用，即压型钢板在施工阶段，只承受施工荷载和现浇层的钢筋混凝土自重，而在楼板使用阶段不承受使用荷载，只构成楼板结构非受力的组成部分。

3. 构造

(1) 组合板的压型钢板为保证与楼板现浇层组合后能共同承受使用荷载，一般做成以下三种抗剪连接构造：

1）压型钢板的截面做成具有楔形肋的纵向波槽，如图7-30（a）所示。

2）在压型钢板肋的两内侧和上、下表面，压成压痕、开小洞或冲成不闭合的痕；开小洞或冲成不闭合的孔眼，如图7-30（b）所示。

3）在压型钢板肋的上表面，焊接与肋相垂直的横向钢筋，如图7-31（a）所示。

在以上任何构造情况下，板的端部均要设置端部栓钉锚固件，如图7-31（b）所示。栓钉的规格和数量按设计确定。

（2）非组合板的压型钢板可不需要做成抗剪连接构造。

（3）为防止楼板浇筑混凝土时，混凝土从压型钢板端部漏出，对压型钢板简支端的凸肋端头，要做成封端（图7-32）。封端可在工厂加工压型钢板时一并做好，也可以在施工现场，采用与压型钢板凸肋的截面尺寸相同的薄钢板，将其凸肋端头用电焊点焊封好。

(a)楔形肋　　(b)带压痕

图7-30　楔形肋和带压痕压型钢板

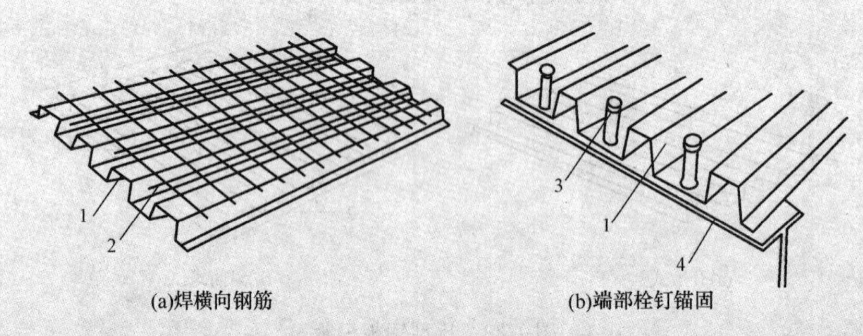

(a)焊横向钢筋　　(b)端部栓钉锚固

图7-31　焊有横向钢筋和端部

1—压型钢板；2—焊接在压型钢板上表面的钢筋；

3—锚固栓钉；4—钢梁

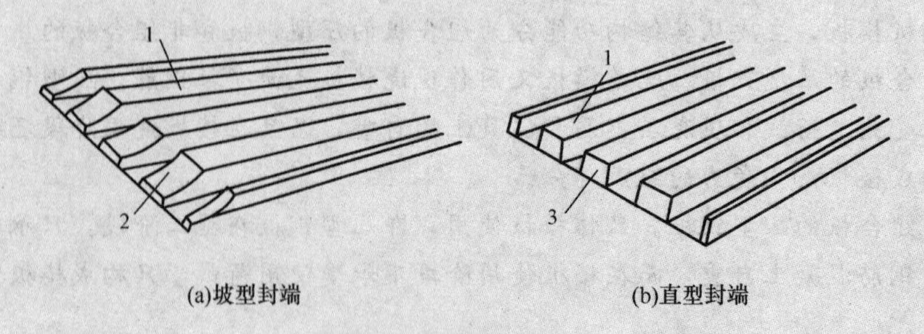

(a)坡型封端　　(b)直型封端

图7-32　压型钢板封端处理

1—压型钢板；2—端部坡型封端板；3—直型封端板

在进行压型钢板的强度和变形验算时，应考虑以下荷载：

1）永久荷载。包括压型钢板、楼板钢筋和混凝土自重。

2）可变荷载。包括施工荷载和附加荷载。施工荷载系指施工操作人员和施工机具设备，并考虑到施工时可能产生的冲击与振动。此外尚应以工地实际荷载为依据，若有过量冲击、混凝土堆放、管线、泵荷等，尚应增加附加荷载。

（2）核对压型钢板型号、规格和数量是否符合要求，检查是否有变形、翘曲、压扁、裂纹和锈蚀等缺陷。对存在的缺陷，需经处理后方可使用。

（3）对于布置在与柱子交接处及预留较大孔洞处的异型钢板，要通过放样提前把缺角和洞口切割好。

（4）用于混凝土结构楼板的模板，应按普通支模方法和要求，设置模板的支撑系统。直接支撑压型钢板的龙骨宜采用木龙骨。

（5）绘制压型钢板平面布置图，并按平面布置图在钢梁或支撑压型钢板的龙骨上画出压型钢板安装位置线和标注出其型号。

（6）压型钢板应按房间所使用的型号、规格、数量和吊装顺序进行配套，将其多块成垛和码放好，以备吊装。

（7）对端头有封端要求的压型钢板，如在现场进行端头封端时，要提前做好端头封闭处理。

（8）用于组合板的压型钢板，安装前要编制压型钢板穿透焊施工工艺，按工艺要求选择和测定好焊接电流、焊接时间、栓钉熔化长度等参数。

2. 钢结构楼板压型钢板模板安装

（1）安装工艺顺序。在钢梁上画出钢板安装位置线→压型钢板成捆吊运并搁置在钢梁上→钢板拆捆、人工铺设→调整安装偏差和校正→板端与钢梁电焊（点焊）固定→钢板底面支撑加固→将钢板纵向搭接边点焊成整体→栓钉焊接锚固（如为组合楼板压型钢板时）→钢板表面清理。

（2）安装工艺要点。钢结构楼板压型钢板模板安装应符合下列要求。

1）压型钢板应多块叠垛成捆，采用扁担式专用吊具，由垂直运输机具吊运至待安装的钢梁上，然后由人工抬运、铺设。

2）压型钢板宜采用“前推法”铺设。在等截面钢梁上铺设时，从一端开始向前铺设至另一端。在变截面梁上铺设时，由梁中开始向两端方向铺设。

3）铺设压型钢板时，相邻跨钢板端头的波梯形槽口要贯通对齐。

4）压型钢板要随铺设、随调整和校正位置，随将其端头与钢梁点焊固定，以防止在安装过程中钢板发生松动和滑落。

5）钢板与钢梁搭接长度不少于 50 mm。板端头与钢梁采用点焊固定时，如无设计规定，焊点的直径一般为 12 mm，焊点间距一般为 200～300 mm。

6）在连续板的中间支座处，板端的搭接长度不少于50 mm。板的搭接端头先点焊成整体，然后与钢梁再进行栓钉锚固（图 7-33）。如为非组合板的压型钢板时，先在板端的搭接范围内，将板钻出直径为 8 mm、间距为 200～300 mm 的圆孔，然后通过圆孔将搭接叠置的钢板与钢梁满焊固定（图7-34）。

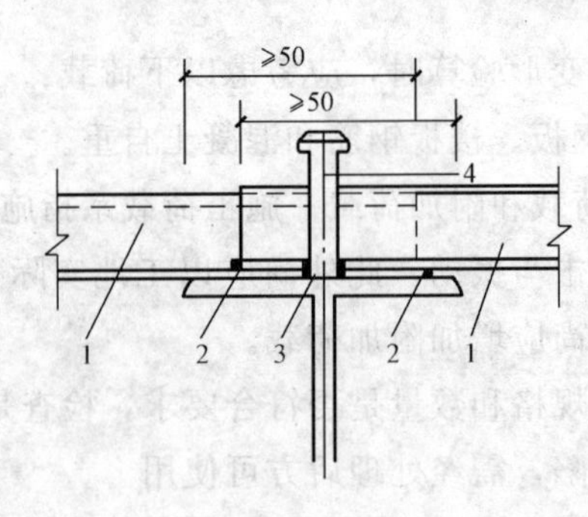

图 7-33 中间支座处组合板的压型钢板连接固定

1—压型钢板；2—点焊固定；3—钢梁；4—栓钉锚固

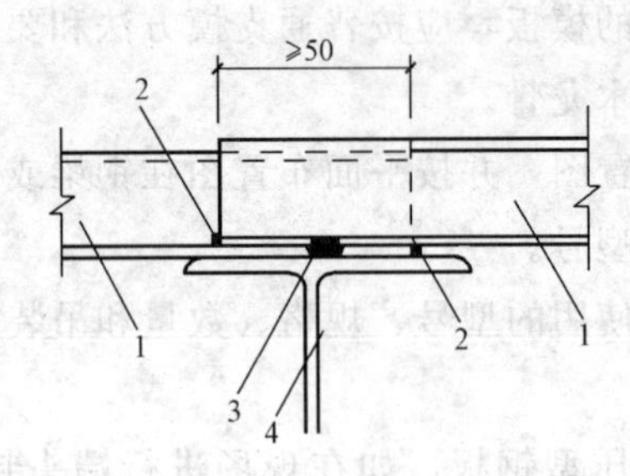

图 7-34 中间支座处非组合板的压型钢板连接固定

1—压型钢板；2—板端点焊固定；

3—压型钢板钻孔后与钢梁焊接；4—钢梁

7）直接支撑钢板的龙骨要垂直于板跨方向布置。支撑系统的设置，按压型钢板在施工阶段变形控制量的要求及现行《混凝土结构工程施工质量验收规范》（GB 50204—2002）(2011 版）的有关规定确定。压型钢板支撑，需待楼板混凝土达到施工要求的拆模强度后方可拆除。如各层间楼板连续施工时，还应考虑多层支撑连续设置的层数，以共同承受上层传来的施工荷载。

（3）组合板的压型钢板与钢梁栓钉焊连接应符合下列要求。

1）栓钉焊的栓钉，其规格、型号和焊接的位置按设计要求确定。但穿透压型钢板焊接于钢梁上的栓钉直径不宜大于 19 mm，焊后栓钉高度应大于压型钢板波高加 30 mm。

2）栓钉焊接前，按放出的栓钉焊接位置线，将栓钉焊点处的压型钢板和钢梁表面用砂轮打磨处理，把表面的油污、锈蚀、油漆和镀锌面层打磨干净，以防止焊缝产生脆性。

3）栓钉及配套的焊接药座（亦称焊接保护圈）、焊接参数可参照表 7-9 选用。

表 7-9 栓钉、焊接药座和焊接参数

项目		参数			
栓钉直径（mm）		13～16		19～22	
焊接药座	标准型	YN-13FS	YN-16FS	YN-19FS	YN-22FS
	药座直径（mm）	23	28.5	34	38
	药座高度（mm）	10	12.5	14.5	16.5

续上表

项目			参数			
栓钉直径（mm）			13～16		19～22	
焊接参数	标准条件（下向焊接）	焊接电流（A）	900～1 100	1 030～1 270	1 350～1 650	1 470～1 800
		焊接时间（s）	0.7	0.9	1.1	1.4
		熔化量（mm）	2.0	2.5	3.0	3.5
	电容量（kV·A）		>90	>90	>100	>120

4）栓钉焊应在构件置于水平位置状态施焊，其接入电源应与其他电源分开，其工作区应远离磁场或采取避免磁场对焊接影响的防护措施。

5）在正式施焊前，应先在试验钢板上按预定的焊接参数焊两个栓钉，待其冷却后进行弯曲、敲击试验检查。敲弯角度达45°后，检查焊接部位是否出现损坏或裂缝。如施焊的两个栓钉中，有一个焊接部位出现损坏或裂缝，就需要在调整焊接工艺后，重新做焊接试验和焊后检查，直至检验合格后方可正式开始在结构构件上施焊。

6）栓钉焊毕，应按下列要求进行质量检查。

①目测检查栓钉焊接部位的外观，四周的熔化金属已形成均匀小圈而无缺陷者为合格。

②焊接后，自钉头表面算起的栓钉高度 L 的公差为±2 mm，栓钉偏离垂直方向的倾斜角 $\theta\leqslant5°$（图 7-35）者为合格。

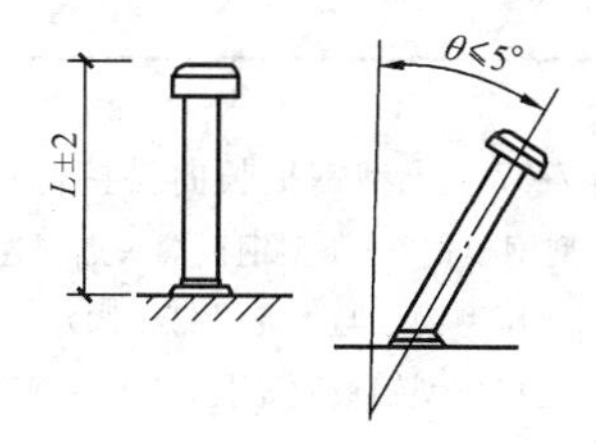

图 7-35 栓钉焊接允许偏差

L—栓钉长度；θ—偏斜角

③目测检查合格后，对栓钉按规定进行冲力弯曲试验，弯曲角度为15°时，焊接面上不得有任何缺陷。

④经冲力弯曲试验合格后的栓钉，可在弯曲状态下使用。不合格的栓钉，应进行更换并进行弯曲试验检验。

3. 混凝土结构现浇楼板压型钢板模板安装

(1) 安装顺序。在混凝土梁上或支撑钢板的龙骨上放出安装位置线→用起重机把成捆的压型钢板吊运在支撑龙骨上→人工拆捆、抬运、铺放钢板→调整、校正钢板位置→将钢板与支撑龙骨钉牢→将钢板的顺边搭接用电焊点焊连接→钢板清理。

(2) 安装工艺和技术要点。混凝土结构现浇压型钢板模板安装应满足下列要求。

1）压型钢板模板，可采用支柱式、门架或桁架式支撑系统支撑，直接支撑钢板的水平龙骨宜采用木龙骨。压型钢板支撑系统的设置，应按钢板在施工阶段的变形量控制要求和现行《混凝土结构工程施工质量验收规范》（GB 50204—2002）(2011 版）的有关规定确定。

2）直接支撑压型钢板的木龙骨，应垂直于钢板的跨度方向布置。钢板端部搭接处，要设置在龙骨位置上或采取增加附加龙骨措施，钢板端部不得有悬臂现象。

3）压型钢板安装，应在搁置的支撑龙骨上，由人工拆捆、单块抬运和铺设。

4）钢板随铺放就位、随调整校正、随用钉子将钢板与木龙骨钉牢，然后沿着板的相邻搭接边点焊牢固，把板连接成整体（图 7-36～图 7-38）。

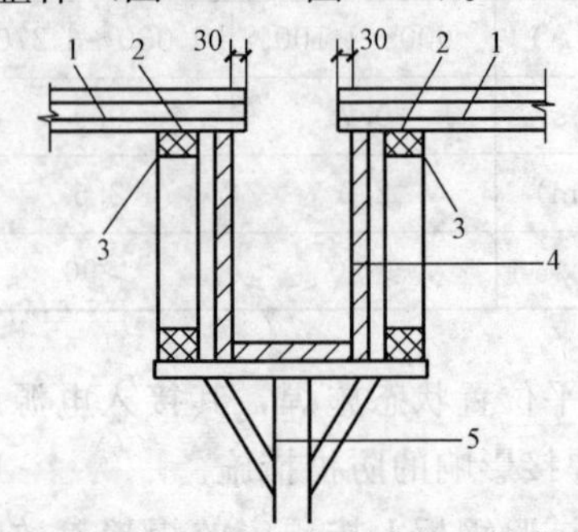

图 7-36　压型钢板与现浇梁连接构造

1—压型钢板；2—压型钢板与支撑龙骨钉子固定；

3—支撑压型钢板龙骨；4—现浇梁模；5—模板支撑架

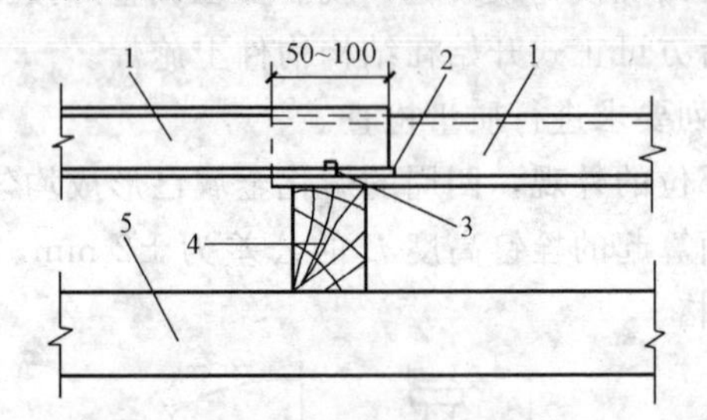

图 7-37　压型钢板长向搭接构造

1—压型钢板；2—压型钢板端头点焊连接；

3—压型钢板与木龙骨钉子固定；

4—支撑压型钢板次龙骨；5—主龙骨

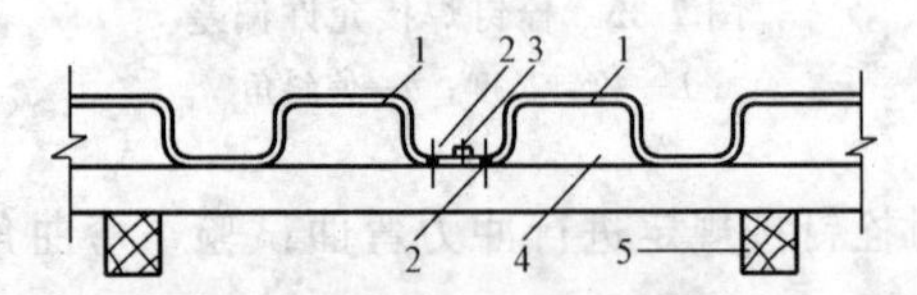

图 7-38　压型钢板短向连接构造

1—压型钢板；2—压型钢板与龙骨钉子固定；

3—压型钢板点焊连接；4—次龙骨；5—主龙骨

二、预应力混凝土薄板模板

1. 安装准备

（1）单向板如出现纵向裂缝时，必须征得工程设计单位同意后方可使用。钢筋向上弯成45°角，板表面的尘土、浮渣应清除干净。

（2）在支撑预应力混凝土薄板的墙或梁上，弹出预应力混凝土薄板安装标高控制线，并分别画出安装位置线和注明板号。

（3）按硬架设计要求，安装好预应力混凝土薄板的硬架支撑，检查硬架上龙骨的上表面是否平直和符合板底设计标高要求。

(4) 将支撑预应力混凝土薄板的墙或梁面部伸出的钢筋调整好。检查墙、梁顶面是否符合安装标高要求（墙、梁顶面标高比板底设计标高低 20 mm 为宜）。

(5) 预应力混凝土薄板硬架支撑。其龙骨一般可采用100 mm×100 mm 方木，也可用50 mm×100 mm×2.5 mm 薄壁方钢管或其他轻钢龙骨、铝合金龙骨。其立柱宜采用可调节钢支柱，亦可采用 100 mm×100 mm 木立柱。其拉杆可采用脚手架钢管或 50 mm×100 mm 方木。

(6) 板缝模板。一个单位工程宜采用同一种尺寸的板缝宽度，或做成与板缝宽度相适应的几种规格木模。要使板缝凹进缝内 5～10 mm 深（有吊顶的房间除外）。

预应力混凝土薄板模板的简介

预应力混凝土薄板，一般是在构件预制厂的台座上生产，通过施加预应力配筋制作成一种预应力混凝土薄板构件。这种薄板主要应用于现浇钢筋混凝土楼板工程，薄板本身既是现浇楼板的永久性模板，当与楼板的现浇混凝土叠合后，又是构成楼板的受力结构部分，与楼板组成组合板。当构成楼板的非受力结构部分时，只作永久性模板使用。

作为组合板的薄板，其预应力主筋就是叠合成现浇楼板后的主筋，使楼板具有与预应力全现浇楼板一样的刚度大、整体性强和抗裂性能好的特点。

1. 适用范围

预应力混凝土薄板，适用于抗震设防烈度为 7 度、8 度地震区和非地震区，跨度在 8 m以内的多层和高层房屋建筑的现浇楼板或屋面板工程。尤其适合于不设置吊顶的顶棚为一般装修标准的工程，可以大量减少顶棚抹灰作业。用于房屋的小跨间时，可做成整间式的双向预应力配筋混凝土薄板。对大跨间平面的楼板，目前只能做成一定宽度的单向预应力配筋薄板，与现浇混凝土层叠合后组成单向受力楼板。

2. 构造

(1) 预应力混凝土薄板作为永久性模板，与面层现浇钢筋混凝土叠合层结合在一起。其楼板的正弯矩钢筋设置在预制薄板内，预应力筋一般采用高强钢丝或冷拔低碳钢丝，支座负弯矩钢筋则设置在现浇钢筋混凝土叠合层内。

(2) 根据预制与现浇结合面的抗剪要求，其叠合面的构造有以下三种。

1) 表面划毛。在薄板混凝土振捣密实刮平后，及时用工具对表面进行划毛，其划毛深度 4 mm 左右，间距 100 mm 左右。

2) 表面刻凹槽。凡大于 100 mm 厚的预制薄板，在垂直于主筋方向的板的两端各预留三道凹槽，槽深 10 mm、槽宽 80 mm；对于较薄的预制薄板，待混凝土振捣密实刮平后，用简易工具刻梅花钉，其钉长和宽均为40 mm左右，深度为 10～20 mm，间距 150 mm左右。

3) 预留结构钢筋（或称钢筋小肋）。这种构造对现浇混凝土与预制薄板面的结合效果较好。同时能增加预制薄板平面以外的刚度，减少预制薄板出池、运输、堆放和安装过程中可能出现的裂缝。

3. 规格及材料

(1) 薄板厚度依据跨度由设计确定，一般为 60～80 mm；宽度由设计根据开间尺寸确定，一般单向板常用的标定宽度为 1 200、1 500 mm 两种；薄板的跨度，单向板分为 2 700，3 000，3 300，…，7 800 mm，最长可达 9 000 mm，双向板最大跨间尺寸 5 400 mm×5 400 mm。

（2）制作薄板采用的钢筋，其中预应力主筋直径为 5 mm 的高强刻痕钢丝或中强冷拔低碳钢丝；分布钢筋为 b4、b5 冷拔低碳钢丝或 ϕ6（HPB235 级）钢筋；焊接骨架的架立钢筋，一般采用 b4 或 b5 冷拔低碳钢丝，其主筋为 ϕ8 或 ϕ10（HPB235 级）钢筋；吊环为未经冷拉的 HPB235 级钢筋。

（3）混凝土强度等级为 C30～C40。

2. 安装工艺

（1）安装顺序。在墙或梁上弹出预应力混凝土薄板安装水平线并分别画出安装位置线→预应力混凝土薄板硬架支撑安装→检查和调整硬架支撑龙骨上口水平标高→预应力混凝土薄板吊运、就位→板底平整度检查及偏差纠正处理→整理板端伸出钢筋→板缝模板安装→预应力混凝土薄板上表面清理→绑扎叠合层钢筋→叠合层混凝土浇筑并达到要求强度后拆除硬架支撑。

（2）硬架支撑安装。硬架支撑龙骨上表面应保持平直，要与板底标高一致。龙骨及立柱的间距，要满足预应力混凝土薄板在承受施工荷载和叠合层钢筋混凝土自重时，不产生裂缝和超出允许挠度的要求。一般情况，立柱及龙骨的间距以1 200～1 500 mm 为宜。立柱下支点要垫通板（图 7-39）。当硬架的支柱高度超过 3 m 时，支柱之间必须加设水平拉杆拉固。如采用钢管立柱时，连接立柱的水平拉杆必须使用钢管和卡扣与立柱卡牢，不得采用钢丝绑扎。硬架的高度在 3 m 以内时，应根据具体情况确定是否拉结水平拉杆。在任何情况下，都必须保证硬架支撑的整体稳定性。

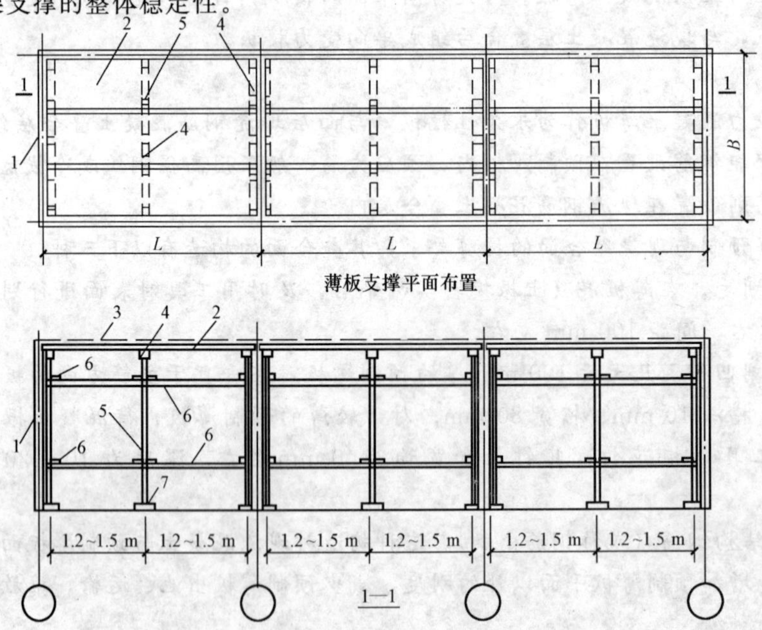

图 7-39 薄板硬架支撑系统

1—薄板支撑墙体；2—预应力薄板；3—现浇混凝土叠合层；4—薄板支撑龙骨（100 mm×100 mm 木方或 50 mm×100 mm×2.5 mm 薄壁方钢管）；5—支柱（100 mm×100 mm 木方或可调节的钢支柱，横距 0.9～1 m）；6—纵、横向水平拉杆（50 mm×100 mm 木方或脚手架钢管）；7—支柱下端支垫（50 mm 厚通板）

(3) 薄板吊装。吊装跨度在 4 m 以内的薄板时，可根据垂直运输机械起重能力及板重一次吊运多块。多块吊运时，应于紧靠板垛的垫木位置处，用钢丝绳兜住板垛的底面，将板垛吊运到楼层，先临时、平稳停放在指定加固好的硬架或楼板位置上，然后挂吊环单块安装就位。吊装跨度大于 4 m 的条板或整间式的薄板，应采用 6～8 点吊挂的单块吊装方法。吊具可采用焊接式方钢框或双铁扁担式吊装架和游动式钢丝绳平衡索具(图 7-40和图 7-41)。

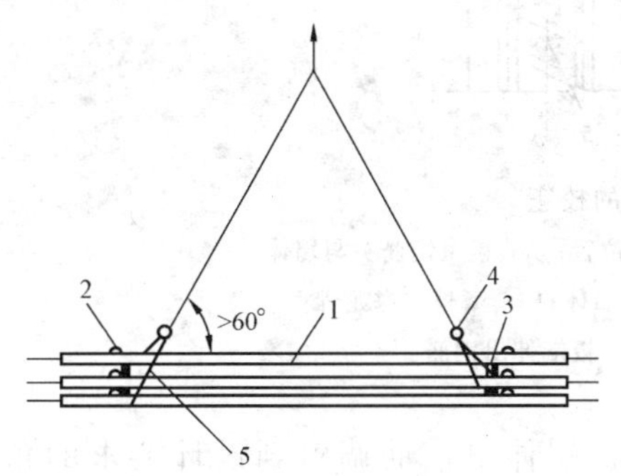

图 7-40　4 m 长以内薄板多块吊装

1—预应力薄板；2—吊环；3—垫木；
4—卡环；5—带橡胶管套兜索

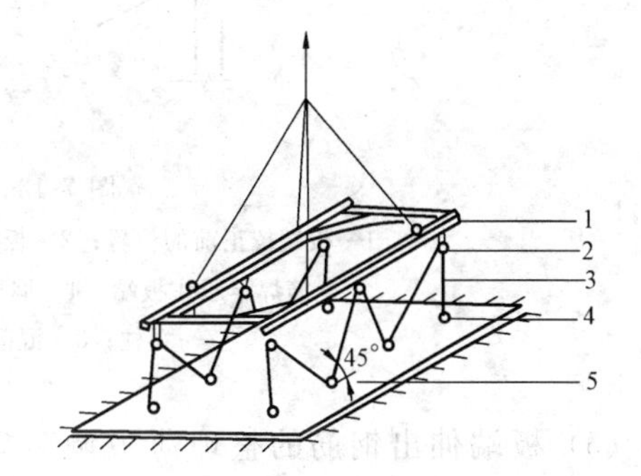

图 7-41　单块薄板八点吊装

1—方框式 ϕ12 双铁扁担吊装架；2—开口起重滑子；
3—钢丝绳 6×1 912.5 mm；4—索具卸扣；5—薄板

薄板起吊时，先吊离地面 50 cm 停下，检查吊具的滑轮组、钢丝绳和吊钩的工作状况及薄板的平稳状态是否正常，然后再提升安装、就位。

(4) 薄板调整。采用撬棍拨动调整薄板的位置时，撬棍的支点要垫以木块，以避免损坏板的边角。薄板位置调整好后，检查板底与龙骨的接触情况，如发现板底与龙骨上表面之间空隙较大时，可采用以下方法调整：如属龙骨上表面的标高有偏差时，可通过调整立柱螺纹或木立柱下脚的对头木楔纠正其偏差；如属板的变形（反弯曲或翘曲）所致，当变形发生在板端或板中部时，可用短粗钢筋棍与板缝成垂直方向贴住板的上表面，再用 8 号钢丝通过板缝将粗钢筋棍与板底的支撑龙骨别紧，使板底与龙骨贴严（图 7-42）；如变形只发生在板端部时，亦可用撬棍将板压下，使板底贴至龙骨上表面，然后用粗短钢筋棍的一端压住板面，另一端与墙（或梁）上钢筋焊牢固定，撤除撬棍后，使板底与龙骨接触严密（图 7-43）。

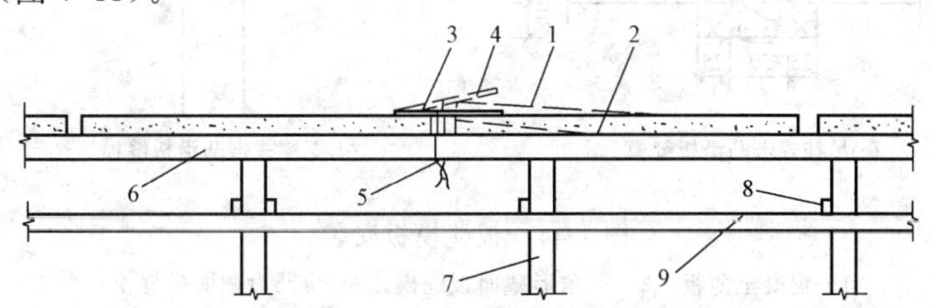

图 7-42　板端或板中变形的校正

1—板校正前的变形位置；2—板校正后的位置；
3—l=400 mm，25 mm 以上钢筋用 8 号钢丝拧紧后的位置；
4—钢筋在 8 号钢丝拧紧前的位置；5—8 号钢丝；
6—薄板支撑龙骨；7—立柱；8—纵向拉杆；9—横向拉杆

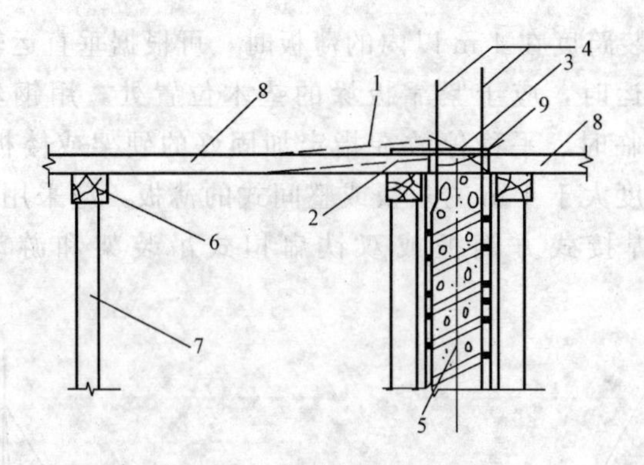

图 7-43　板端变形的校正

1—板端校正前的位置；2—板端校正后的位置；3—粗短钢筋头与墙体立筋焊牢压住板端；4—墙体立筋；5—墙体；6—薄板支撑龙骨；7—立柱；8—混凝土薄板；9—板端伸出钢筋

(5) 板端伸出钢筋的整理薄板调整好后，将板端伸出钢筋调整到设计要求的角度，再理直伸入对头板的叠合层内。不得将伸出钢筋弯曲成 90°角或往回弯入板的自身叠合层内。

(6) 板缝模板安装。薄板底如作不设置吊顶的普通装修顶棚时，板缝模宜做成具有凸缘或三角形截面并与板缝宽度相配套的条模，安装时可采用支撑式或吊挂式方法固定(图 7-44)。

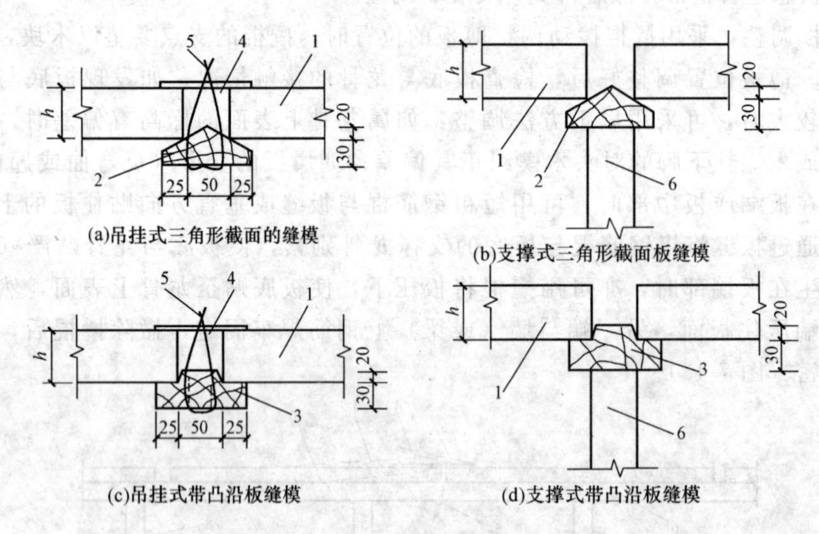

图 7-44　板缝模板安装

1—混凝土薄板；2—三角形截面板缝模；3—带凸沿截面板缝模；4—l=100 mm，钢筋别棍；5—14 号钢丝穿过板缝模与钢筋别棍拧紧；6—板缝模支撑（50 mm×50 mm 方木）；h—板厚（mm）

(7) 薄板表面处理在浇筑叠合层混凝土前，板面预留的剪力钢筋要修整好，板表面的浮浆、浮渣、起皮、尘土要处理干净，然后用水将板润透（冬期施工除外）。冬期施工薄板不能用水冲洗时应采取专门措施，保证叠合层混凝土与薄板结合成整体。

(8) 硬架支撑拆除如无设计要求时，必须待叠合层混凝土强度达到设计强度标准值的

70%后，方可拆除硬架支撑。

3. 薄板安装质量要求

薄板安装的允许偏差见表7-10。

表7-10　薄板安装的允许偏差

项次	项目	允许偏差（mm）	检验方法
1	相邻两板底高差	高级≤2 中级≤4 有吊顶或抹灰≤5	安装后在板底与硬架龙骨上表面处用塞尺检查
2	板的支撑长度偏差	5	尺量
3	安装位置偏差	≤10	尺量

三、双钢筋混凝土薄板模板

1. 安装流程

在墙（梁）上弹出双钢筋混凝土薄板安装水平线并分别画出安装位置线→硬架支撑安装→检查、调整支撑龙骨上口水平标高→双钢筋混凝土薄板吊运、就位→板底平整度检查、校正、处理→整理板端及板侧的伸出钢筋→板缝模板安装→绑扎板缝双钢筋及板面加固筋→双钢筋混凝土薄板上表面清理及用水充分湿润（冬期施工除外）→叠合层混凝土浇筑并养护至拆模强度→拆除硬架支撑。

双钢筋混凝土薄板模板的简介

（1）双钢筋混凝土薄板模板，是用冷拔低碳钢丝，按特定构造尺寸焊接成梯格钢筋骨架作为配筋，预制成的钢筋混凝土薄板构件。这种薄板主要应用于现浇钢筋混凝土楼板或屋面板工程。当与楼板的现浇混凝土层叠合后，薄板本身既是现浇楼板的永久性模板，又是构成楼板的受力结构部分，与楼板组成组合板（薄板的双钢筋主筋就是楼板的主筋）。由于双钢筋在混凝土内有较大的锚固力（三个梯格的锚固，就能保证钢筋被拉断而不出现滑移和混凝土劈裂），当与现浇混凝土层叠合后，能有效地提高楼板的承载力、刚度和抗裂性。同时，可由多块薄板进行拼接，在拼接缝内通过对板侧伸出的双钢筋进行较简单的连接，可组合成大跨间双向受力楼板。

（2）预制双钢筋混凝土薄板，适用于抗震设防烈度为7、8度地震区和非地震区，跨度在8 m以内的多层和高层建筑的双向受力现浇钢筋混凝土楼板工程，尤其适用于大跨间、板底不设吊顶的一般装修标准的现浇楼板或屋面板工程。

（3）制作双钢筋的纵筋，宜采用普通低碳热轧Q235钢、直径为8 mm的盘条，经冷拔成直径为5 mm的甲级冷拔钢丝。制作双钢筋的横筋，宜采用含碳量小于纵筋的同等材料、直径为6.5 mm的盘条，经冷拔制成直径为4 mm或3.5 mm的乙级钢丝。薄板的吊环钢筋，应采用未经冷加工的HPB235级热轧钢筋。薄板的混凝土强度等级以不小于C30为宜。

（4）构造

1）薄板厚为63 mm，单板规格（平面尺寸）可分为9种板。

2）板的拼接，可按三拼板、四拼板、五拼板几种形式拼接成整间的双向受力现浇叠合楼板的底板。经多块拼接与现浇混凝土层叠合后，楼板的最大跨间尺寸可达7 500 mm×9 000 mm。

3）薄板之间的拼接缝宽度一般为100 mm，如排板需要时可在80～70 mm之间变动，但大于100 mm的拼缝，应置于接近楼板支撑边的一侧。

4）为保证薄板与现浇混凝土层叠合后在叠合面的抗剪能力，板面可根据其对抗剪能力的不同要求作如下构造处理。

①当要求叠合面承受的抗剪能力较小时，可在板的上表面加工成具有粗糙、划毛的表面，且用滚轮滚压成小凹坑，亦可预留出在横向具有凹槽的表面，凹槽的宽度一般为50～100 mm，深度为10～20 mm，凹槽的间距为150～200 mm，用网状滚轮滚压出深4～6 mm成网状分布的压痕表面。

②当要求叠合面承受的抗剪能力较大时（剪应力大于0.4 MPa），薄板上表面除要求粗糙、划毛外，还要增设抗剪钢筋，其规格和间距由设计计算确定。

2. 工艺技术要点

（1）硬架的支撑安装与预应力混凝土薄板模板相同。

（2）硬架支撑的水平拉杆设置。当房间开间为单拼板或三拼板的组合情况，硬架的支柱高度超过3 m时，支柱之间必须加设水平拉杆；支柱高度在3 m以下时，应根据情况确定是否拉结。当房间开间为四拼板或五拼板的组合情况时，支柱必须加设纵、横贯通的水平拉杆。在任何情况下，都必须保证硬架支撑的整体稳定性。

（3）双钢筋混凝土薄板吊装，应钩挂预留的吊环采用8点平衡吊挂的单块吊装方法。双钢筋混凝土薄板起吊方法与预应力混凝土薄板模板相同。

（4）双钢筋混凝土薄板调整。与预应力混凝土薄板模板相同。

（5）板伸出钢筋的处理。双钢筋混凝土薄板调整好后，将板端和板侧伸出的钢筋调整到设计要求的角度，并伸入相邻板的叠合层混凝土内。

（6）板缝模板安装。与预应力混凝土薄板模板相同。

（7）双钢筋混凝土薄板表面清理。与预应力混凝土薄板模板相同。

（8）硬架支撑必须待叠合层混凝土强度达到设计强度的100%后方可拆除。

3. 安装质量要求

（1）双钢筋混凝土薄板的端头及侧面伸出的双钢筋，严禁上弯90°或压在板下，必须按设计要求将其弯入相邻板的叠合层内。

（2）板缝的宽度尺寸及其双钢筋绑扎的位置要正确，板侧面附着的浮渣、杂物等要清除干净并用水湿润透（冬期施工除外）。板缝混凝土振捣要密实，以保证板缝双向传递的承载能力。

（3）在楼板施工中，双钢筋混凝土薄板如需要开凿管道等设备孔洞，应征得工程设计单位同意，开洞后并应对薄板采取补强措施。开洞时不得擅自扩大孔洞面积和切断板的钢筋。

四、预制双钢筋混凝土薄板安装要点

（1）预制双钢筋混凝土薄板应按8个吊环同步起吊，运输、堆放的支点位置应在吊点位置。

预制双钢筋混凝土薄板的简介

(1) 双钢筋用 5 mm 冷拔低碳钢丝平焊成型，吊环用未经冷加工的 HPB235 级钢筋。混凝土强度等级为 C35。板的配筋分为双向 ϕ5@200 和双向 ϕ5@100 两类。

(2) 薄板的厚度一般为 63 mm，单板规格有多种，可组拼成三拼、四拼、五拼板型（图 7-45）。拼板之间的板缝可在 80～170 mm 之间变动，一般为 100 mm。大于 100 mm 的拼缝，应置于连接边的一侧（图 7-46）。

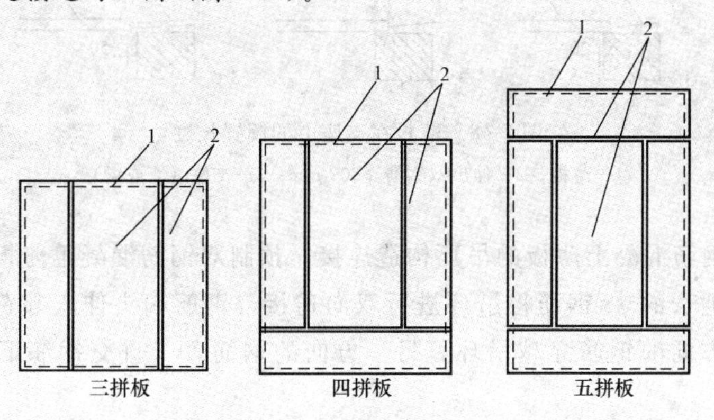

图 7-45　薄板的拼接形式

1—薄板搁置的周边支座；2—双钢筋混凝土薄板

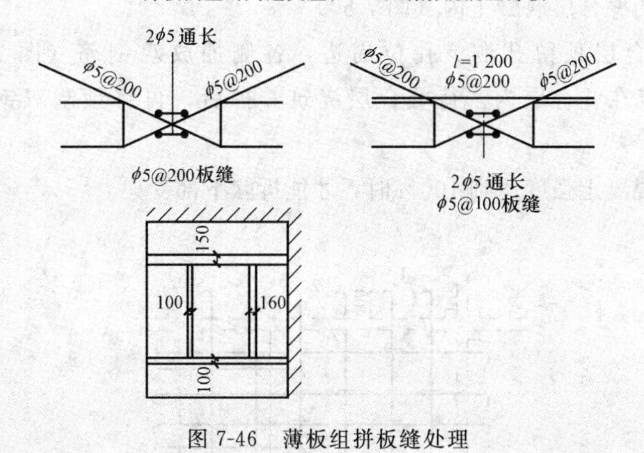

图 7-46　薄板组拼板缝处理

(2) 堆放场地应平整夯实。不同板号应分别码垛，不允许不同板号重叠堆放。堆放高度不得大于 6 层。

(3) 预制双钢筋混凝土薄板安装前应事先做好现场临时支架（图 7-47），并抄平、找正后方能安装就位，与支架直交的板缝可以使用吊模。

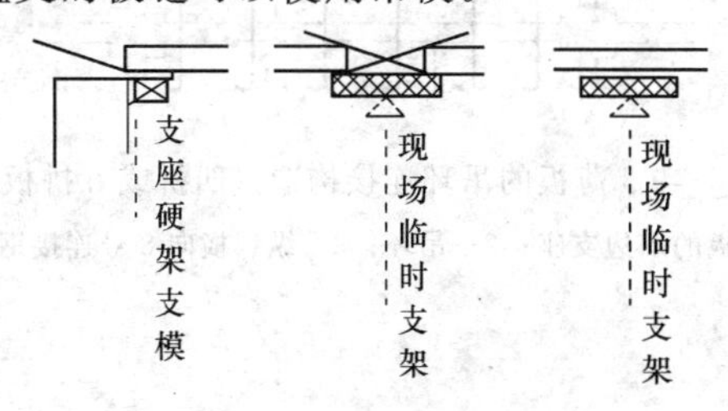

图 7-47　临时支架示意图

（4）板侧伸出的双钢筋长度和板端伸入支座内的双钢筋的长度不少于 300 mm。预制双钢筋混凝土薄板在支座上的搁置长度一般为＋20 mm，如排板需要时亦可在＋30～－50 mm之间变动（但简支边的搁置长度应大于 0 mm），若必须小于－50 mm时，应增加板端伸出钢筋的长度，或在现场另行加筋（梯格双钢筋）与伸出钢筋搭接，以增加伸出钢筋的有效长度（图 7-48）。

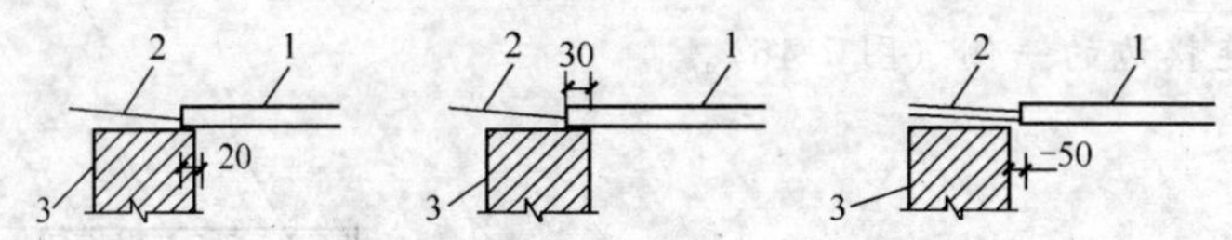

图 7-48　薄板在支座上的搁置长度

1—薄板；2—伸出双钢筋≥300 mm；3—支座（墙或梁）

（5）预制双钢筋混凝土薄板的吊环构造连接。预制双钢筋混凝土薄板拼接完后，沿吊环的两个方向用通长的 ϕ8 钢筋将吊环进行双向连接，钢筋端头伸入邻跨 400 mm 并加弯钩。与吊环直交方向的钢筋穿越吊环，另一方向的钢筋置于直交钢筋下并与之绑扎（图 7-49）。

（6）预制双钢筋混凝土薄板调整好后，将板端和板侧伸出的钢筋调整到设计要求的角度，并伸入相邻板的叠合层混凝土内（图 7-50）

（7）在楼板叠合层顶留孔洞、孔位周边，各侧加放双钢筋（图 7-51），筋长＝孔径＋600 mm，浇筑在叠合层内。待叠合层浇筑养护后，再将预制双钢筋混凝土薄板孔洞钻通。

（8）待叠合层混凝土强度达到 100％时，才能拆除下部支架。

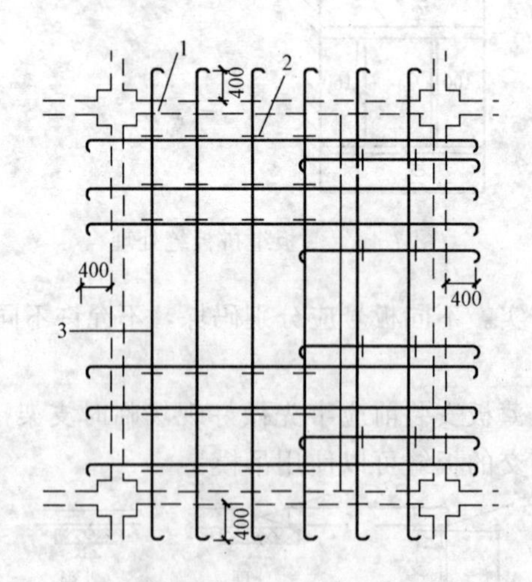

图 7-49　薄板的吊环连接构造（四拼或五拼板）

1—板的周边支座；2—吊环；3—纵、横向 8 号连接钢筋

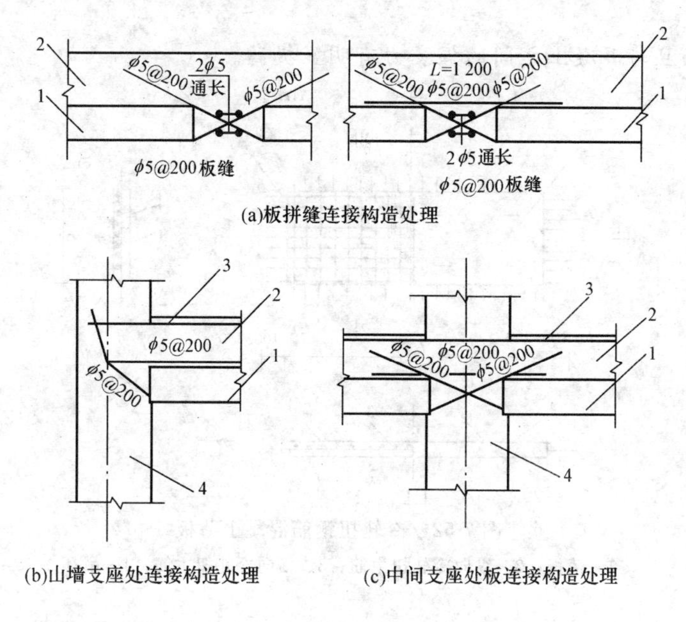

图 7-50 板伸出钢筋构造处理

1—双钢筋混凝土薄板；2—现浇混凝土叠合层；3—支座负筋；4—墙体

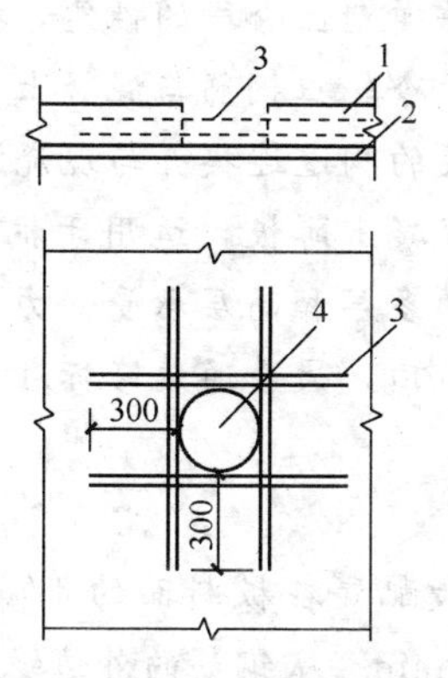

图 7-51 预留孔洞配筋位置示意图

1—叠合层；2—薄板；3—配筋；4—孔洞

五、冷轧扭钢筋混凝土薄板模板

1. 安装准备工作

(1) 冷轧扭钢筋混凝土薄板进场后，要核查其型号和规格、几何尺寸，具体要求与双钢筋混凝土薄板模板相同。

(2) 将板四边的水泥飞刺去掉，板端及板侧伸出的钢筋向上弯成 90°角（弯曲直径必须大于 20 mm），板表面的尘土、浮渣清除干净。

冷轧扭钢筋混凝土薄板的简介

冷轧扭钢筋混凝土薄板，是通过在预制构件工厂或现场的生产台座，配以冷轧扭钢筋制作成的一种非预应力混凝土薄板构件（图 7-52）。构件内配置的冷轧扭钢筋，是采用直径 8～10 mm 热轧圆盘条，经过冷拉、冷轧、冷扭成具有扁平螺旋状的钢筋，它不但具有较高的强度，而且与混凝土之间的握裹力有明显提高。

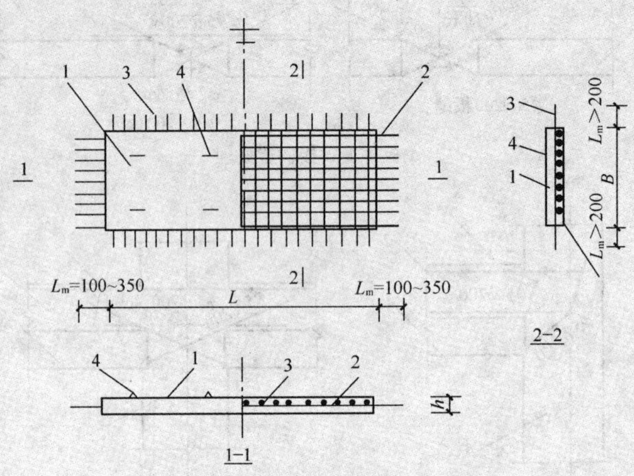

图 7-52　冷轧扭钢筋混凝土薄板

1—薄板；2—纵向冷轧扭主筋；3—横向冷轧扭主筋；4—吊环

冷轧扭钢筋混凝土薄板本身既是现浇楼板的永久性模板，当与现浇混凝土层叠合后便构成双向受力的组合楼板，薄板的冷轧扭钢筋又是组合楼板的主筋。这种组合板与普通非预应力楼板相比，不但改善了构件弹塑性阶段的性能，提高了构件的承载力和刚度，而且使钢筋的强度得到充分发挥。由于冷轧扭钢筋与混凝土有较强的握裹力，当将单块薄板横向伸出的冷轧扭钢筋，通过较简便的构造连接并与现浇混凝土层叠合后，可组成大跨间双向受力的组合楼板。冷轧扭钢筋混凝土薄板，适用于抗震设防烈度为 7 度、8 度、9 度地震区和非地震区跨度在 6 m 以内的多层和高层承受静力荷载的现浇钢筋混凝土楼板或屋面板工程。尤其适用于顶棚不设置吊顶，为普通装修标准的现浇楼板工程，可以大量减少顶棚装修的抹灰作业。

1. 配筋构造

板的纵横向冷轧扭主筋，一般配置在板断面的 1/2 高度位置或稍偏于板底方向的位置，其混凝土保护层不得少于 20 mm（从钢筋的外边缘算起）。

冷轧扭受力钢筋的间距，当叠合后模板的厚度 $h \leqslant 150$ mm 时，不应大于 200 mm；当板厚 $h > 150$ mm 时，不应大于 1.5 h，且板的每米宽度亦不少于 3 根。

冷轧扭钢筋网片一律采用绑扎，不准焊接，凡交叉点应用钢丝绑牢。

冷轧扭钢筋接头一律为搭接接头，搭接长度末端不做弯钩。搭接长度见表 7-11。

表 7-11　钢筋接头搭接长度　（单位：mm）

规格	受拉区搭接长度 l	受压区搭接长度 l
$\phi^t 6.5$	$l \geqslant 250$	$l \geqslant 200$
$\phi^t 8$	$l \geqslant 300$	$l \geqslant 200$
$\phi^t 10$	$l \geqslant 350$	$l \geqslant 200$

注：钢筋搭接处应在两端和中心用钢丝绑扎 3 个扣。

受力钢筋的绑扎接头位置应互相错开，在任一 500 mm 搭接长度区段内，绑扎接头钢筋截面积，不得超过受力钢筋总截面的 25%。

冷轧扭钢筋薄板混凝土的净保护层为 15 mm。

2. 板面构造

为保证薄板与现浇混凝土层组合后在叠合面的抗剪能力，其板面构造如下：

(1) 当要求叠合面承受的抗剪能力较小时，可在板的上表面加工成具有粗糙、划毛或小凹坑的表面，或用网状滚轮滚压出深 4～6 mm 成网状分布的压痕。

(2) 当要求叠合面承受的抗剪能力较大时（剪应力大于 0.4 MPa），薄板表面除要求粗糙、划毛外，还要增设抗剪钢筋，其规格和间距由设计计算确定。抗剪钢筋一般做成具有三角形断面的肋筋。

3. 薄板规格

(1) 冷轧扭钢筋混凝土叠合楼板的经济跨度一般为 4～6 m。多块薄板经横向拼接后的最大跨间可达 5 400 mm×6 000 mm。薄板的厚度，依据跨度由设计确定，在一般荷载下叠合后楼板的厚度取（1/35～1/40）L（L 为板的跨度）时，其薄板厚度取（L/100＋100）mm。

(2) 由多块薄板横向拼接成双向叠合楼板，单块薄板宽度尺寸的确定，既要满足制作、运输、堆放和安装等工艺的要求，又要能使板的拼缝置于楼板受力最小的位置（一般置于楼板弯矩最小的四分点处）。

4. 拼接构造

利用冷轧扭钢筋握裹力较强的特点，可以将单块预制薄板的横向冷轧扭钢筋的预留筋，按一定锚固长度搭接起来，使横向钢筋连续贯通，加上现浇叠合层，则可达到双向板受力的效果。

大块叠合楼板预制薄板拼接的原则及构造做法如下：

(1) 预制薄板拼接缝的位置，原则上应选择在楼板受力较小的部位。对于单向叠合楼板薄板的拼缝位置，应设置在短跨上。

(2) 对于双向叠合楼板拼缝位置应选择在长跨上，并布置在受力最小处。

(3) 采取拼缝构造做法。

2. 安装顺序

与预应力混凝土薄板模板相同。

3. 安装工艺要点

(1) 硬架支撑要求，与预应力混凝土薄板模板相同。

(2) 硬架支撑支柱高度超过 3 m 时，支柱之间必须加设纵、横向水平拉杆系统。硬架支柱高度在 3 m 以下时，与预应力混凝土薄板模板相同。

(3) 吊装冷轧扭钢筋混凝土薄板时，应钩挂冷轧扭钢筋混凝土薄板上预留的吊环，采用 8 点（或 6 点）平衡吊挂的单块吊装方法吊装。

(4) 冷轧扭钢筋混凝土薄板就位调整方法与预应力混凝土薄板相同。

(5) 冷轧扭钢筋混凝土薄板调整好后，将板端和板侧面伸出的冷轧扭钢筋调整到设计要求的角度，伸入到相邻板的混凝土叠合层内。伸出钢筋不得搣死弯，其弯曲直径不得大于 20 mm。不得将伸出钢筋往回弯入板的自身混凝土叠合层内。薄板从出厂至就位的过程，伸出钢筋的重复弯曲次数不得超过 2 次。

参考文献

[1] 中华人民共和国住房和城乡建设部，国家质量监督检疫总局. GB 50204—2002 混凝土结构工程施工质量验收规范（2011 版）[S]. 北京：中国建筑工业出版社，2011.
[2] 邓铁军，邓寿昌，罗麒麟. 高层建筑主体混凝土结构施工 [M]. 长沙：湖南科学技术出版社，1997.
[3] 宋功业，鲁平. 现代混凝土施工技术 [M]. 北京：中国电力出版社，2010.
[4] 张元发，潘延平，唐民，等. 建设工程质量检测见证取样员手册 [M]. 北京：中国建筑工业出版社，1998.
[5] 宋功业，邵界立. 混凝土工程施工技术与质量控制 [M]. 北京：中国建材工业出版社，2003.
[6] 国振喜. 实用建筑工程施工及质量验收手册 [M]. 北京：中国建筑工业出版社，1999.